THE
UNDERWORLD:
JOURNEYS TO THE DEPTHS
OF THE OCEAN
SUSAN CASEY

スーザン・ケイシー
棚橋志行＝訳

深海世界

海底１万メートルの帝国

AKISHOBO

海を愛する人に本書を捧げる

そして、ロン・ケイシー、ジョン・ケイシー、
ジュディ・ケイシー、トム・ウォーキングとの思い出に

私たちは自分の目で確かめに行かなければならない。
——ジャック＝イブ・クストー

深海について書くとき、最初に湧いてくる疑問がある。

深海とは何か？　海はどの時点で深海になるのか？

さまざまな水深帯をどう定義するかについて、深海学者にも完全な合意はないと言ったら驚かれるかもしれない。それでも一般的に深海は、太陽光が事実上消滅する水深二〇〇メートル以深の海域を指すと考えられている。本書では深海を、薄暮帯《トワイライトゾーン》（水深二〇〇メートルから一〇〇〇メートル）、深夜帯《ミッドナイトゾーン》（水深一〇〇〇メートルから三〇〇〇メートル）、深海帯《アビサルゾーン》（水深三〇〇〇メートルから六〇〇〇メートル）、超深海帯《ヘイダルゾーン》（水深六〇〇〇メートルから一万一〇〇〇メートル）と定義している。これらの名称と数字は一般的に使われているが、深海、特に広大な中層域を区分する方法はほかにもある。

深海帯《アビサルゾーン》は省略してアビス（深淵もしくは深海）とも呼ばれるが、アビスには底なしに見える深い裂け目、奈落の底といった広義の意味もある。本書では両方の使い方を用い、文脈によって使い分けている。

潜水艇《サブマーシブル》で深海帯を移動することはできるが（そこまで深い潜水を試みられる乗り物は世界にもほとんどない）、あなたが潜水艦《サブマリン》に乗っていたならその選択肢はないだろう。潜水艦は持続的、独立的に海中で活動することができるが、潜水可能な範囲は比較的浅い。本書で紹介する深海探査機はすべて潜水艇になる。有人と無人の二種類がある。有人潜水艇は乗客を運び、乗客は生命維持装置を備えて気圧が制御されている乾いた環境で過ごす。これら小型潜水艇は単独で水中を下降、上昇、水平移動できるが、輸送と発進と回収には支援船と乗組員が必要になる。電源はバッテリーから供給されるため、潜水艦のように何週間も潜水を続けることはできない。

　無人潜水機はロボットであり、ケーブルで母船につながれて人間が遠隔操作する遠隔無人潜水機（ＲＯＶ）をはじめ、母船から発進することもあるが、人間がリアルタイムで操作しなくても自分で潜水してデータを収集してから基地に戻るよう、あらかじめプログラムされている自律型海中ロボット（ＡＵＶ）もある。

深海世界　目次

※本文中の〔　〕は訳者による注

プロローグ

愛しいわが子よ、生きているうちに、なぜこの闇の国へ来たのだ？
生者がここへ来るのは難しいというのに。

——ホメーロス『オデュッセイア』

北緯一八・七〇度　西経一五五・一七度
太平洋
二〇二一年一月三十一日

私は長い下着と防寒ジャンプスーツを着て船の甲板に立ち、淡い銀色の日の出をながめながら風を測っていた。風速は二〇ノット〔一ノットは時速一・八五二キロ〕、突風は三〇ノットにも達し、ひと晩じゅう吹き続けて、無秩序に海をかき混ぜていた。知りたかったのは風の乱れ具合で、それを確かめるために外に出てきたのだ。波が大荒れなのはわかった。二方向から三メートルのうねりが押し寄せて白波を立てている。波は太平洋を半周するあいだに勢いを増していた。この沖合には、それを止める陸地がない。私は手すりにもたれて、携帯電話で海象予報をチェックした——

もういちど。

　今日の私にとっては、風速の一ノット、波の高さの一インチ〔二・五四センチ〕が大事になる。いまから二時間後の〇八〇〇時に、状況《コンディション》が許せば、技術者《エンジニア》と専門家《テクニシャン》と船員で構成されるチームは二人を乗せた重量一一トンの深海潜水艇の発進を試みる。二人のうちの一人が私だ。海上に浮かばせることに成功すれば、潜水艇《サブマーシブル》はしばらく海面を上下し、パイロットがバラストタンクに海水を注入したところで波の下へ沈んで二時間半ほど自由落下する。何キロメートルもの距離を降下し、人間の目がまだ見たことのない場所に着底する。そんな計画だ。しかし、いまはまだそれができる状況にないようだ。

　潜水計画を進めるには天候の回復が必要だ。今日潜れなかったら、次のチャンスがいつあるかわからない。私はこの機会をずっと待っていた。人類史上、これから私たちが試みるくらい深くまで潜った人は皆無に近かった。その理由には長いリストがあり、さまざまな困難やリスクが存在した。最も明らかなのは、海底では一平方センチメートルあたり約五六〇キロの圧力にさらされる点だ。酸素と通信、航行、避難所、つまり生存を一〇〇パーセント潜水艇に頼ることになる。私が乗るのは稀有な最新マシンで、パイロットと乗客を乗せて深海最深部（約一万九二〇メートル）まで繰り返し潜水できる初の潜水艇であったため、製作者たちはいまだにこの潜水艇を初号機《プロトタイプ》と呼んでいる。深海の工学技術《エンジニアリング》が直面する難題を客観視するには、火星探査機が三機存在するのに対しこの潜水艇は唯一無二である点を考えるといい。

　しかし、接近する難しさがあるからこそいっそう深海は魅力的なのだと、私は思っていた。ほかの人たちはパリやボラボラ島やセレンゲティ国立公園を訪れたがる。私は海の深淵へ行きたかった。私たちの眼下に常に存在するのに自分たちで探さないかぎり見ることができない未知の水域、つまり私たちの世界の中の地下世界という概念に、ずっと私は魅せられてきた。錬金術のように驚きと恐怖が一体となった、魔法めいた魅力に。

驚きと恐怖はたがいを打ち消し合いそうな気がするかもしれないが、じつはその逆だ。両者を足し合わせると、それぞれを超越した崇高さが生まれてくる。「自然界の偉大でかつ崇高なものによって引き起こされる情熱は……驚きである」と十八世紀の哲学者エドマンド・バークは書いた。「そして驚きとは、魂のすべての運動が停止している状態であり、そこには一定の恐怖がともなう」しかし彼は、それは「ある種の楽しい恐怖である」と付け加えている。深淵は恐ろしいかもしれないが、畏敬の念に呆然として恐怖心にまでは気がつかないだろう。少なくとも私はそんなふうに想像していたし、それが正しいかどうかを確かめたかった。

私が世界で最も極端な潜水艇に搭乗する準備を整え、その船に乗り込んだ経緯を語るには、そもそもの最初へ戻る必要がある。私の深海への想いは幼少期から始まった。子どものころ、月明かりの海に小舟で浮かんでいる夢を繰り返し見た。その眼下では大きな魚が不気味な旋回を見せたり、幽霊のようにすーっと通り過ぎたりした。いつまでも頭を離れない夢だったが、悪夢と思ったことはない。水面という一方通行の鏡の下に何が潜んでいるかはわからなかったが、怖くてもそれが何か確かめようと私は決心した。

テレビドキュメンタリー『ジャック・クストーの海底世界』が人気を博した一九七〇年代、私はテレビの前に座り、クストーと彼の陽気な水中飛行士《アクアノート》たちがサンゴの森や飢えたサメがひしめく洞窟へ下りていくシーンに釘づけになっていた。クストーの海洋調査船カリプソ号が南太平洋へ出航し、ラグーンに沈む第二次世界大戦の沈没船を調査するエピソードなどは、家が火事で燃えていたとしても私を画面から引き離せなかっただろう。自分の船で世界じゅうを放浪し、次から次へと謎に飛び込んでいく人物は一種の理想像で、同じことができそうにはとうてい思えなかったし、ほとんど現実と思えなかった。しかし、だからと言って番組の魅力が削《そ》がれるわけではない。おかげで私は安全な陸地から探検に参加できたのだから。これは大事なことだった。なにしろ、海底の世界に行きたいという願望がありながら、私が泳ぎを習ったのは十歳のころだったからだ。それもこわごわ泳いでいた。

私が育ったのはカナダ・トロントの郊外で、海からは遠いが、先カンブリア時代の花崗岩《かこうがん》から氷河に削り出された「カナダ楯状地《たてじょうち》」の湖が近くに何百とあった。これら北部の湖は陰鬱な感じで、物悲しくさえ見えた。周囲を囲むごつごつした断崖と北方林が影を落とし、水の色は緑がかった黒。岩礁の隆起が沖合に島を形成し、地衣類《ちいるい》や松が茂り、ハシビロアビが鳴き声を響かせる。

私の家族はトロント市から北へ二時間のポート・セバーンで夏を過ごした。五大湖の中で二番目に大きなヒューロン湖、ジョージアン湾南東岸沿いの町だ。十歳の私にとって、ポート・セバーンは暗い陰謀に満ちた場所だった。桟橋の端に立ってのぞき込んでも水底が見える気配はなく、その深みに棲《す》む動物たちを頭に思い描いたものだ。ぎょろりとした目と魚雷のような胴体を持ち、あごに針のような歯が並ぶカワカマスや、子どもを襲うことで知られるアメリカカワカマスがいた。骨ばった鎧《よろい》をまとっているチョウザメはナマズやワニの子孫を思わせ、カヌーほどの大きさに育つこともあった。

うちのコテージから歩いて行ける距離に、使われないまま廃墟と化した古いボートハウスがあり、木製のドアを開けるときはうめき声に似た音がした。中は薄暗く蜘蛛《くも》の巣だらけで、U字形の桟橋はガタガタ揺れてかび臭い。建物全体が右へ傾いていた。洞窟のように半分沈み込んだ晩年のボートハウスは、引きこもりの巨大魚にとって理想の隠れ処《が》だった。夕暮れどき、私は懐中電灯を持ってそこへ忍び込み、食べ物のかけらを水中に落として彼らを水面に誘い出そうとした。たいていは餌《えさ》に食いつく魚などいなかった。ところがある日、ホットドッグの切れ端を投げ入れたら、桟橋の下から体長一二〇センチはあろうかという巨大な魚が姿を現し、頭を上げて肉に突進したあとたちまち退散した。薄暗い照明灯の光の中では魚の輪郭しかわからなかったが、それで充分だった。それまで私が見た中でいちばん格好いいものだったし、地下世界は驚きに満ちているという概念の証しでもあった。

決め手は水だった。いつも水だった。水以外に同等の磁力を持つものはなかった。私は無性に水に魅かれ、水の世界に没頭するために必要なスキルを身につけた。本格的な競泳選手になり、オープンウォータースイマーになり、フリーダイバーになり、スキューバダイバーになった。地球最大の海、太平洋が私のお気に入りの遊び場になった。自分の詩神《ミューズ》の近くにいようと、ハワイに引っ越した。太平洋はその住民たちといっしょに私を泳がせてくれることで報いてくれた。サメ、クジラ、イルカ、ウミガメ、ウナギ、魚……それまで出会ったことのなかった海洋生物が、陸上では見つからない存在感で私を魅了した。

波の下で起きているこの世のものとは思えないことすべてが私の世界を揺さぶった。そこはまさしく海だけが支配できる帝国で、太陽の光が止まったところから始まる統治不可能な領域だった。目には見えないが、いちどその威容をのぞき見ることができたら、けっして頭から離れない。もっと知りたい、もっと見たい。闇に飛び込みたい。

何かに衝《つ》き動かされたときは、それを調べにいく義務があるのではないかと私は思う。しかし、深海に潜りたいという私の願望には技術的な障害があった。海の深い底のことをつらつら考えていると、蜃気楼に恋している気分になった。イメージが浮かんでは消え、水そのもののようにつかみどころがない。「大海を知り尽くした人がいただろうか？　私もあなたも知らない。地上に縛られた感覚を持つ人たちは」と海洋生物学者で作家のレイチェル・カーソンは嘆いた。

そのいらだちは私にも理解できたが、それでも深海の魅力を感じていた。私のように海面から三〇メートル下までしか見えない者にとって、海の深淵は現実の目的地ではなく抽象的な存在であるかのように私の手をすり抜けていた。遠い銀河のように私の想像の中できらめき、電波のように触知できないものだった。どんな場所なのか？　そこにいるのはどんな感じなのか？　行ったら何が見えるのか？

月のクレーター全部に名前がつけられ、火星のインタラクティブな三次元地図がｉＰｈｏｎｅ

で見られるようになった現在でも、海底の八割は鮮明な詳細図が作製されていない。しかし、水深二〇〇メートル以深の海域と定義される深海は地球表面の六五パーセントを覆い、海洋空間の九五パーセントを占めている（太平洋だけでも、すべての陸地、あらゆる大陸と島をのみ込むことができる）。深海は私たちの惑星の単なる一部ではない。そこが私たちの惑星なのだ。深海のことをもっとよく知りたいと、私たちは思ってしかるべきだろう。

通常、私たちの海に対する意識は海面表層（もしくは有光層）として知られる最上層にとどまっている。海洋生物を見かけ、その名前を挙げることができたら、この浅い層を泳ぐ生物である可能性が高い。しかし、表層は海洋体積のわずか五パーセントを占めるに過ぎない。楽しくて素敵であっても、単なる天井に過ぎない。本当の活動はその下で起こっている。

それが生物発光にきらめく生き物の宝庫、水深二〇〇メートルから一〇〇〇メートルの薄暮帯《トワイライトゾーン》だ。水深一〇〇〇メートルから三〇〇〇メートルの深夜帯《ミッドナイトゾーン》と水深三〇〇〇メートルから六〇〇〇メートルの深海帯《アビサルゾーン》がその下に続き、そこは永遠の夜が幾重にも重なっていて、驚異的な変わった住民が暮らす場所だ。これらの海水が海底と出合う交点は「深海平原」として知られる堆積物に覆われた平地で、並外れた繊細な生命を育んでいる。これら平原は静かなように見えて、しばしば地質学的ドラマが炸裂する。

ここも世界の底部だが、さらにまだ下がある。深海帯の下には超深海帯《ヘイダルゾーン》があり、これはギリシャ神話の冥界《めいかい》の神ハデス（ポセイドンの兄）と彼が治める神秘的な死者の領域にちなんで名づけられた〔冥深帯とも〕。超深海帯は水深六〇〇〇メートルから始まり、何十もの溝や谷へ流れ込む。そうした地形の大部分は太平洋にあり、ヒマラヤ山脈の頂《いただき》を反転させたような形をしている。最も深いのはマリアナ海溝。グアム近海にあり、長さ二五五〇キロメートル、幅平均七〇キロメートルという海底の裂け目だ。この海溝には水深約一万九二〇メートルという最深のチャレンジャー海《かい》淵《えん》がある。ちなみにエベレストの高さは八八四八メートルだ。

これら大深海は影の王国だ。かつては地図上の空白地帯であり、「ここにはドラゴンがいる」という警告が付記されていた。いまこの深淵にドラゴンがいないのは確実だが、それでもそこは神話的なオーラをまとっている。わずかな片鱗さえも魅力的なのは、そこが簡単には姿を現さないからだ。実際、本格的な技術を用いて近づかないかぎり、そこはまったく姿を見せてくれない。

何千メートルもの液体の闇を貫いて鮮明な絵を手に入れる唯一の方法は、音だ。音は空気中より水中のほうがより速く進み、より遠くまで伝わる。水底に音波を反射させてその反射速度を測定する。これらのデータを処理することで、私たちは海底の精巧な三次元モデルを構築できる。遠く離れたところからはできず、測定用のソナーアレイは海域の真上を通過しなければならない。正確な水深図の作製は高度な技術で、海洋の大半の場所では試みられたことさえない。

海底地図の欠如はいくつかの驚くべき発見につながり、二〇一七年、そのひとつが私の好奇心に火をつけた。深海についてもっと知ろうと、私は本を読んだりドキュメンタリーを見たりしながら、その科学を追っていた。深海ニュースにはかならず目を通していたので、この見出しが掲げられたときはすぐ気がついた。「ＭＨ３７０便の捜索で深海の失われた世界が明らかに」

ほかの何百万人もと同じように、私は暗い気持ちでマレーシア航空370便の消息を追い、長い疑問リストを抱えていた。いずれその疑問が解明されることを私は信じていた。解明されないわけがない。ジャンボジェット機とその乗客二百三十九人がただ消えてしまうなんてあり得ない。しかし、解明されないまま何年もが過ぎ、MH370便のちぎれた翼の破片が東アフリカの浜辺に漂着したとき、同機がインド洋に墜落したことが明らかになった。しかし、インド洋は答えをくれない。

さらに問題を複雑にしたのは、MH370便がインド洋の遠く離れた南部に墜落したと考えられたことだ。MH370便が消息を絶った二〇一四年三月八日の夜には、誰もその海域について多くを知らなかった。馴染みのある場所がないという以外には。海底の形状に関する唯一のヒントは衛星測位法から得られたモデルだった。重力が海面に及ぼす影響を測定することでその下の地形の深さや輪郭を推測できる（たとえば、大きな海山の上では表面が認知できるくらいふくらみ、海溝その他の窪地では微妙に低くなる）。しかしこの重力モデルは不鮮明で解像度が低く、事実というより推定に近い。ジェット機の残骸をピンポイントでとらえたければより良い情報が必要だ。

この状況を受けて、史上最大、最深にして最も困難な、最も長期にわたる、最も技術的に野心的で、最も高価な深海探査が実行された。捜索隊はロボットと高解像度ソナーを用い、千と四十六日をかけて深海を捜索し、ニュージーランドと同じくらい大きな面積で詳細な深海三次元地図を作製した。その過程で四隻の難破船が発見され、うち一隻は一八八三年に乗組員全員とともに失われた全長七〇メートルの英国船ウェスト・リッジ号であることが判明した。

航空機は見つからなかったが、この捜索はまさしくカタバシス、つまり冥界への回収ミッションだった。捜索隊は探し物を回収すべく、ギリシャ神話の英雄オルフェウスのようにはるか下まで降下したが、目標を果たせないまま引き返すことになった。しかし、カタバシスはけっして無駄な旅ではない。かならず目をみはるような成果を提供してくれる。私が目にしたニュース記事によれば、今回も例外ではなかった。

その地図で見た南インド洋の海底は壮大で、不気味なくらい美しかった。極限のシンフォニー、地質学的大ヒット曲を集めたプレイリストだ。それはあたかもトールキンの「中《なか》つ国《くに》」を水深六・四キロメートルで発見したかのようだった。スイスアルプスより高い山々、ヨセミテをしのぐ渓谷、大きく口を開けたクレバス、深い裂け目に突き刺さった垂直の絶壁。この海底には、超大陸と呼ばれるゴンドワナ大陸が分裂してオーストラリアとインドと南極大陸が生まれたときの傷が走っていた。

一億年前、ゴンドワナ大陸が長い時間をかけて分裂していくうちに、海底に巨大な火山性の割れ目《リフト》がジッパーのように開いた。地球のマントルから灼熱のマグマが流れ込み、ふくれ上がって巨大な火成岩《かせいがん》の塊となり、ふたつの地殻プレートが引き離されるにつれて上昇したり、下降したり、ねじれたり、裂けたりしながら、長い時間をかけて変形していった。この分裂の結果、鋸《きょ》歯状《しじょう》の断崖に挟まれた全長一二〇〇キロメートルに及ぶ断裂帯が形成され、その断崖は水深約五二〇〇メートルまで落ち込み、その途中で六つの渓谷を通過し、インド洋で最も深い場所のひとつであるディアマンティーナ海溝で底を打つ。

ディアマンティーナ海溝を歩いて横断するとしたら、あなたの足は数百万年にわたり海雪《マリンスノー》が積もった軟らかな堆積物の中に沈むだろう。海雪とは死んだ海生生物のかけらや薄片、小さな骨格やさらに小さな殻、プランクトン、細菌《バクテリア》、有機廃棄物、沈泥、そして最近ではマイクロプラスチックなども指し、これらが上からゆっくり漂い下りてくる。しかし、海底のすべてが泥めいているわけではない。

この海溝に隣接する一区域では、地質学者が百五十四の火山を数えたが、うち十七は高さ一〇〇〇メートルを超えていて、海山、つまり本格的な独立した山と呼ばれるにふさわしい。その多くは堀に囲まれている。驚くほど強い潮流によって掘られたものだ。深海では食べ物探しがフルタイムの仕事で、海山はそのオアシスの役割を果たし、ユニークな生物種がたくさん集まってくる。この地形のいたるところに生き物がいる。隙間に飛び込み、岩上で花を咲かせ、泳ぎまわり、堆積物の中に潜り込む。そしてこれらの峰々の南にもうひとつ壮大な地形があった。「ヘールフィンク断裂帯」と呼ばれる水深九〇〇〇メートルの海底にできた裂け目で、あまりに長くまっすぐ伸びているため、誰かが定規で引いたみたいに見える。

それは巨人たちのための海中国立公園網で、いままでその存在を知る者はいなかった。この幻想的な海底の話を読んだとき、私は思わずにいられなかった。私たちはほかに何を見逃しているのだろう？　この奈落の底にはほかに何が隠されているのだろう？　私たちはなぜいろんなものの

を送り込んでそれを見つけようとしていないのか？　そこにはどれだけの失われた歴史があるのか？　どれだけの知識が潜んでいるのか？　どれだけの地質学的な驚異があるのか？　どれだけの未発見種がいるのか？　私たちがＬＢＯ《レバレッジド・バイアウト》や政治論争や自撮りアプリに夢中になっているうちに、下の世界ではどんな騒動が続いているのか？

　私たちの想像が及ばないような信じがたい事象はあるのだろうか？　深海には鉄分を呼吸する生き物や、ガラスの骨格を持つ生き物、皮膚を通じて意思伝達をする生き物がいる。体を裏返すことができる生き物もいる。口がふたつ、心臓が三つ、脚が八本あったりする。あるいは、組織的軍隊のように、千個もの小さな個体で群体を構成するものがいたりする。少なくともひとつの深海生物は黄色い光を出す。透明な頭を持つものもいる。きわめて優美でありながらマック・トラックス製の貨物自動車を押しつぶすほどの圧力に耐えられる生き物もいる。

　深海最小の住民は地球最強の生物学的な力を持っている。それは細菌、古細菌、原生生物、ウイルスといった微生物、生命の実験室に動力を提供する単細胞生物たちだ。彼らは化学物質をエネルギーに変え、炭素をリサイクルし、酸素を供給し、ごみを栄養素に変え、毒素をかみ砕くなど、数えきれない偉業を成し遂げている。彼らがいなければ私たちはここにいない。海中にいる彼らの数は天文学的な数字に上るため、その推定には宇宙論から言葉を借りる必要がある。ノウニィリオン、つまり一〇の三〇乗だ。もし三・六ノウニィリオンの海洋微生物を集めて秤《はかり》にかけたら、海洋バイオマスの九〇パーセントを占めるだろう（それらがいくつの種から成っているのか、科学者は知らない。ひょっとしたら十億に上るかもしれない）。原初の目に多細胞生命がちらりと垣間見えただけのころ、海底の噴出孔から湧き出てくる微生物たちがいた。彼らは数十億年ものあいだ過酷な条件下で繁栄してきた。彼らの回復力を研究することで私たちは新しい抗生物質や抗ウイルス薬、新しい生体材料、がん治療用の新しい化合物、そしてＣＯＶＩＤ‐19に使われたものを含めた新しい診断検査法を発見してきた。

　このどこからも、人間が世界の中心とは感じられない。深海は異質な存在のフルキャストだ。しかし、その異質さこそが魅惑の本質であり、それ自体が評価されるべきものなのだ。「海の生き物が知っているこの水の世界を感じるためには、長さや幅、時間や場所といった人間的な知覚を捨てる必要がある」と、レイチェル・カーソンは例によって詩的な言葉で明快に書いてのけた。つまり地上偏重主義、私たちが生きているのは地上なのだから大事なことはすべて地上で起こるという誤った思い込みを退けることができたら、そこにも意味があるだろう。

　事実、私たちの生存は海に支えられている。私たちが下へ下へ掘り下げていくほど、地球はどのように機能しているのか、気候はどんな行動を取るのか、遠い過去から何を学べるのか、生命全体の仕組みの中で私たちはどこに位置づけられるのか、さらには生命の定義についてさえ、考えを改める必要が出てきている。いまや自然が大規模な相互接続システムとして機能し、深海がそのマザーボードの役割を果たしているのは明らかだ。ところが、不可逆的な形で現状に手を加えているいまも、私たちはその仕組みをほとんどわかっていない。深海は（少なくともいまのところは）私たちが排出する過剰な炭素の緩衝役を果たし、海洋循環（ひいては気候）の原動力となり、地球化学を調整し（控えめに言っても重要だ）、余剰熱を吸収していて（同前）、これは海が担っている役割のほんの一部に過ぎない。海はひっそりと、鼻唄を歌うように地球の基盤を成してくれている。

この地下世界はわくわくするような不思議に満ちているのに、人間はそこを知ろうとしない。概して私たちの文化では宇宙への関心のほうがはるかに高い。アメリカ海洋大気庁（NOAA）が海洋の探査と研究に費やす一ドルに対し、アメリカ航空宇宙局（NASA）が宇宙に費やすそれは一五〇ドル。不毛の塵《ちり》の球体である火星の植民地化には何十億ドルもの予算がつぎ込まれる。海の内部空間《インナースペース》はアピールが難しい。人間には目に見えないものを無視し恐れるという不幸な習慣があるためだ。太陽系は頭上にあり、私たちの目や望遠鏡で見ることができるが、海底はすぐには感知できない。多くの人にとって、そこは不気味なものが棲む地球の地下空間だ。漆黒の闇に包まれ、溶岩や毒ガスが噴き出す場所、不気味な存在や古めかしい化け物たちの巣窟なのだ。

何かの中へ落ちる（陥る）という考えに、私たちは不安を覚える。狂気に陥る、悲しみに陥る、混沌に陥る。評判を落とし、信用を失墜し、下手をすると忘却の彼方《かなた》へ落ちていく。生来、私たちには上を見て光に向かう傾向がある。天国は上にあると考えている。「もし星が一千年に一夜しか現れないとしたら、人はいかにして神を信じ、崇拝し、神の都の記憶を何世代にもわたって保ち続けたらよいのか？」ラルフ・ウォルドー・エマーソンは夜空について熱狂的に語り、天空が「ある種の畏敬の念を呼び起こすのは、常に存在しているにもかかわらず近づくことができないからだ」と言い添えた。

常に存在していて近づくことができないという点では同じなのに、深淵は同等の崇拝を得ていない。山、森、川、池、木々、花々、鳥、雲、星――それらはすべて文学や詩、芸術、音楽、そして心の中で崇拝されてきた。海が登場するときは、癒しの背景や荒々しい水面、あるいは、太陽光や月光を魅力的に反射させる媒体として描かれるのが通例だ。海の深淵が考察の対象になることもまれにはあるが、それは脅威や警告の物語としてだ。要するに、底知れぬ場所なのだ。深海はあまりに遠く、あまりに恐ろしく、愛するには醜すぎる。

しかし、それが真逆だとしたら？　深く潜れば潜るほど、何もかもが驚異の度を高めるとしたら？　私にはその可能性がきわめて高いような気がしたが、真実を知る方法はひとつしかない。私自身が冥界《カタバシス》を訪ねるしかない。みずから海の深みへ下り、そこで見つけた物語を持って戻ってくるしかない。言うは易く行うは難しだ。それはわかっているが、科学技術は日進月歩で、人類の深淵を研究する能力、さらには自分の目でそこを見る能力が高まっていることもわかっていた。人工知能を搭載した自律型深海ロボット、小回りが利く小型宇宙探査機に似た有人潜水艇、インターネットに接続された海底観測所、水中でＤＮＡの塩基配列を調べるスキャナー、新型ソナー、新型センサー、新しい科学。ここへ来て、ついにすべてがそろった。この先にもさらなる飛躍的な進歩が待っている。

変わった場所へ旅に出るときと同様、人は先人から学ぶことができる。むろん、深海に引き寄せられたのは私だけではない。探検家や科学者の強力な一団がそれぞれ水中に足跡を残してきた。私は五年をかけて彼らを探し求めた。そして彼らと旅した年月がついに、太平洋の深淵の心臓部へ飛び込む日へと私を導いてくれた。

有名人もいれば、無名ながら博識の人もいた。彼らはみな勇敢だった。こういう海へ飛び込むことは、人類にとって最も威圧的な、心に根づいた考え、つまり「そこへ行ったら帰ってこられないかもしれない」という考えとの格闘であることを、彼らは身をもって知った。二〇二一年一月のこの日、吹きすさぶ風の中で甲板に立っていた私は不安こそ感じていたが、深海の藻屑《もくず》と化すつもりはこれっぽっちもなかった。海の状態がかんばしくなく、潜水艇が固有のメカニックな問題を抱えていたにもかかわらず、そして、想像もしなかった深さへ潜ろうとしていたにもかかわらず、私はかならず戻ってくるつもりでいた。この作戦を丸ごと信じていた。このとき心配していたのは、潜水の許可が出るかどうかだけだった。

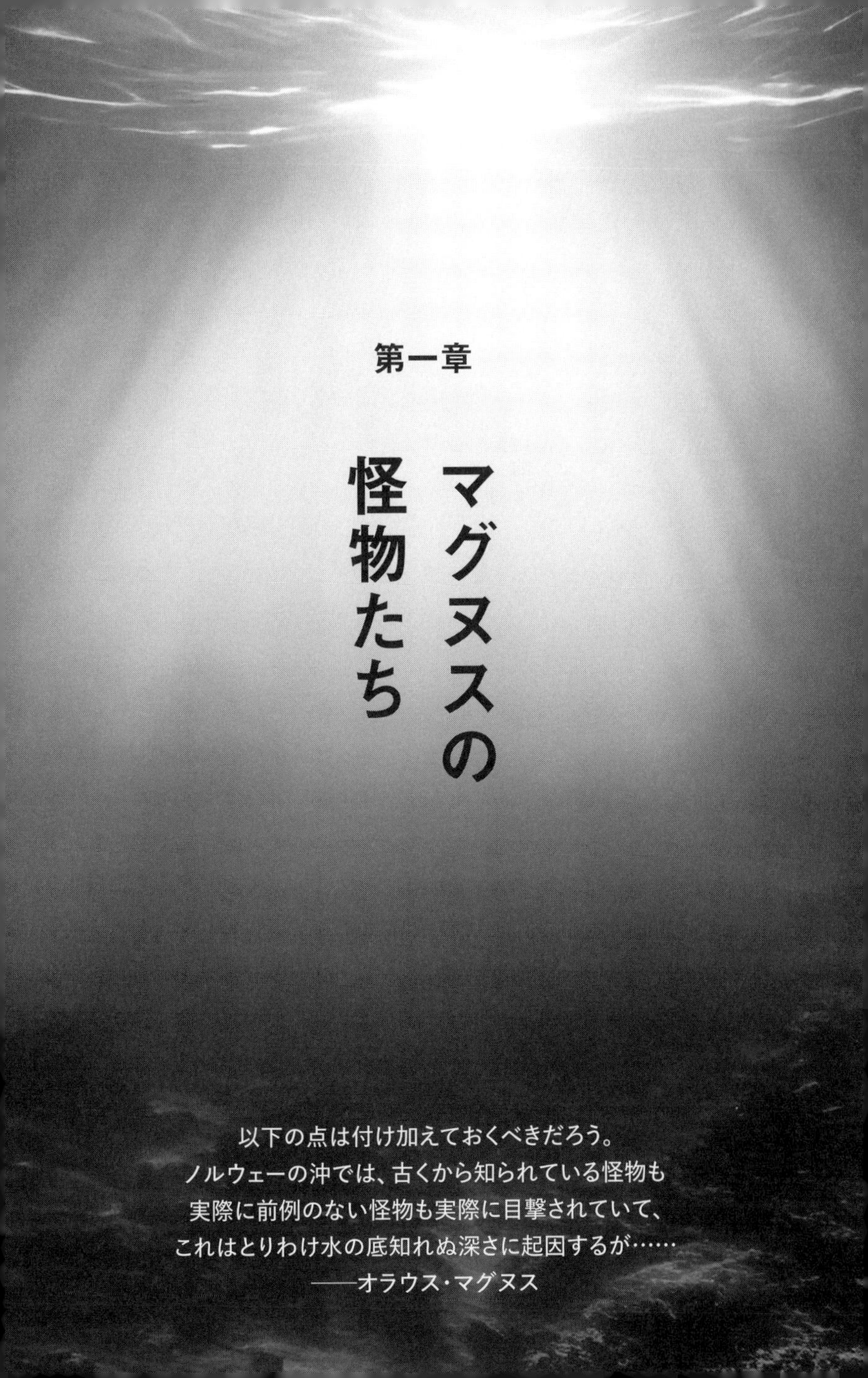

第一章

マグヌスの怪物たち

以下の点は付け加えておくべきだろう。
ノルウェーの沖では、古くから知られている怪物も
実際に前例のない怪物も実際に目撃されていて、
これはとりわけ水の底知れぬ深さに起因するが……
——オラウス・マグヌス

スウェーデン――ウプサラ

あなたが世界的に有名な深海の怪物を探しているとしたら、スウェーデンのウプサラの丘の頂《いただき》に立つ堂々たる建築物は最初に目を向ける場所ではないだろう。しかし怪物たちはここにいる。〈カロリーナ・レディビバ〉の名で知られるウプサラ大学最古の図書館の、バター色をした正面《ファサード》と高い窓の奥に。大学が設立されたのは一四七七年。ウプサラはストックホルムから北へ一時間ほどの魅力的な街で、その歴史は大学よりさらに古い。最初の千年紀はバイキングが足場にし、キリスト教が浸透する以前は、雷と風と戦争の神々を崇拝して奇妙な人身御供を捧げていた気の荒い北欧異教徒たちの拠点だった。ウプサラには多くの歴史があるが、私が来たのはある特別な遺物を見るためだ。『カルタ・マリナ（海の地図）』と呼ばれる十六世紀の絵地図で、北大西洋と北海とノルウェー海、そして地図の作製者がこの海域に生息するとした「悪魔のような生き物たち」が描かれている。

人々はこの海をながめてきたはるかな昔から、そこに物言わぬ住民がいるという考えに身を震わせてきた。ギリシャ語を語源とする「アビス」は〝底なし〟という意味だ。そのような場所に好んで棲《す》むのはどんな邪悪な獣だろう？　宗教と神話が身も凍るような描写を提供し、サタンになぞらえもしたが、その見かけについては想像しがたいところがあった。だから、そんな住民の肖像画が載っている海図を誰かが作製したときは、注目を集めずにおかなかった。

『カルタ・マリナ』は一五三九年に印刷され、退屈な記録文書でないことはひと目でわかる。二・一四平方メートルの表面の隅々までが、複雑な絵や目印、ラベル、方向、そして、びっしり詰まったラテン語のメモに埋め尽くされていた。この地図には博物学、地理学、海洋生物、海洋の状態、航海術、航路、地域の風習など、その時代の最新情報が詰め込まれていた。当時世界の孤立地帯だったスカンジナビアを、かつてない正確さで描いていた。しかし、私が『カルタ・マリナ』を見るためにスウェーデンへ飛んだ理由は、この絵地図が深海に対する一般的な恐怖や思い込みを活写した四百八十年前当時のスナップショットだからだ。これは単なる地図ではなく、認知の地図と言えるだろう。

まだ科学が発達しておらず、深海探査が行われておらず、高解像度の水中カメラがなかった時代、圧倒的多数の人々は深海を、怪物がひしめく場所と信じていた。そして『カルタ・マリナ』が怪物たちの存在を公認した。グリーンランドからノルウェーに至る海域で、水中をのたうち、船に大惨事をもたらし、船員を貪《むさぼ》り食い、おしなべて悪事をはたらき、犠牲者を引きずり込もうとして深淵という地獄の穴から上がってきた、恐ろしい生き物たちの姿が描かれている。

この地図の権威を高めたのは、信頼できる情報源から作られていたことだ。地図を作製したカトリックの司祭で歴史家のオラウス・マグヌスは、一四九〇年、スウェーデンのリンシェーピングで生まれた。国際人的《コスモポリタン》な暮らしを送り、ドイツの大学で学び、ヨーロッパを広く旅した。しばらくはポーランドを拠点にした。ローマ教皇大使として北方諸国を巡り、教会のための徴収を行いながら情報を吸い上げていった。現地調査を行い、村人の話を聞き、漁師や船乗りの海にまつわる洞察や、中世的迷信の味付けがなされた地域の噂話を集めた。

人々は昔から深海を恐れていたが、マグヌスの時代、そこはさらなる恐怖を呼び起こした。気まぐれな北方の海はしばしば目に見えて荒れ、岸から見たそこはどこが端かわからない果てなき場所に思えたことだろう。船は行ったきり戻ってこない。船乗りたちはその胃袋、リバイアサンやクラーケンのような悪魔がうごめく地下世界へ沈んでいった。片道旅行で深淵を訪れた不運な人以外、そこを見た者はいなかった。そこがどういうところか誰も知らなかった。平均的な人々にとって、そこは破滅の空白《タブラ・ラーサ》だった。しかし、そんな当時でさえ、そこには何が隠れているのだろうと誰もが思うのは当然のことだった。

深海のことをもっと知ろうとする最初期の取り組みがいつどこで行われたのか、私たちにはわからない。オセアニアのどこかだと私はにらんでいるが、西洋文化においてはギリシャの哲学者アリストテレスが最初の海洋生物学者とされる。彼は紀元前四世紀、手に入るかぎりの水生生物を解剖し、何年もかけてラグーンでそれらの行動を研究し、その成果を『動物誌』という書物で披露した。数ある観察の中でも特筆すべきは、驚いたイカが体の色を変えることや、サメの雌は雄より大きい傾向があるといった指摘だ。彼はロブスターがどのように交尾するかを解明した。

クジラとイルカが哺乳類であることに気づき、ギリシャ語のケートス（海獣）から「鯨類《セタセア》」と名づけたグループに彼らを分類した。

これに続いてローマの歴史家、大プリニウスが紀元七七年、海洋生物に関する注釈や考察、奔放な推測を含めた三十七巻の百科事典（『博物誌』）を著した。経験的証拠を基にしたアリストテレスとちがって、プリニウスは海の怪物の伝承を滔々《とうとう》と語り、体長九〇センチもあるウナギや、人食いダコ、島ほど大きな魚について熱弁を振るった。のみならず、深海生物のほとんどは「怪物的な姿」をしていると断言した。「海の最下部から」海水をかき回す海底ハリケーンが「怪物たちを深みから運び、うねりの頂上へ巻き上げる」と書いた。アリストテレスの著作は実態に基づく厳密なものだったが、人気があったのはプリニウスのほら話のほうだった。中世を通してアリストテレスの解剖図がほとんど顧《かえり》みられなかったのに対し、プリニウスは権威と見なされていた。

しかし、それでも深海は手の届かないはるか遠くにあった。謎とベールに包まれた超自然的な領域だった。マグヌスは『カルタ・マリナ』でそこに光を当てようとした。彼は自分の研究から探り得た結論から始めている。「崇高な〈大自然〉が絶え間なく生命を生み出すように、生命の種子を豊潤な成長とともに受け入れるこの広大な〈海〉という流体に怪物たちが群れを成していてどこに不思議があろう」と。

マグヌスのタイミングは絶妙だった。当時は大航海時代で、ヨーロッパ人はあらゆるものに好奇心を抱いていた。とりわけ、異様なもの、恐ろしいもの、めずらしいものに。彼らは驚きに飢えていた。不思議と驚嘆と恐怖が時代の流行だった。船ははるか遠くの海岸まで航海し、驚くべき光景の情報を伝えた。説明がつかないもの、畏怖をもたらすもの、壮大なもの、奇怪なものの情報を。インドには人間の顔をしたライオンがいた。足が逆さまで生まれてきた赤ん坊がいた。小人や狼人間がいたと報告された、フランスのヨルダヌスという修道士が著した『ミラビリア・デスクリプタ（驚異の記述）』という書物の中で「さまざまな怪物的風貌」と言及されているもの。これらすべてが大衆を釘づけにした（「ヨルダヌスが見たようにマラバル海岸に翼のある猫がいたとすれば、海の島々に犬の頭を持つ人間がいないはずがあろうか？」とヨルダヌスの書物の英訳者は前書きで多少言い訳がましく問いかけている）。ヨハネス・グーテンベルクが活版印刷術を発明したことも手伝って世界は広がりつつあり、どうやらそこは彩り豊かな場所のようだった。イタリアはルネサンス花盛りで、レオナルド・ダ・ヴィンチが水中で呼吸できる装置の設計図を書いていた。その詳細について彼は口を閉ざしていた。「よこしまな人間が海底で人を殺すのに使うかもしれないので、公表は差し控えたい」と。

聖職者であり学者でもあったマグヌスは自分の知ったことをすべて取り込み、聖書やアリストテレス、プリニウス、二世紀にプトレマイオスが著した『ゲオグラフィア（地理学）』などで濾《こ》し取った。ちなみに地球地図作製の試みだった『ゲオグラフィア』には緯度と経度の計算も含まれていて、緯度はそこそこ正しかったが、経度はかなり外れていて、正しい経度が得られるには十八世紀半ばを待たねばならなかった。マグヌスはまた、スキュラやカリュブディスやヒュドラが生き生きと描かれている古典のテキストも消化し、『カルタ・マリナ』の制作に十二年をかけた。マグヌスは予見できなかったが、彼の地図は偶像化された。彼の死後もこの地図は海の怪物の金字塔として長く君臨し、私たち人間の深海に対する恐怖心を、このうえない楽しくも恐ろしい形で映し出していた。

非の打ちどころのない九月の朝、私は坂道を歩いてカロライナ・レディビバを訪れた。この数世紀を生き抜いてきた『カルタ・マリナ』の二枚現存する原版画の一枚を見るためだ（もう一枚はミュンヘンにある）。途中、石畳の道を何本か通り、フェールラーベンのリュックを背負った学生たちの間を縫って、私より背の高い十一世紀のルーン文字の石碑のそばを通りかかった。そこには神秘的な形と碑文が刻まれていて、翻訳プラカードに「魂の記憶を呼び覚ます石」という説明があった。銀色の葉を茂らせた木々がそよ風を受けてサラサラと音をたてていた。

この地図を自分の目で見ることに興奮していた私は、開館十分前に図書館に到着した。正面の階段に立ってあたりを見まわした。低地にあるこの町ではウプサラ大聖堂のゴシック様式の尖塔がいやでも目に入る。塔は空高くそびえていた（高さ一一八・七メートル）。この巨大な赤煉瓦の建物はマグヌスの人生に苦い役割を果たした。一五四四年に教皇パウロ三世から授けられた地位、ウプサラ大司教の大司教座がここにはあった。しかし、この座はすでに形骸化していてマグヌスがその地位に就くことはなかった。そのころ彼は七年間イタリアに亡命していた。宗教改革によりスウェーデンはプロテスタントの国に変わっていた。

彼はヴェネツィアで『カルタ・マリナ』を完成させた。一二五センチ×一七〇センチの超大判地図で、木製の原版九枚から鮮明に印刷されていた。一五七四年以降、原本はすべて消失したため、初版がどのくらい刷られたかは誰も知らない。たぶんそれほど多くはなかっただろう。さいわい、この地図は人気だったため、一五七二年に初版よりも小さな複製が作られて流通を続けた（一八八六年にドイツの図書館が所蔵していた古地図の中から一枚が発見されるまで、初版のものが姿を見せることはなかった。一九六一年、スイスでもう一枚の初版ものが発見され、これをウプサラ大学が入手した）。

マグヌスは『カルタ・マリナ』の内容についてドイツ語とイタリア語で長い論文も著したが、彼にはまだ言いたいことがあった。マグヌスはその後十六年を費やし、地図の図面について詳述し、海の怪物について長い脚注を加えた七百七十八章から成る『北方民族文化誌』を完成させた。マグヌスはこの本の出版から二年後の一五五七年にローマで死去したため、この書のその後の成り行きを目にすることはできなかった。同書は六つの言語で二十二の版が出版された。ルネサンス期のベストセラーとなり、現在も版を重ねている。

カロリーナ・レディビバの入口扉が開き、私はエントランスホールに足を踏み入れた。中は荘厳な静けさに包まれていた。高くそびえる天井と窓、螺旋《らせん》階段でつながれたキャットウォーク、スウェーデンの新古典主義様式で作られたクラウンモールディング〔壁と天井が交わる部分を覆う帯状の仕上げ〕。閲覧室は広大で、温かみのある照明光に照らされ、書棚には落ち着いた色で装丁されたハードカバーの本が並んでいた。あたかも、書物を整理するためにどこかのアートディレクターが立ち寄ったかのような、洗練された効果が感じられた。

『カルタ・マリナ』は入口のわきにある、貴重な写本を集めた部屋に常設展示されている。日射しは年代物の紙の味方ではないため、部屋は洞窟のように暗かった。個々の作品にスポットライトが当てられていた。モーツァルトの手書きの楽譜、ニュートンの『プリンキピア・マテマティカ〈数学原理〉』とダーウィンの『種の起源』の初版本、ガリレオが自身の太陽黒点論を弁護した手紙。私はしばらく立ち止まって目を慣らした。そのあと部屋の奥にマグヌスの怪物たちが見えた。

額縁に入れて保護ガラスで覆われた『カルタ・マリナ』は壁一面を占めていた。複製を見たことはあったが、それでもその細部の力強さに愕然とした。地図はアイボリーの厚紙に黒インクで印刷され、色はいっさい使われておらず、その線はピンで描いたかのように精巧に描かれていた。地図のどこを見ても活気に満ちていたが、マグヌスが海を強調したかったのは明白だった。陸上の活動は整然としている。小さな人たちが農作業や狩りやスキーをし、バイオリンを弾いている。対照的に海は混沌としている。危険と悲劇にあふれ、波と潮流が荒れ狂い、渦を巻き、よどみ、沸騰している。その騒乱の中に二十五体の海の怪物が登場する。

フェロー諸島〔デンマーク自治領〕の近く、目の高さに、島々と同じくらい大きく、丸い顔で短剣のような背びれと尖《とが》った爪を持つ怪物がアザラシを貪り食いながら顔をしかめている。マグヌスはこの怪物を「ジフィウス」と名づけた。「フクロウのような不気味な頭と巨大な裂け目のような深い口を持ち、それを見た者を恐怖に陥れて逃走させる。恐ろしい目、先細って剣のような形へ尖っていく背中、そして鋭く尖ったくちばし」と、彼は説明している。その横では、突き出した鼻とひどいニキビが目立つ別の怪物が、ジフィウスのわき腹に鉤状《かぎじょう》の歯を食い込ませている。「これらの生物は海賊や悪意を持つ訪問者のようにたびたび北部海岸へ近づき、前を横切る者すべてに害を及ぼそうとする」と、マグヌスは警告している。

ノルウェーの海岸の沖合では、背中にこぶのある灰色の獣が突然変異を起こしたロブスターと格闘していて、その上では不運な船が「海蛇《シー・オルム》」に押しつぶされてばらばらにされようとしている。オルムはドラゴンに似た怪物で、マグヌスが紹介した中でも最も恐ろしい一体だ。「少なくとも長さ六〇メートル、太さ六メートルの巨大な蛇」と彼は注釈を付け、それでも足りないならとばかりに、「首から長さ四六センチの毛が垂れ下がり、鋭い黒色の鱗《うろこ》があり、燃えるような赤い目をしている」と述べている。

マグヌスは自分が目撃証言を伝えている点を繰り返し強調している。彼の情報源の一人であった別の大司教は、海の怪物の頭部を入手し、塩漬けにして教皇に送ったという。「この生き物の頭全体は、角《つの》を丸くちりばめた非常に硬い革といった感じで、きわめて重く、これはより早く水に浸かれるよう〈大自然〉が設計したためではないか」マグヌスは几帳面な人物らしく、自分の主張を裏づけるための引用を満載している。そのいっぽうで、アイスランドにはビールが流れる小川があると報告してもいる。

私は地図に近づきすぎてガラスが曇ってしまったので、後ろへ下がり距離を置いてながめていたが、またすぐ引き込まれた。マグヌスの描写は突飛かもしれないが、『カルタ・マリナ』は漫画ではない。怪物たちは現実に根ざしたもので、壮大な伝言ゲームにかけられるうちにより大きく、凶悪で、幻想的な姿へと変貌を遂げ、最終的に歪《ゆが》められ誇張された物語がマグヌスの手元に届き、それを彼が活字にしたのだ。「パウルス・オロシウス〔ローマ帝国末期の司祭〕は彼が描いたカリグラの生涯の中で、カリグラの治世五年目に海の深淵から長さ六・五キロメートル近い怪物が飛び出てきて……」と述べている。

マグヌスの怪物たちの多くはクジラに似ていて、クジラより悪魔的な姿をしているものの、その文章から彼がこの動物に精通していたのは明らかだ。彼はクジラが胎生で、「管から」空気を吸い、内包している油は「頭部が最も豊富」であることを知っていた。しかし、どの生き物がクジラでどの生き物が別種の怪物かについては混乱があったようだ。たとえばマグヌスは、イッカクという螺旋状の突き出た歯を持ち、内気で深海まで潜っていく北極のクジラの雄を、「額に巨大な角を持ち、向かってくる船をそれで突き刺して難破させ、大勢の人間を殺すことができる海の怪物〝ユニコーンフィッシュ〟」と信じていた。

マグヌスは旅の途中、深海から打ち上げられて座礁したクジラその他の生物に遭遇したことがある沿岸の村人たちに出会ったのだろう。その体は肥大し、ふやけ、嚙まれた跡があり、公平に見てかなり不吉な見かけだっただろう。有蓋車〔コンテナ列車〕のような頭を持ち一八センチの歯が生えた全長一五メートルのマッコウクジラの死体に出くわしたとき、中世の農夫はどう思っただろう？　文脈や知識がなければ恐怖を覚えただろう。マグヌスは座礁したヒゲクジラに見物人が抱いた印象を引用している。その「怪物」は全長二七メートルで、「三十の喉《のど》」と「途方もなく大きな」性器を持っていたと、その男は報告した。「口蓋には角のように硬いザラザラした感じの板が無数に付いていて、片側は毛むくじゃら……歯が一本もないところからクジラではないと人々は結論づけた」

恐怖は不思議な形を取ることがあるため、カール・ユングが潜在意識の混在した場所（マッドハウス）に喩《たと》えた海の深淵への恐怖から、このうえなく奇妙な形状が生み出されたとしても驚くには当たらない。原初から私たちは最悪の事態を想像してきた。深海の直接体験を持たない私たちは心の最も暗い片隅から生まれた数々の幻影をため込んできた。人類の物語の中で最も古い原型だ。怪物、異形のもの、この世ならざるもの……理解できない存在ゆえに、私たちはそれらに尻込みする。アリストテレスはこの謎を解き明かして神秘性を取り除こうとし、プリニウスは謎を増幅させようとした。マグヌスが天才だったのは、それらをすべて紙に書き留めたことだ。

暗い中、二時間も見つめていたというのに、私は『カルタ・マリナ』から自分を引きはがすことができなかった。この地図で最も気に入ったのはその高揚感だ。海の怪物をより恐ろしく見せるために角や牙や怖い表情を加えるとともに、マグヌスはそれらへの熱意を隠さなかった。「このような大きな驚異は海の広範囲にその位置を占めているゆえ、卓越した才能を持つ人間でもそれらを表現することは難しい」と、彼は熱く語っている。それは恐怖と魅惑という不滅の組み合わせ、引力と斥力《せきりょく》のせめぎ合いだった。生物学者のエドワード・O・ウィルソンがそれを一文にまとめている。「最もまがまがしく最もおぞましい生き物でさえ人の心に魔法をかける」

私は『カルタ・マリナ』の絵はがきとマグカップを手にカロリーナ・レディビバを後にした。『カルタ・マリナ』は私の記憶に強烈に焼き付き、マグナスの展望が五世紀近く経ったいまでもなお魅惑的であることを彼に伝えられたらどんなにいいか、と思った。マグヌスの死後何十年も、彼の怪物たちはほかの地図に広く転写され続けた。しかし、航海がより一般的になり、国外の海岸に植民地が出現するにつれ、ヨーロッパの君主たちは海がトラブルの巣窟だけでないことに気がついた。つまり、無限に金もうけができそうな場所であることに。十七世紀半ばになると、船を脅かすクジラに似た恐ろしい捕食者の絵は、捕鯨船の絵に取って代わられた。マッコウクジラにはもはや牙や燃えるような目はなく、その背中には銛《もり》が突き刺さっていた。怪物は消え去り、ロウソクの蠟《ろう》とランプの油に成り下がった。海は依然として敬意を集めていたが、人間と海との関係は変わり始めていた。

十七世紀と十八世紀を時間旅行して、自然に対する世界観に走った激震を理解するには、ウプサラを何ブロックか歩きまわるだけで充分だった。カロリーナ・レディビバの前庭からは、四百年の歴史を持つ歴史博物館にして啓蒙主義を称える奇抜な聖堂、〈グスタビアヌム〉が見えた。その所蔵品の中には科学革命1・0とも呼ぶべき道具の数々がある。顕微鏡と望遠鏡、医療機器、摂氏温度計の考案者アンデルス・セルシウスの最初の温度計。気圧計（発明、一六四三年）、六分儀（一七三一年）、クロノメーター（一七三五年）、そして、最上階のドーム天井の下には世界で二番目に古い公開解剖手術室。有罪判決を受けた殺人犯にほどこされる手術を医学生や鋼鉄の胃袋を持つ市民が見学できる、立ち見オンリーのギャラリーだった。

あなたが駆け出しの自然科学者だったなら、十八世紀のウプサラは刺激に満ちた場所だっただろう。一七二八年、新しい人物がウプサラ大学へやってきた。名をカール・リンネという。無一文だったことはさておき、リンネは並の学生ではなかった。彼はグスタビアヌムからすぐの大学植物園で植物の天才として頭角を現した。子どものころに植物のラテン語名を暗記していたが、当時の植物名は主観的記述に基づく長たらしい言葉だった（たとえばサボテンは「十五本の角と幅の広い反り返った棘《とげ》を持つ大きなメロン＝アザミで、赤い色をしている」となる）。リンネは植物学と医学の教授になり、今日でも生物分類に使われている体系を確立して歴史に名を刻んだ。この普遍的なフォーマットを使えば、誰でも、どこででも、生物が生命の樹のどこに属するかを突き止め、属と種でその起源を特定できる。分類学は長年にわたって磨きをかけられ、いっそう正確な区別が可能になっている。ゲノムの塩基配列決定技術《シーケンシング》がこのゲーム全体を進歩させたが、たとえばシャチが、マグヌスの好んだ「グランパス」という名前やプリニウスが記述した「野蛮な歯を持つ巨大な肉塊」ではなく、鯨偶蹄目ハクジラ亜目マイルカ科のシャチと知ることができるのは、リンネのおかげなのだ。

　これらすべてが大きな飛躍であり、怪物に関する短絡的な伝聞や奇抜なとりとめのない説明をわきへ追いやり、冷静かつ合理的な評価に置き換えた大変革だった。当時の科学はまだ宗教と密接に関わっていて、この先には教会との厄介な闘いが待ち受けていたし、科学者という言葉が使われるのは一八三四年に入ってからだが、ポストマグヌスの時代は測定、討論、問いかけ、論理的思考の時代であり、仮説を立ててそれを証明する時代だった。物事を解明する気風に満ちた、活気あふれる時代だった。

　雲の切れ間から午後の太陽が射し込む中、私はリンネの手書きラベルで識別された植物が集められて現在〈リンネ庭園〉と呼ばれている場所をあとにし、町へ戻ってバイキングがテーマのパブに立ち寄った。動物の角で蜂蜜酒を飲み、ローストされたシカ肉を手づかみで食べられる店だ。

ウプサラ大聖堂を通りかかったとき、私は一周してきたことに気がついた。一七七八年に亡くなったとき、リンネはここに埋葬された。教会の床に設置されたマグヌスの墓碑には、彼のキャリアが挫折した場所が示されている。ウプサラ最後の大司教は生涯この大聖堂で指導的立場に就くことがなく、最終的に海の秘密を解明するのはスケッチブックを持った聖職者たちではなく、新しい技術で武装した科学者たちだった。マグヌスは自分の限界を自覚していたようだ。「深海には人の目にはけっして、あるいはごくまれにしか、姿を見せないたぐいの魚がいる」と、彼は落胆したように書いている。

海洋調査に携わる人々の次の波は、こういう謎に包まれた深海生命体が姿を現すまで待つつもりはなかった。彼らは深海を探検することでそれを見つけようとした。たまたま浜辺で息絶えた驚くべき怪物的な生き物をポカンと見つめるだけでは充分でない。十九世紀の博物学者たちはそうした生き物の生息地から標本を採集し、顕微鏡で観察し、彼らの生活史や、機能、どんな生き物なのかを理解しようとした。基本的でありながら難しい疑問に答えることができる、物理的実験を欲していた。海はどれくらい深いのか？　海底は何でできているのか？　海底はどんな状態なのか？　完全な闇に包まれた領域を系統的に調べることは、そもそも可能なのか？　水深数キロメートルもの場所で？　深海は未知の世界だ。しかし、不可知の場所なのか？

深海の研究がいらだたしいくらい難しい点に疑いの余地はなかった。海の暗黒世界から知識を引き出そうと思えば、乾パンを食べ、壊血病予防のライムジュースを飲み、縦波と横波に揺られてときに水没する船の狭い寝台に体を押し込めながら、何カ月、下手をすると何年も海上で過ごさなくてはならない。キャビンフィーバー〔閉所性の発熱や情緒不安定〕や熱帯病や悪天候をはじめ、運命がもたらすあらゆる状況に耐えなければならない。事故や怪我はつきもので、命を落とすことがあっても不思議でない。チャールズ・ダーウィンはＨＭＳビーグル号で航海した五年間、ずっと船酔いに苦しんだ。「船酔いは一週間で治るような些細《ささい》な災いではない」と彼は警告している。ダーウィンが海上生活を嫌った理由はほかにもあった。「空間や隠れ処《が》や休息の欠如、常に急かされることから来る疲弊感、ささやかな贅沢の欠如、家族との触れ合いや音楽さえも失うこと……」と、彼は不平を漏らしている。海は「退屈な浪費」であると、彼は結論づけた。

設備の問題もあった。使いやすく信頼できる道具が存在しなかった。船から深度を測る測深調査は定期的に行われていたが、装置は原始的で、方法も不正確だった。船員たちは長い糸に付けた重りを落とし、それが暗闇の中に落ちていくのを見て、いつ底に落ちたかを探知しようとした。着底したと判断したあとゆっくり糸と重りを回収し、その距離を、人間が伸ばした腕の長さ（約一・八メートル）を基準にした尋《ひろ》（ファゾム）という単位で表した。着底時に堆積物のサンプルを採取するよう設計された測探装置もあったが、海底のより大きな塊を採取し、うまくいけば動物を捕獲するチャンスを手にするには、鉄のあごが付いたバケットで浚渫《しゅんせつ》するか、重りを付けた網で底引き網《トロール》漁を試みるしかない。どちらも、たえず動く環境にある船から綱で下ろす必要があった。これらの仕掛けは手際よく操ることができなかった。たびたび失敗した。綱は引っ掛かったり、絡まったり、切れたりする。水深の浅いところであっても、何時間もの単調な作業を強いられた。

三〇〇尋以深への作業はマゾヒスティックな人間でなければ挑めないような、過酷な作業だった。ブリタニカ百科事典は一八二三年版でタオルを投げ入れ、次のように断じている。「装置の欠如により、ある深さより下の海は計り知れないもの《アンファゾマブル》と見なされた」

しかし、人間の創意工夫物語は常に次の章を要求し、十九世紀の半ばには海底について知識を深めなければならない差し迫った理由ができた。海底に電信ケーブルを敷設するためだ。またしても深海は商業的に重要な場となった。電気の時代に、伝書鳩や郵便船でメッセージを送ってはいられない。通信速度が上がれば軍事的に有利になる。海の水深四五〇〇メートルに電線を敷設できた国には自慢する権利ができる。大西洋の海底で十年にわたって技術実験が行われ、イギリスとアメリカが協力し競い合うようにしてヨーロッパからアメリカまで全長三二〇〇キロメートルのケーブルを敷こうとした。どこに設置するか？　どう固定するか？　深海にケーブルを食い破るものはいるか？　海流に押し流される可能性はないか？　専門知識が焦眉《しょうび》の急《きゅう》となった。

深海調査が夢物語から現実のものとなったとき、海底調査の探検に乗り出そうとする典型的な人物は、ヨーロッパの男性だった。特権階級に生まれ、高い教育を受け、学究的な野心を持ち、自分と同系統の男性たちとつながりを持つ人々だ。黎明期の海洋科学は紳士倶楽部で、船乗りと異なりそのメンバーはみじめな失敗に寛容な人々ではなかった。しかし、深海は広く開かれたフロンティアであり、好機の大鉱脈だ。科学にとっては深海のすべてが未知の領域であり、一度の航海でキャリアを築くことができる。ある博物学者の言葉を借りれば、深海は「とてつもない興味をそそる無限の新しさが存在し、それを集める手段を持つ者がすぐに手をつけられる、地球に残された唯一の領域」だった。

いっぽう、自然を熱愛するビクトリア朝時代のイギリス人は水生生物の発見に心を奪われた。貝殻集めがおしゃれな趣味と見なされた。自宅の水槽は「海の庭園」と呼ばれ、上流階級のステータスシンボルだった。水槽を設置するハウツー本には、「海底の驚異は下賤《げせん》な目には見えない」と居丈高に書かれていた。水槽に閉じ込められていても、海洋生物は日常を超越する存在だった。イソギンチャクは「めずらしい異国の花のよう」と、この本の著者は饒舌に語り、そのあとにダークな注を挿入した。「しかしそれは花ではなく、動物だ。海の怪物であり、その繊細に見える花びらは……気がつかずにその美しい姿の近くを通ろうとする犠牲者を捕獲する。火山の火口と同じくらい致命的な迫り来る触手に取り込まれてしまうのだ」と。最後の章では新しい娯楽を熱烈に売り込んだ。深さが何十メートルもある「タイタニック水槽」でサメが「網と三叉槍で武装した人間の潜水士と死闘を繰り広げる」と。

海洋事業隆盛のこの時代には注目すべき皮肉がいくつかあった。ひとつは、海洋科学が花盛りだったにもかかわらず、海の怪物たちが力強く復活を果たしたことだ。とつぜん、誰もが怪物を見たと言いだしたのだ。特に米マサチューセッツ州グロスターでは、町の港を飛び跳ねる「海蛇」を見たと百人以上が主張した。船乗りや漁師も沖合でそれに遭遇した。目撃があまりに頻繁だったため、〈ニューイングランド・リンネ協会〉が正式に調査を開始し、宣誓供述を取った。目撃者の証言によれば、その生き物は黒褐色で蛇のような形をしていて、体長は二メートル四〇センチほど、胴は樽のように太かった。イモムシのように上下運動をしながら泳ぎ、額に針があったかも（なかったかも）しれない。コンスタンティン・サミュエル・ラフィネスク＝シュマルツという博物学者はこの大蛇にリンネ式の属名と種名まで提案した。「メゴフィアス（蛇）・モンストロースス（怪物）」と。「生死を問わず、この大蛇を捕獲するために多大な努力が払われるだろう」と、ある地元住民は明言した。しかし、モンストローススは捕獲を逃れた。

それでも問題はなかった。深海はいたるところに怪物を吐き出していたからだ。イギリスの船乗りたちが喜望峰の沖でキリンのような首と恐ろしい歯を持つ怪物を、マラッカ海峡でカエルに似た一五メートル級の怪物を、シチリア島付近で弾丸のような形の頭を持つつややかな獣を目撃した。スカンジナビアではマグヌスが誇らしく思いそうな目撃情報が相次いだ。J・コビンという男性が「最近、ロンドンからの航路で海蛇を三匹も見た」と、アナルズ・アンド・マガジン・オブ・ナチュラルヒストリーという科学誌に書いている。中でもいちばん印象的だったのは、コブラのように大きく広がった頭と光る目を持ち、「少なくとも九〇〇メートルはあった」と回想しているところだ。彼の記録を読めば、航海中に誰かがコビンの飲み物にシェリー酒を混ぜたのではないかと疑いたくなるだろう。その怪物は「ものすごい速さで泳いで、ギザギザの岩に砕け散る波のように海を泡だらけにした」と、彼は主張した。「太陽が怪物を明るく照らし、しなやかな背中が弧を描くたびに重なり合った鱗が開いたり閉じたりして虹色にきらめいた」

著名な科学者たちですら怪物の存在を信じていた。彼らが怪物の存在を支持したおもな理由は、イギリスの海辺の町で見つかった一頭の魚竜と二頭の首長竜など、古代海洋生物の化石（これもビクトリア朝時代に世間を沸かせた）が発掘されたことにあった。これらのひれを持つ竜がかつて深海を徘徊していたのなら、いまもそこにいないと誰が言えるだろう？ 「体長一五メートル以上の蛇のような胴体を持つ爬虫類が、地質学的には昨日のことに過ぎない白亜紀の爬虫類と同じように私たちの海で遊んでいてはいけないという先験的理由はない」とイギリスの生物学者トーマス・ヘンリー・ハクスリーは主張し、海の怪物の存在を擁護した。「魚竜や首長竜に似た、まだ博物学者に知られていない大型海洋爬虫類の存在を、もはや疑うことはできない」と、スイスの動物学者でハーバード大学教授のルイ・アガシー教授も同意した。

ディノサウルス（恐竜）という言葉を発明したイギリスの古生物学者リチャード・オーウェンは声を大にして異議を唱えた。「地質学でいう第二紀の海のトカゲ類は、第三紀と現在の海では海生哺乳類に取って代わられている」と彼はいらだたしげに反論し、最近の怪物の遺物が「まったくない」点を指摘した。オーウェンは目撃談を切って捨てた。ヒステリックな大衆がクジラやサメ、ウナギを（ひょっとしたら巨大なアザラシまで）誤認したものという確信が彼にはあった。「目撃証言なら海蛇より幽霊のほうが多いだろう」と彼は声を荒らげた。

しかし、深海に先史時代の生物が生息しているという考えは、そう簡単に片づけられるものではなかった。オーウェン自身、深海に棲むタコやイカの祖先であるオウムガイを調べ、「いまも生きている、ひょっとしたら唯一の、系統だった生物の原型かもしれず、その化石化した遺物は彼らがはるか遠い時代、別の秩序の中に存在していた証拠だ」と発言している。縞模様の螺旋状の貝殻、ボタンのような目、モップ状の触手を持つオウムガイは「証拠物件その一」だった。恐竜時代の種が現代まで生き残ることができる証拠だ。深海は魔訶不思議な「失われた世界」なのだから、陸上で起こったとされる絶滅現象や進化の圧力と同列には考えられない気がするし、生きた化石と同じような先祖返り的生物がそこに潜んでいると考えるのは道理にかなっている。まだ見つかっていないだけなのだ。

その後、ノルウェーでそれが発見された。一八六四年、博物学者のミハエル・サーシュと息子のゲオルグ・オシアン・サーシュがフィヨルド海底の水深三〇〇尋（約五四〇メートル）で浚渫を行い、有茎ウミユリとして知られる古代の動物を引き揚げた。それは怪物とは似ても似つかなかった。それどころか、繊細な花に似ており、細い茎と羽のような花びら（じつは、腕）を有していた。ウミユリ類は化石の記録には豊富に存在し、一億年前に絶滅したと推定されていたが、ここには時間に盾突くかのような生きた標本があった。

ウミユリの出現は驚くべき出来事だった。そのうえ、その深さで発見されるはずがないものだった。あの深さで見つかる生物はいないはずだった。これも皮肉な話だが、深淵が人々の注目を集め始めたころ、世界で最も尊敬されていた博物学者の一人、エディンバラ大学のエドワード・フォーブス教授が、三〇〇尋以深の深海は「無生物帯《アゾイック》」、つまり生命が存在しない場所と断言した。そこには何ひとつない、と。

深淵を荒れ地と見なしたのはフォーブスが初めてではなかった。ギリシャの哲学者ソクラテスは以下の否定的な評決を下している。「すべてが塩水によって腐食され、特筆すべき植物もなく、完全と呼べるほどの地層もほとんどなく、あるのは洞窟と砂と、計り知れない泥と、粘液の塊だけ……そして、私たちの基準で美しいと判断できるものは何ひとつない」フランソワ・ペロンというフランスの博物学者は、海底の水温は非常に低く、海底は氷の厚い層で密閉されていると考えた。また、深海の莫大な圧力で海底はセメントのような塊に圧縮されていて、その上の海水はよどみがひどく超高密度なため、底まで沈めるくらい重い物体はない、と考える者もいた。海に落ちたものはすべて、中間深度のどこかで浮遊することになるだろう。難破船、死体、怪獣の残骸（それが見つからなかったのは、だからなのだ）、そして電信ケーブル。これらはすべて、宇宙空間で失われたかのように、永遠に深淵を漂い続けるだろう。海の非常に深いところでは、測深用の重りが見せかけの底にぶつかって、それ以上落下できなくなるだろう。

もちろんこういう説には何の証拠もなかったが、フォーブスの口から出ただけにアゾイック仮説は事実の雰囲気を帯びた。フォーブスは聡明でエネルギッシュ、そして豊かな人脈の持ち主だった。会合に出席し、委員会の長を務め、協会を設立した。金持ちだったが、お高くとまってはいなかった。冗談好きだった。十二歳で初めて本を出版し、自分が蒐集した昆虫や岩石、化石を集めて実家に自然史博物館を開いた。大学では最初、医学を専攻したが、すぐに動物学、地質学、古生物学へ舵を切った。三十代でイギリス最高権威の科学アカデミー〈王立協会〉のフェローとなり、〈ロンドン地質学会〉の会長やエディンバラ大学の博物学部長を歴任した。その名声は他の追随を許さなかった。

フォーブスは海洋探査に熱心で、浚渫の専門家でもあったが、その経験は沿岸水域に限られていた。一八四一年、地中海の調査探検隊に参加するチャンスを得たとき、フォーブスはそれに飛びついた。彼はさまざまな水深における海洋生物の分布、つまり、どこに何が、なぜ生息しているのかに強い関心を抱いていた。「科学的、非科学的を問わず、波を支配する才能を誇るイギリス人であれば、塩分の帝国に棲む者たちのことを何かしら知っている必要がある」とし、それはきわめて重要なことだと彼は書いている。

海で過ごした十八カ月間で、フォーブスは水深二三〇尋（四一八メートル）まで浚渫を行ったが、結果は思わしくなかった。上がってきたほとんどは泥だった。その後、彼の浚渫機が失敗の大きな一因であることが判明した。バケットが小さすぎて口が狭く、水はけが悪かったため、堆積物で詰まってしまったのだ。また、当時は誰も知らなかったが、彼が作業していた地域は水中砂漠だった。「男性人魚が眠る深海に、われらが勇敢な浚渫機が沈んでいく！」という歌を書くくらい浚渫が好きだったフォーブスにとって、このようなわずかな獲《と》れ高《だか》で終わったのは大きな痛手だった。

しかしこのとき、優秀な科学者であるはずのフォーブスが見当違いな推論を導き出した。自分が深海で生命を発見できなかったのは、発見できるものがなかったからではないか。フォーブスは海洋史に名を刻む仮説を打ち立てた――彼が望んでいたような形で刻まれたわけではなかったが。フォーブスは「私たちが（海を）深く潜るにつれて、そこに生息する生物はますます変化を受け、ますます少なくなっていく。これは生命が消滅してしまった、もしくはわずかな火花しか残っていない奈落の底が近づいてくることを示している」という有名な言葉を書いた。

生命がいないとされる深淵で少なくとも十九種を発見したノルウェーのミハエル・サーシュと

ゲオルク・サーシュにとっては驚きのニュースだった。一八一八年の時点でバフィン湾の深いところから蠕虫《ぜんちゅう》＝ワームや目をみはるようなヒトデを発見していた極地探検家のジョン・ロス卿も驚いた。ロスの甥《おい》で、一八三九年に南極探検に出航し、水深四〇〇尋（約七三〇メートル）からサンゴやクラゲ、蠕虫、甲殻類を浚渫して、海底は「動物の生命であふれている」と結論づけていたジェームズ・クラーク・ロス卿にとっても驚きだった。

これらの発見はすべて無視、もしくは軽視された。ジョン・ロスの残した記録がずさんだったことや、ジェームズ・クラーク・ロスの標本の一部が彼の船で飼っていた猫に食べられたことも悪いほうに影響した。サーシュ親子が残した成果を葬り去るのはもっと難しかったが、科学界はフォーブスの仮説を受け入れた。きっちり筋が通っていたからだ。深海は敵対的で人を受けつけない。みんなの知るかぎり、そこには太陽光も酸素も食料もなく、巨大な水圧がかかるゆえに生物が棲める環境ではない。深淵を「死の世界」と切り捨てるのが、わけのわからない謎、つまり、前記のような成分の痕跡がないところで生命がどう繁栄できるのかという問いに対する整然とした答えだった。

フォーブスは一八五四年にこの世を去ったが、彼のアゾイック仮説はちがった。仮説に不都合な深度に動物が出現し続けても、かび臭のように消えていかなかった。一八六〇年、ＨＭＳブルドッグ号という船が北大西洋の一二六〇尋（約二三〇〇メートル）まで測鉛線を垂らした。その線に十三匹のクモヒトデがくっついてきた。クモヒトデはヒトデの親戚で、蜘蛛《くも》の腕を弱体化したような腕を持ち、海底を這《は》いまわったり、物に巻きついたりできる。海底から引き揚げられた生物は日光に至る旅を生き延びられないことが多いため、もっと浅いところで死んで海底へ沈んだだけかどうか、はっきりしない。しかしこのクモヒトデは生きていて、甲板上で長い腕をくねらせた。ブルドッグ号の博物学者でジョージ・ウォーリッチという野心家は大喜びした。フォーブスの間違いを証明することで名を上げたいと考え、頭の中ではそれに成功していた。「この測深は記録に残っているどれよりもはるかに重要だ」と、彼は自画自賛した。

ウォーリッチは一八六二年に研究成果を発表し、称賛の声が上がって〈王立協会〉で講演する機会や科学界のエリートの仲間入りを果たす機会を待った。ところが、彼のクモヒトデには懐疑的な目が向けられた。浚渫機でクモヒトデを捕獲したわけではないから、それが深海にいた保証はないと、あら捜しを受けたのだ。途中のどこかで引っかかってきた可能性がある、と。ウォーリッチは反論し、腹を立て、ビクトリア朝風の飾り立てた散文で長い反論を書いたが、誰も信じてくれなかった（彼は「ブッセの沈んだ地」と呼ばれる神話的海底王国の存在を信じていると主張して自身の信用を傷つけてもいた）。サルデーニャ島の沖合で、もっと出自のいい深海生物が出現した。一二〇〇尋（約二二〇〇メートル）の海底から壊れた電信ケーブルが回収されたのだ。何年にもわたり海底に横たわっていたものだ。ケーブルには堆積物がくっつき、サンゴ、二枚貝、ヒトデ、巻貝などさまざまな動物がサンゴ礁のように群生していた。これは否定のしようがなかった。

それでも疑念は残った。アゾイック仮説はまだ完全には死んでいなかった。境界値を下げなければいけないだけの話ではないか？「動物の生命が絶える地点がどこかにあるはずだ」と、ある困惑した学者は書いた。海底の泥を顕微鏡で調べていたほかの研究者たちが、動いているように見える薄膜状のべとべとに気がついた。それはいたるところに存在し、どのサンプルにも見られたが、誰もこのようなものを見たことがなかった。彼らはこれをバシビウスと名づけ、生命の基礎となる原形質、つまり原初の生命体ではないかと考えた。それともこれは食糧源なのか？　あるいはその両方なのか？

では、深海に生命はいないのか、それとも、深海は本質的に生命のスープなのか？　チャールズ・ワイビル・トムソンというスコットランドの博物学者がこの論争の行方を注視していた。トムソンは三十代で、影響力を持つ人物だった。クイーンズ大学ベルファスト校で動物学と植物学の教授を務めていたが、やがてフォーブスの後を追うようにエディンバラ大学で博物学者の地位に就いた。彼はサーシュ親子のウミユリと、日本沖の水深九〇〇メートルから採取された海綿《かいめん》動物を見るため、オスロへ向かった。後者の標本はあまりに異様だったため、でっち上げが疑われたほどだった。乳白色のチューリップのようで、細いロープ状に巻かれた長いガラス繊維を引きずっていた。いまこの海綿を調べている海洋科学者なら、誰でもこれはガラス海綿とわかるだろう。今日の材料技術者はガラス海綿を研究し、そこからヒントを得ている。そのフラクタル状の骨格はシリカでできており、光ファイバーケーブルより高い効率と耐久性で光を伝送できる。もちろん当時は、誰もそんなことを知らなかった。深海科学史における混迷の時代だった。

トムソンはもっと多くの浚渫を行う必要があると確信した。より深いところで、より優れた装置を使って実施する必要がある。一八六八年、トムソンと彼の同僚で〈英王立協会〉副会長のウィリアム・カーペンターが英海軍に六週間の探検支援を要請した。HMSライトニング号という古い蒸気船を利用できたおもな理由は、それがボロボロでいまにも壊れそうだったからだ。それでも、この船には浚渫機を下ろしたり持ち上げたりするのに使える小さな補助エンジンがあり、深淵を目指そうという気概のある船長と乗組員がいた。トムソンとカーペンターは船に標本を入れる瓶や、防腐剤に使うアルコールの桶《おけ》、「フィッツジェラルド」と呼ばれる新型測深装置、最新式の浚渫機を積み込んで、一八六八年八月、グリーンランドへ北上した。

暴風雨で船の索具の一部が引きちぎられるなど、航海中は不機嫌な天候に悩まされた。あちこちで水漏れが発生した。彼らは測深その他の測定を行ったが、ほとんどの日は波に深海浚渫計画を狂わされた。ある時点でライトニング号はフェロー諸島に避難し、生きたタイセイヨウダラをイギリスへ運んでいる漁船の近くに停泊した。タラは塩水井戸に収容されていて、トムソンはその様子を見に行った。「ガラス玉の中の金魚のように水槽を優雅に動きまわる偉大な生き物を見るのはじつに興味深い」と彼は日記に書いている。しかしそれ以上にトムソンの好奇心をかき立てたのは、タラが自分たちを捕らえた人間に旺盛な好奇心を見せたことだ。人が囲いに近づくたび、魚はそばへ泳いできていぶかしげに見つめていた。可愛がられるのを楽しんでいるように思われた。船員たちは網にかかって傷ついた一匹のタラを特に気に入っていた。この魚は自分たちの見分けがつくと、彼らは断言した。「たしかに、カニやビスケットを食べるチャンスを狙って、あの魚はいつも真っ先に上がってきた」とトムソンは語っている。「私の手に頭や肩を愛おしそうにこすりつけてくるんだ」

おそらくトムソンはこのことを、海の生命はみんなが夢想しているよりはるかに繊細なしるしと、ぼんやり受け止めていたのだろうが、運命のいたずらか、それは彼を歴史上最も有名な深海科学者の一人にする一連の出来事の始まりだった。この先に意義深い旅が待ち受けているのだが、一八六八年時点での状況は思わしくなかった。ライトニング号はいつ倒れるとも知れないマストで北大西洋をのろのろ進み、浚渫機ふたつを深海へ失い、この旅は失敗に終わるかに見えた。

ところが、探検終盤に天候が落ち着いてきて、彼らは五〇〇尋（約九〇〇メートル）以深を浚渫することに成功し、何度か水中に沈めただけでこれまでの苦労に見合うだけの動物が引き揚げられてきた。腕に渦巻き模様がついた、燃え立つようなオレンジ色のヒトデ。原始的な軟体動物。銅色の目を持つルビーレッドのコシオリエビ（英名スクワットロブスター）。日本から来た標本に似たガラス海綿も数体あり、うちひとつは金線をほどこしたレースのように繊細な、巣のような形をしていた。トムソンとカーペンターは海底の灰色の軟泥の中に微生物の宇宙を発見した。小さな球や、コンマ、円筒形、風車、星形など、さまざまな形の殻を持つ単細胞の原生生物を（バシビウスの形跡はなかったが、何もかも手に入るものではない）。この成果が認められ、彼らはもっと頑丈な船と数カ月の浚渫期間、そしてさらに深くを探るチャンスを得た。翌春、彼らはＨＭＳポーキュパイン号で海へ戻ってきた。

この新しい船に乗ったときから彼らの運は変わった。天候は落ち着き、設備は機能し、二四三五尋（約四四五〇メートル）の深さまで浚渫できた。浚渫機は毎週のように素晴らしい小鬼《ゴブリン》の数々を積んで深淵から上がってきた。トムソンは泥をふるいにかけ、そこからワレカラ（動物というより棒に見える、カマキリのような形をしたつやつやかな甲殻類）や、宝石で飾られたブローチのようにきれいなピンク色のヒトデ、人間の脚ほどもある巨大なウミグモなど、新しい生物種を見つけた。ある日、浚渫機を回収しようとしていたとき、トムソンは側面にくっついている緋色《ひいろ》のウニに気がついた。殻が砕けたのではないかと心配したが、ウニは無傷だった。調べてみると、まるで犬のようにあえいでいるのがわかり、彼は仰天した。何本も並んだ管足や、青色の鋭い歯、小さな棘の数々、あえいでいる丸い体に目を凝らした。「この奇妙な小さい怪物を手に取る前に決意を固めなければならなかった」と彼は認めている。

深海は万華鏡のようにさまざまな生物を解き放ち、その多くは生物発光で輝いていた。「引き揚げられた生物のほとんどすべてが発光しているように思えた場所もあった」とトムソンは書いている。泥までもがきらめいていた。蠕虫は宝石のように輝いていた。ウミトサカ目のゴルゴニアンサンゴは柔らかな白い光を放っていた。ウミエラは薄紫色の炎のように揺らめいた。クモヒトデはネオングリーンに輝いていた。ブラックホールどころか、深海は花火に燃え盛っていた。

トムソンとカーペンターは新しい耐圧温度計で海底付近の温度を測定し、それが変動していることを発見した。海底は凍結しておらず、不活性でもなかった。この時点で彼らはアゾイック仮説の誤りを完全に証明したが、この仮説はしぶとかった。「おそらく、海洋のいかなる場所でも、深さによって動物が存在できないほど条件が変わる海域はなく、生命に水深がもたらす限界はない、と私たちは結論づけた」と、トムソンは書いている。「それでもこの問題が完全に決着したとは思えなかった」

これをきっかけに、トムソンとカーペンターはジョージ・ウォーリッチがクモヒトデで得ようとした名声を手にし、ウォーリッチの怒りを買った。彼は残りのキャリアでこの二人に盗作疑惑を浴びせ、「陰謀家たち」と呼んだ。生涯を閉じるころには、彼は完全におかしくなっていた。ウォーリッチの論文にはカーペンターが縄で首を吊っている躁病的な落書きが残されている。

ウォーリッチが感情をくすぶらせていることにカーペンターは気がついていなかっただろう。多忙だったし、別の探検を計画していたからだ。彼とトムソンはビクトリア女王の厚意により、想像可能な限りのあらゆる資源を使い三年半をかけて地球を一周するという大規模な探検の承認を得た。目標は深海を徹底的に調査することだ。新しい生物種、生きた化石、人前に姿を見せない怪物など、深淵に隠れている可能性があるあらゆるものを探すこと。謎めいたバシビウスの正体を解明すること。そして、アゾイック仮説の棺に最後の釘を打ち込むこと。

当時六十歳だったカーペンターは旅の長さを理由に辞退したが、トムソンが五人の科学者から成る調査隊を率いることになった。この旅を支えたのは、英海軍最高クラスの船長と二十三人の士官、二百四十人の乗組員、蒸気機関と帆で動く全長六五メートルの軍艦一隻で、この船は浚渫用に調整を受け、研究室を備え、通常の大砲十七門の代わりに長さ二九〇キロメートルに及ぶ麻の測深・浚渫用ロープを積めるよう改装された。船名はＨＭＳチャレンジャー号。

船乗りたちは迷信深く、不吉な予兆がないか常に見張っていたため、チャレンジャー号の乗組員の一人がドックを出る前に溺死《できし》した事件は隊員たちの心を曇らせた。この男は夜間に船へ戻ってくるとき誤って桟橋から足を踏み外し、岩のように沈んでそのまま浮いてこなかった。翌日、潜水員たちが彼の遺体を回収した。船員たちは目隠しをして借り物競争に出るような気分だったが、大胆な旅に向けて出発のときが来た。彼らは領土や貿易や戦争のために大洋を横断する船には乗り慣れていたが、チャレンジャー号が求める唯一の聖杯は、眼下に広がる目に見えない世界に関する知識だった。

最初の二週間は手に負えなかった。一八七二年十二月二十一日に英ポーツマスを出港したチャレンジャー号は、歯をむく強風に向かっていった。帆が破れ、第二斜檣《ジブ・ブーム》は船縁《ふなべり》から落ちて流され、救命艇の一艘《いっそう》が破壊された。家具や食器が飛び散る中、科学者たちは船室で船酔いに苦しんだ。トムソンと調査を共にするのは、スコットランド系カナダ人の博物学者ジョン・マレー、若きドイツ人生物学者ルドルフ・フォン・ヴィレメース＝ズーム。イギリス人博物学者のヘンリー・モーズリー、スコットランドの化学者ジョン・ブキャナン、スイス人で探検隊画家のジョン・ジェイムズ・ワイルド。トムソンと〈王立協会〉によってこの航海のために選ばれてきた面々だが、荒れ狂う海で船が大きく揺れたときには、招きに応じたことを後悔したかもしれない。

浚渫の最初の何度かの試みで何千尋ものロープを失ったが、最終的には少量の甲殻類が見つかり、船員たちはこれを「虫」と呼んだ。嵐で転覆したほかの船の残骸が海面で揺れる中を、チャレンジャー号は進み続け、初の外国港リスボンへ入港した。船はポルトガル国王、英国大使ら政府高官に出迎えられた。帝国の絶頂期であり、外交上の儀礼は尽くさなければならない。船員たちは近くのバーへ駆け込み、大量のマデイラ・ワインを飲み干し、過酷な仕事量への不満を漏らした。彼らは浚渫の旅の現実を目の当たりにしていた。果てしない時間と過酷な肉体労働、退屈、混乱、それに見合う報酬の欠如。不平不満は続いた。浚渫《ドレッジング》はやがて「退屈な重労働《ドラッジング》」と呼ばれるようになった。

次に船はジブラルタルへ向かった。船長は浚渫機でなくトロール網で海底をさらう方法を提案した。トロール網の口の広さは六メートルに及び、この道具の変更は破壊的ではあったが効果的で、深海魚が網にかかってくるようになった。賄《まかな》い長の補佐をしていた十八歳のジョセフ・マトキンは家族に宛てた手紙でこの深海魚について、「頭が体より大きく、目は背中の真ん中にあるなど、変わった特徴をいくつも備えている」と書いた。ある公爵の息子だった中尉のジョージ・キャンベル卿はこれらの魚を「おぞましい物体」と評した。うち一匹はタラの遠い親戚で、大きな目を持つソコダラという魚だった。尾びれは短く切れ込み、胴体は鋭く先細っている。ソコダラは深海の常連で、適応に成功して何百もの種が存在するが、深海生物らしい奇怪な見た目も持ち合わせている。ありふれた魚と見間違うことはあり得ず、その姿を見ただけで船員たちは、これがお定まりの漁業の旅でないことに改めて気がついたことだろう。

カナリア諸島沖でトムソンは貴重な発見をした。水晶のように透明なエビや、スミレ色を帯びたクモヒトデ、きらびやかなガラス海綿、名前のわからないサンゴやウニ、有茎ウミユリとともに、ウナギのように下肢を波打たせて動くトカゲギスという魚を引き揚げた。彼はシャンパンの栓をポンと開けて乗組員全員で祝った。リズムがつかめてきた。時計仕掛けのように連日、装置が船縁から下ろされていった。温度計、トロール網、浚渫機、測深装置、ブキャナンが水質を分析できるよう、さまざまな水深に来るとポンと開くバルブ付きの標本採取瓶などが。測定結果はグラフに描き込まれ、日誌に記入された。標本はアルコールに漬けられ、研究室で精査された。大西洋を横断中、巨大な鎧《よろい》をまとった獣の背骨のように海盆中央を走る広大な山脈が発見された。深淵が少しずつ彼らの前に姿を現してきた。

そんなとき、西インド諸島で悲劇が起きた。浚渫機が海底で動けなくなり、ロープが締まって鉄の塊が切断され、大きく揺れて甲板員一名の命が奪われた。彼は海葬に付され、船長は「私たちは彼の体を深海に捧げます」と厳《おごそ》かに述べた。その深さは三八七五尋（約七〇五〇メートル）。バミューダ諸島では、別の船員が脳卒中で亡くなった。チャレンジャー号の後ろを体長六メートルのイタチザメが何日も追いかけてきて船員たちを恐怖に陥れ、このサメの出現はさらなる死の予兆と彼らはとらえた（そして、そのとおりになった）。

彼らはメキシコ湾流の波に乗って北上し、暖流の雄大な大動脈、その乱流渦、海のコバルト色と移り気な気分を研究した。トロール網が蛇くらい大きな蠕虫を引き揚げた。カナダのハリファックスに到着したとき、この町は、水没して見えなかった岩に突っ込んだホワイト・スター・ライン社の豪華客船RMSアトランティック号の残骸から五百人を超える乗客の遺体を回収しているところだった（一九一二年には、やはりホワイト・スター・ラインのタイタニック号が海底に沈むことになる）。天気は打って変わってどんよりし、小雨が降って寒くなった。繰り返し起こる問題ではあったが、チャレンジャー号でも船員数名が脱走した。

ふたたび南下し、バミューダ諸島で二人の男の名を刻んだ墓石を建て、大西洋を横断してアゾレス諸島へ向かった。「浚渫、測深、トロール、測深、トロール、浚渫。ずっとその作業の繰り返し」と、ある士官が日記にしたためている。夜になると、波が生物発光できらめいた。「小さな文字が楽に読めるくらい明るかった」とキャンベルは語っている。「まるで望遠鏡で見た〝天の川〟がきらめく何百万もの塵《ちり》のように散らばって海へ落ちてきて、私たちがその中を進んでいったかのようだった」彼らは発光する疑似餌《ルアー》を額から突き出したペリカンアンコウや、背中にイソギンチャクを生やした目のないカニ、長さが一二〇センチもあるヒカリボヤ（光を放つ太い円筒状の生物で、じつはゼラチン状の皮膜で個虫が結合した群体）を引き揚げた。船員たちはこれを〝脂身魚〟と呼んだ。

地質学的な新しい発見もあった。浚渫機はしばしば、深海の海底を絨毯のように覆っていたと思われる黒い塊を満載してきた。大きさはガムボールからジャガイモ、グレープフルーツくらいまでさまざまだった。博物学者のジョン・マレーがそれらを切り開いて組成を調べた。中は木の年輪のような層を成していた。海底の岩くずの周囲にマンガンや鉄、コバルト、銅、ニッケルその他の金属が同心円状に沈積していて、サメの歯の化石やクジラの耳の骨、サンゴの塊を思わせた。これら小さな塊の起源は謎だったが、これが形成されるプロセスは真珠の成長のように非常にゆっくりとしたものだったにちがいない。深海の派手な生命体に比べると、この塊は精彩に欠ける感じがした。まさか、そう遠くない未来にいろんな国がこの塊の採掘権を追い求めることになろうとは、チャレンジャー号の乗員は夢にも思わなかっただろう。

彼らは三年半かけて六万八八九〇海里（約一二万七五八〇キロメートル）を航海した。その航路は南極大陸の「グレート・アイス・バリア」の端から、インドネシアとフィリピン、そしてアフリカと南米の沿岸に及んだ。船員たちあこがれの地オーストラリアでは脱走者が続出した。ニュージーランドのクック海峡を荒天時に通過した際には一人が船外に落ちて亡くなった。彼らはサイクロン、天然痘、氷山、人食い人種の難を逃れた。香港と日本（芸者を鑑賞）に立ち寄り、南太平洋の緑豊かな島々を巡った（男性十人が梅毒に感染）。パプアニューギニアでは戦争用カヌーを漕ぐ原住民に追いかけられた。巨大なガラパゴスゾウガメ二匹を船に乗せると、彼らはパイナップルを食べて甲板を歩きまわった。ハワイとタヒチの間で生物学者ルドルフ・フォン・ヴィレメース＝ズームが細菌に感染して死亡した。

日本から四八〇キロメートルの海域で記念すべき出来事があった。水深四五七五尋（約八三二〇メートル）を観測したときのことだ。測定値が異常だったため彼らは測深を繰り返した。測定値は正しかった。彼らの眼下に広がっていたものは深淵という言葉に新たな意味を与えた。「これはいまだ確認されていない最大の低地であり、いわば、年を取った『母なる地球』の顔に刻まれている最も深いしわである」と、船の画家ワイルドが回顧録に記している。現在マリアナ海溝の名で知られる場所だ。

探検が残り四カ月となったとき、彼らはチリのマゼラン海峡を抜けて大西洋へ戻ってきた。「チャレンジャー号に幸あれ！　どうかまもなく彼女の見納めになりますように！」とキャンベルは叫んだ。ほかのメンバーも同じ思いだったにちがいない。「博物学者でも、深海の浚渫にはうんざりすることがある」と、船の博物学者モーズリーは指摘した。彼は船上生活の別の側面にもうんざりしていた。船室で数々の虫に辟易していたのだ。蛾、アリ、ハエ、コオロギ、蜘蛛、蚊、とりわけ、一匹の攻撃的なゴキブリに。「やつには本当に悩まされた」と彼は語っている。「おなじみの習性で、明かりを消すと私の顔や唇の水分を吸いにくるんだ。まったく、ぞっとしたよ」モーズリーは空気銃でゴキブリを撃って復讐を遂げた。「ついに私は勝利した」と彼は書いている。

一八七六年五月二十四日、船はイギリスに帰還し、埠頭で大勢の人々が列をなして歓声をあげた。この年月を通じてトムソンは雑誌に記事を寄稿し続け、連載形式で世間の人々が調査隊の歩みを追えるようにしていた。一八七〇年にジュール・ヴェルヌの超ヒット作『海底二万里』が発表されたあと、深海の大ブームが巻き起こった。同作に登場するネモ船長は、「海は自然を超えた、驚くべき存在を担っているのです」と断言した。そしていま、チャレンジャー号が数々の成果を手に入港した。五千種近くの見たこともない生物種、海底堆積物のサンプル、そしてその後二十年間科学者を忙しくさせるに充分な生データを携えて。「深海を覆っていた厚いベールの一枚をはがした人たちの功績を称えよう」と科学誌『ネイチャー』は祝福の言葉を述べた。

しかし、本当の仕事は始まったばかりだった。トムソンとマレーはエディンバラに事務所を構えて探検の成果をまとめていった。世界じゅうから七十六人の専門家を選んで彼らの協力を求め、これまでにわかった深海の知識をすべて網羅した豪華な図版入り報告書全五十巻の作成に取りかかった。この「チャレンジャー号報告書」はそれ以前のすべてを時代遅れにした。多くの通念や先入観が間違いだったことが判明したのだ。

もう、断言することができた。深海は無生物帯《アゾイック》ではないと。そこは進化を回避した先史時代の生物の隠れ処《が》でもなかった。生きた化石と呼ばれるオウムガイやスピルラ（体内に殻を持つ古代のイカ、トグロコウイカ）など、時代錯誤の生物は何匹か発見されたが、その数はごくわずかで、ごくまれだった。また、深淵で捕獲された魚には美生物コンテストで優勝できそうにはないものもいたが、怪物と呼べそうなものはいなかった。

生命の分布については、生命はいたるところにあった。オラウス・マグヌスはバットマンのバットモービルが洞窟へ戻るように、海底の隠れ処へすべり込んでいく海洋生物を描いていたし、エドワード・フォーブスはそれぞれの種に「創造の中心」と彼が呼ぶ独自の本部があると信じていた。世界のどこを見ても似たような動物が動きまわっていることを、チャレンジャー号探検隊は発見した。地質学的な自然の障壁ができているときでもそうだった。フォーブスは「わずかな火花しか残っていない深淵」と言ったが、深海の生命は深度が深まるにつれて先細るどころか、逆にいちじるしく増大するケースもあった。

しかし、バシビウスは期待外れで、小さなとまどいをもたらした。探検を始めて二年が経ったとき、ブキャナンがこの〝生命体〟の暗号を解読した。これは海底をうごめく生命の母体ではなかった。じつのところ、生きてすらいなかった。塩水と標本の保存に使われるアルコールが化学反応を起こした残渣《ざんさ》に過ぎなかった。長いあいだ瓶に詰めておくと、この二つの成分は硫酸カルシウムの膜を沈殿させるのだ。

トムソンは一八八二年に急死した〔享年五二〕。疲労困憊が原因と思われるが、マグヌスと同じく、自分の深海への貢献がどれほど永続的なものかを推し量れるだけ長くは生きられなかった。プロジェクトは一八九五年にマレーが完了させた。批評家たちは『チャレンジャー号報告書』を「きわめて重要な事業」「科学ドラマ」「途方もない仕事」と絶賛した。『サイエンス』誌は、「自然科学に対する最大の貢献であり、正しい知識と見識を備えた研究の記念碑であり、どの時代、どの国によっても世界に与えられたことのないものだ」と書いた。賛辞の嵐の中に私はひとつだけ批判を見つけた。ある批評家が「この探検には生きた銛《もり》打ちが必要だったのではないか。ネズミイルカが数多く船の周りで遊んでいたのに、航海中一頭も捕っていなかったからだ」と、あら捜し的な指摘をしている。

今日でさえ、チャレンジャー号の成功はどれだけ称賛しても足りないほどだ。なんという遺産、なんというオデッセイ、なんという華々しい業績だろう。この探検は深海に対する私たちの理解を一変させ、未来の調査を担う人たちの学究心を刺激する強烈な手がかりを残していった。トムソンと彼の調査隊は怪物で埋め尽くされた地図の代わりに羅針盤を与えてくれた。深海に知識を求め続ける五十巻分もの理由を。

トムソンは深海を「魅惑の領域」と表現したが、その魅惑が彼をとまどわせた。ガラス海綿の優雅さ、サンゴの対称性、ロブスターの眼柄《がんぺい》の先端に付いた目の複雑さ。それらすべてが彼に同じ疑問を抱かせた。なぜなのか？　なぜ自然はこれほど精巧なものを創り出し、誰も見ようとしなかった場所にそれを置いたのか？「海の深淵の泥と暗闇の中で永遠に見えないまま生きて死んでいくこのような構造物を生み出す、美の不敵さ」に、トムソンは驚嘆していた。

もちろん彼は、その美しさが深海に棲む生き物たちには完全に開かれていることを忘れていた。彼らにとって、脈打つ光や幻想的な形や宝石のような色は地上の私たちにとっての花や鳥や星と同じく、あたりまえにそこにあるものだ。トムソンの嘆きはもっと具体的だった。深淵が人間の目に「永遠に見えない」ことだ。彼は半分正しかった。人は深海の栄光を目撃できていなかった。だが、それは一時的な状況に過ぎなかった。

第二章

水中飛行士《アクアノート》たち

私が海中で行ったこれらの降下は、
文字どおり宇宙的な性格を帯びているように思われた。
——ウィリアム・ビービ

オアフ島ワイマナロ

「サメを見にいかないか?」テリー・カービーが〈マカイ・リサーチ・ピア〉〔海洋研究用の桟橋〕の下で立ち泳ぎしながら尋ねた。これは返答の必要がない、いわゆる修辞的な質問だった。私たちはサメを見にいくことになっていたのだから。私が言葉を返す前に、彼は泡の雨あられの中へ消え、木の杭《くい》を縫って、六メートル下の海底まで矢のように潜っていった。私はゴーグルを調整し、大きく息を吸って彼のあとを追った。カービーは七十歳近かったが、彼の素潜りを見ているかぎり、とてもそうは思えない。

私たちは桟橋から数々の釣り糸が垂れ下がっている場所をよけ、四〇~五〇メートル離れた場所にポンと浮上した。私たちの左手では火山性の断崖がオアフ島の東岸を縁取っていた。右手にはババ・カリフォルニアまで連綿と続く太平洋。この日はハワイの基準から見ればくすんだ感じで、頭上にいかめしい雲が広がり、爽やかな風が水面に三角波を立てていた。カービーにはあまり関係のないことだ。雨が降ろうが晴れようが、べた凪《なぎ》の状態でもハリケーンが接近中でも、毎日ランチタイムに三キロメートル以上泳ぐ。過去四十年続けてきた日課だ。梯子《はしご》を下りるだけで机から海へ直行できた。カービーの職場〈ハワイ海底研究所〉（ＨＵＲＬ）はこの桟橋の大部分を占めていた。ほかの人たちがサンドイッチを食べに外へ出ているあいだに、カービーは黒いショーティ・ウェットスーツとスキューバマスク、フィンだけ着けてワイマナロ湾を横断する。「これは霊的《スピリチュアル》なことなんだ」と彼は言った。

それも当然か。私がこれまで会った中でもカービーは一、二を争う水生的な魂の持ち主だ。ＨＵＲＬにある二隻の深海潜水艇《サブマーシブル》「パイシーズⅣ」と「パイシーズⅤ」〔パイシーズは魚座を意味する〕の運用責任者兼チーフ・パイロットとして何千時間も太平洋の深海を放浪してきた。カービーの履歴書にオフィス・ビルでの勤務期間やタイムレコーダーを押すたぐいの仕事はなく、ふつうの仕事とは似ても似つかないものばかりだった。実際、彼のキャリアを通じて陸上での仕事は皆無に等しい。

二十代には沿岸警備隊の航法士としてアラスカ、カリブ海、メキシコ湾の船に常駐した。また、北カリフォルニアの冷たい荒涼とした海で沈没船の引き揚げに携わるサルベージ・ダイバーとして働き、ホホジロザメをよけたり、難破船から金属を取り外したりした。「自殺的行為を繰り返していた時期だった」と彼は言う。ジェームズ・キャメロン監督の代表的な深海映画『アビス』でスタントマンを務め、三階建ての水槽に一日十二時間浸かっていた。『００７／ユア・アイズ・オンリー』ではサメ使いを務め、沈没船内でしゃがんでイタチザメをつかみ、監督のアクションの合図でそれをフレーム内に押し込めなければならなかった。「いい経験だったよ」彼は不敵に笑った。「イタチザメは映画の出演にあまり興味がなくてね」

彼の想像力の中にハワイはずっと大きな位置を占めていた。一九七六年、カービーはオアフ島に上陸して運命と出会った。「島じゅうをドライブしていて、あの桟橋のそばを通ったんだ」と彼は語った。「クレーンが潜水艇を水中から引き揚げているのを見て、ああ、ここにおれの夢がある、と思った」少年時代に科学と冒険の本、特に海にまつわる物語を貪《むさぼ》るように読んだ。宇宙船エンタープライズ号〔米ドラマ『スター・トレック』に登場〕みたいなものが水中にあったらどんなにいいかすだろうと思っていた。

引き揚げられた潜水艇は日射しを受けて輝いていた。「スターⅡ号」と呼ばれる愛嬌のある見かけの黄色い船で、子どもが遊ぶお風呂の玩具の特大版といった感じだったが、水深三六〇メートルまで潜ることができた。カービーは車を停めてその様子を見守り、最後に乗組員から話を聞いた。最近の事故で乗組員が二人亡くなり、人手が足りないという。カービーはその場でスタッフに加わった。

最初は進水システムの操作を担当したが、やがてパイロットの訓練を受けるようになった。カービーが育ったのはカリフォルニア州のハイシエラ〔シエラネバダ山脈の高山地帯〕で、そこで家族が建設会社を営んでいた。十代で重機の運転を習得していたから、スターⅡの複雑な操作にもとまどいはなかった。ある日、別のパイロットがこの潜水艇を怖がって、二度と乗りたくないと言いだしたため、カービーが操縦桿《かん》を握ることになった。

それから約九百回の潜水を経て、彼は私が頭の中で「水中飛行士《アクアノート》」と呼ぶようになった稀有な人種の一員になっていた。アクアノートは深海への使者だ。宇宙飛行士《アストロノート》の逆方向版で、最初期のチャンスに地球内宇宙へ飛び込んだ破天荒な人たちだ。数十年にわたり潜水艇を操縦してきたカービーは、HMSチャレンジャー号の科学者たちが想像もしなかったような水中の光景を目撃してきた。ジャック＝イヴ・クストーが羨望のあまり卒倒しそうな潜水記録を残している。

カービーとHURLとパイシーズのことを知ったとき、私はすぐさま連絡を取った。オアフ島にある彼らの基地は、私の住むマウイ島から飛行機でわずか三十分。深海潜水艇とそのパイロットがこんなに近くにいるなんて素晴らしい偶然ではないか。そうそうどこにでもいる人種ではない。数ある職業の中でも、きわめて希少な部類だ。かつて、潜水艇の製造に携わりその安全性を監督する委員会を運営していたウィル・コーネンという海洋エンジニアに取材したとき、彼は結束が固い風変わりな分野である点を強調した。この業界の年次会合は「収拾がつかなくなった感謝祭のディナーみたいなもの」とコーネンは言った。「だったら、何がみんなをそこへ引き寄せてくるんでしょう？」と私が尋ねると、彼は含み笑いをしながら、「ああ、彼らは頭がおかしいのさ。それだけだよ」と答えた。

サメの背びれのような形をした小島の島陰でまた何分か入り江を横断したところで、カービーが動きを止め、海底の岩場を指さした。「あれが彼らの洞窟だ」と彼は言った。「何匹帰っているか見てみよう」（カービーがこの泳ぎで遭遇したサメの最多記録は十匹で、カレンダーに小さなサメのマークを描いて数を記録していた）私が見守るあいだに、カービーは岩のてっぺんでうつ伏せになり、縁に体を寄せて、上から洞窟の口をのぞき込んだ。閉ざされた空間にサメを後退させ、出口前に自分の頭を定めるのがサメを見る最善の方法かどうかわからなかったが、カービーはしばらくそこにいたあと浮上してきて、笑顔を見せた。「三匹いる」彼は言った。「見てきてごらん」私が潜ってみると、張り出した縁の下で三匹のネムリブカが砂の上に重なるようにして、目を開けたまま眠っていた。

私たちはまた泳ぎ始め、岸の釣り人の一団や、浜辺沿いに広がるホームレスの野営地を通り過ぎた。カービーはよく、遺棄された刺し網やナイロンの糸に引っかかっている魚やウミガメなどの生き物に遭遇した。彼はウエストパックにワイヤーカッターを忍ばせ、水中で静止しては網や糸を切り離して生き物を逃がしてあげた。サメの口から釣り針を外したことも二度あった。その道筋でごみも拾った。「野営地を丸ごと海に捨てたような感じの場所もあった」彼は失意もあらわに首を振って私に言った。「服、タオル、毛布、敷物、ハンモック、ブルーシート……いろんなものが、生きているサンゴの群体の上に散乱していた」

カービーはこのような略奪状況を自分事《ごと》ととらえた。誰かが自分の庭を廃品置き場に変えたらどう思うだろう、と。「初めて海を見たときの衝撃を覚えている」と彼は言った。「まるで故郷に帰ってきたみたいだった」カービーの場合は塩水だったが、未開拓の辺境《フロンティア》に引き寄せられたほかの人たちと同じように、彼は西へ引き寄せられ、適切な時期に適切な場所へたどり着いた。一九八〇年にハワイ大学とアメリカ海洋大気庁（NOAA）の合同ベンチャーとしてHURLが活動を開始したときは、パイロットとしての経験が彼の採用の決め手となった。HURLの任務《ミッション》は太平洋の深海の研究調査というきわめて野心的なものだ。

カービーにとってこれは極楽だった。ただ、潜水艇一隻には荷が重い仕事でもあった。彼はパイシーズⅤをスコットランドで、パイシーズⅣをカナダで見つけてハワイへ送り込んだ。改装を受けた両潜水艇は水深二〇〇〇メートルまで潜れることを証明した。ハワイ大学は破産オークションで石油産業の船を一隻手に入れ、潜水艇の海上プラットフォームとしてカスタマイズし、この支援母船を「カイミカイ・オ・カナロア」号と名づけた。カナロアとはハワイの海の神で、カイミカイは直訳すれば「海を探し求める崇高な者」という意味だ。残された唯一の問題は、太平洋およそ一億六五〇〇万平方キロメートルのどこから探索を開始するかだった。

いっしょに泳いだあと、カービーはHURLの本部を案内してくれた。小さな飛行機格納庫に似た、古びた建物だった。正面が開け放たれると、中にパイシーズが二隻、身を寄せ合っていた。一時的に陸で動けなくなった体重一三トンの海の生き物といった風情で。全長六・一メートル、ミニバスくらいの大きさで、海底のどんな地形にも着地できるそり《スキッド》の上に設置されていた。前端と後端は丸みを帯び、上面は平らで、消防車のように真っ赤なハッチタワーが突き出ている。前方に位置する白い球体が耐圧殻《プレッシャー・ハル》と呼ばれる乗員室だ。球体の中心にひとつ目の巨人《サイクロプス》の瞳のようなのぞき窓が見える。

潜水艇の外側には高解像度カメラや、ソナー、投光器、高度計、レーザー計測器、音響追跡システム、バッテリーの長い列がある。フロントバンパーの上には水やガス、岩石、堆積物、海洋生物のサンプリング容器を納めたプラスチックの箱が載っている。「潜水艇にはそれぞれ油圧マニピュレーターアーム〔操作用の腕〕がふたつある」と、カービーが説明してくれた。彼はそのうちのひとつ、複数の関節と鉤爪《かぎづめ》状の手を持つロボット装置を指さした。「これは人間の腕の延長みたいなものだ。なめらかに動かすことができる」熟練のパイロットはマニピュレーターを連動させることで、どんな繊細な生命体でもつかみ取って瓶に確保することができた。

パイシーズのフード下にはバラストタンクがあり、パイロットは潜水中、水を出し入れすることで浮力を調整する。スキューバダイビングと同様、潜水艇が上昇・下降する垂直空間を意味する「水柱」内を必要に応じて上下できるようにするのが目標だが、海底では周囲を巡回できるよう水中で静止状態を保つ「中性浮力」の獲得が目標となる。耐圧殻の両側に配置された推進装置《スラスタ》により、潜水艇は全方向への推進が可能になる。パイシーズは大きくて重いが、水中を優雅に滑空する。かさ《バルク》のほとんどはシンタクチックフォームに由来する。これはガラスの微小球をエポキシ樹脂で固めた浮力と耐圧性を持つ素材で、構造体《フレーム》の全面にそのブロックが敷き詰められている。また、潜水艇にはそれぞれ一八〇キロ近いスチールショット〔特殊鋼製の球状粒子〕も搭載されている。このバラストは降下の補助に使われ、その半分が海底で捨てられる。残りは潜水の最後に放出される（金属を食べる細菌の働きにより、スチールは海底で酸化する）。緊急時、パイロットは全重量を捨てることでより素早く浮上することができる。

私たちはふだん着に着替え、カービーはHURLのTシャツにカーキ色の短パン、ハイキングシューズ、足首までの短い白のソックスといういつもの制服に身を包んでいた。身長一八〇センチを超えるアスリートのような体形で、ノルディックブロンドの髪が額に軽くかかり、年じゅう日焼けしている。潜水艇の周囲を回りながらその特徴を指摘していく姿は子どもを溺愛《できあい》している親のようだ。「こういう代物はたくさんあるわけじゃない」と、彼はパイシーズVに手を置いて言った。「手に入って本当に光栄だ」

正確に言えば、二〇一八年春の時点で水深二〇〇〇メートル以深へ潜航できる有人潜水艦はほかに五隻あった。どれも個人でなく、国や機関の持ち物だった。フランスの「ノーティル」、中国の「深海勇士」および「蛟竜」、日本の「しんかい」、そしてアメリカ海軍の調査艇「アルビン」だ。これらはいずれも「パイシーズ」より深く潜ることができた。最大深度は四五〇〇メートルから七〇〇〇メートルで、深海帯をくまなく探査できた。しかし、水深一万一〇〇〇メートルの海溝がある超深海帯には手が届かなかった。このゾーンは小さな欠落部分ではない。超深海帯は海底の二パーセントに満たないが、海洋全深度の四五パーセントを占める。

こうした限界はあったものの、これらの潜水艇は印象的だった。先駆的な有人深海探査は一九三〇年に開始され、一九六〇年代まで厳密な追求がなされなかったことを考えると（六〇年代当時でさえ試みは散発的だった）、短期間で長足の進歩を遂げたと言っていい。この出遅れは関心の欠如によるものではなかった。潜水への熱望は古代にまでさかのぼる。疑わしい伝説によれば、アレクサンダー大王は水中飛行の野望に燃え、ガラスのかごの中で水深九〇〇メートルまで潜り、彼を導いた天使から「海にある素晴らしいものを見せてほしいか？」と訊かれたという（アレクサンダーは海中で八十日間を過ごしたあと勝ち誇った様子で戻ってきて、「数多くの魚」を見たと報告した）。

発明家たちは長きにわたり、釣鐘形の潜水器や、十七世紀のドレベル潜水艇のような乗り物の設計に手を染めてきた。ドレベル潜水艇は基本的に密閉式の手漕ぎボートで、十二本のオールがついていた。一六二〇年にロンドンで実演が行われ、テムズ川の水面下四・五メートルを滑走したが、設計図が残っていないため、漕ぎ手がどう呼吸していたのかは不明だ。一七七七年、タートル号というアメリカの潜水艇がデビューを飾った。一人乗りの木製樽で、足踏みペダルと手回しクランクで推進し、重りとバラストタンクの粗末なシステムで潜水と浮上を繰り返した。タートル号を原型《プロトタイプ》と呼ぶのは寛大に過ぎるだろうが、これは戦闘に使われた初の潜水艦となった。アメリカ独立戦争中、イギリスの軍艦に爆弾を取り付ける目的でニューヨーク港に配備されたが、タートル号のパイロットが一酸化炭素中毒で倒れたため作戦は中止になった。

有人潜水艇史の初期は、黎明期ならではの失敗や入り組んだ珍妙な仕掛けに事欠かない。そのほとんどは浅瀬でかろうじて機能する程度で、深海に適した潜水艇は存在しなかった。ジュール・ヴェルヌの架空の構想はさておき、第一次世界大戦前には材料そのものが存在しなかった。深海潜水艇の建造に必要な工業技術が手に入っても、どんな船ならうまくいくのか、誰にもわからなかった。深海は試行錯誤による実験で人命を危険にさらすことができる場所ではない。それに、まともな神経の持ち主が最初の一人になりたいと思うだろうか?

ウィリアム・ビービは最初の一人になりたかった。

鳥類と密林、カクテル、探検、仮装パーティ、博物館、海洋生物、執筆、科学、そして女性をこよなく愛した男だった——好きな順番は必ずしもこのとおりではなかったが。ビービは華やかな「狂騒の二〇年代」にはめずらしい名士だった。ニュージャージー州の中流家庭に生まれた小柄な頭髪の薄い男は、コロンビア大学を中退し、新設されたブロンクス動物園で学芸員として働いていた。子どものころの趣味は剝製《はくせい》作り。基本的にオタクだったが、物語を語る才能を備えたエネルギッシュなオタクだった。ビービは幼いころから激烈な情熱に衝《つ》かれていた。自然界に夢中だった。

あらゆる動物を研究したかった。あらゆる種がどう生き、どう相互作用し合っているか、あらゆることを研究したい。自分の見た生き物をリストアップし、その行動について些細《ささい》な部分までを記録し、見たい生き物のリストを作り、その進捗状況を膨大な私的日誌に記録した。日誌の最後を、「と私は語った！」で締めくくるのが好きだった。

ビービには伝えたいことがたくさんあった。多作の作家で、十七歳だった一八九五年、バードウォッチングを題材にした記事が初めて雑誌に掲載された。当時から彼の好奇心と熱意には伝染性があった。ビービは書き続けて、着実に読者を増やしていった。ブロンクス動物園での仕事かららニューヨークの裕福な後援者《パトロン》と接触する機会が生まれた。株式市場が活況を呈し、金回りのいい人たちがいた。ビービは自分に資金集めの才能があることにも気がついた。動物園には動物が必要で、彼は動物を探しにいって見つけてくる仕事にうってつけの人物だった。羽振りのいい実業家やスポーツマンの後ろ盾を受けて、めずらしい動物を探し集める一連の探検に乗り出した。

カリブ海と南米を航海し、オウムやイグアナ、樹上性の蛇を手に入れた。メキシコを馬で巡り、歩いてヒマラヤへ入り、マレーシアでは宿泊施設が付いたハウスボートに乗った。ボルネオ島では熱帯雨林を切り開きながら進み、ヒヨケザル、センザンコウ、シマヘミガルス〔ジャコウネコ科の動物〕

を手に入れた。何年もかけて世界じゅうを旅し、その途上で記事や研究論文や書籍を執筆するための膨大な資料を集めた。ビービの語る声は魅力的だった。彼は旅行記と科学と冒険が一体となった独自の文学的ニッチを作り上げた。四十歳になるころにはアメリカで指折りの人気博物学作家となり、(独学ではあったが)尊敬を集める生物学者でもあり、ニューヨークの社交界に権勢を振るっていた。

ガラパゴスではヘルメット式潜水器の実験を行い、銅製の重いヘッドギアを着け、ホースで水上につながれた状態で海底をドタドタ歩いた(スキューバダイビングが始まるのは何十年も先のことだ)。ビービはサンゴ礁で色彩と生き物が奏でる幻想曲《ファンタジア》に心揺さぶられ、長年海に抱いてきた関心が強迫観念へと変わっていった。多くの時間を水中で過ごし、即席で自作した装置の限界を試し、耳から出血が始まる始末だった。

マンハッタンに戻った彼は資本家を何人か口説き落とし、調査船を一隻手に入れた。それから間もなく、当時の英ジョージ王子から、バミューダ諸島に個人所有する島を貸し出そうという申し出があった。ビービの次のプロジェクトにうってつけの場所だった。彼は面積二一平方キロメートル、深さ三キロメートル以上の海の立方体内にいるすべての生命体を調査したかった。浅瀬に潜って観察し、深海でトロール網にかかった標本を採集した。一九二八年の春、ビービはペットの猿と助手の一団を引き連れてバミューダへ出発し、そこに調査基地を設置した。

ロケーションは素晴らしかったが、ビービはすぐトローリングの限界にいらだちを覚えた。網で捕獲した生き物のほとんどは、見分けがつかないくらいズタズタになって引き揚げられてきたからだ。そもそも、動きが速かったり機転が利いたりで網にかからない生き物もいるだろうと彼は考えた。この方法は不完全、という結論にビービは達した。深海生物の本当の姿を知るには自分でそこに潜るしかない。この数年前、彼は友人だったセオドア・ルーズベルト大統領と潜水艇の設計図をカクテルナプキンにスケッチし、この種の船の仕組みを議論していた。ルーズベルトは亡くなったが、ビービは仮説の域を超えたくなった。電話ボックスのように自分の体を囲う円筒形のカプセルに入って水深一・六キロメートルへ沈められる状況を思い描いた。メディアの注目を集めればカプセル建造資金を調達できると考え、ビービは計画を発表した。自分は深海を手ずから調査する人類史上初の男になってみせる、と。

そのころマンハッタンのアッパー・イーストサイドでは、工学を学んでいたオーティス・バートンという二十六歳の男性がニューヨーク・タイムズ紙の「ビービ、タンクで海底を探検」という見出しを読み、衝撃を受けた。彼はビービのファンだったが、このニュースを自身の敗北と受け止めた。バートンは熱心な船乗りで、ダイバーでもあり、彼自身が深海へ潜る最初の人間になる計画を温めていたのだ。彼も潜水艇を考案していた。ひょっとして、ビービが自分との提携に応じてくれないだろうか？　ビービの名声と無名の自身を考えれば大胆な提案だった。しかし、バートンには大きな強みがあった。彼は金持ちだった。すでに、ある一流の海洋建築家と契約を交わしていた。さらに、ビービの設計が惨事を招くことを彼は知っていた。深海の圧力に耐えられるのは完全な球体だけだ。完全な球体であれば圧力が均等に分散される。円筒形ではブリキ缶のようにつぶれてしまうだろう。彼はビービに面会を申し入れた。

バートンの船の設計図を見たビービは感銘を受けた。円筒形の潜水艇などどこにもないし、球体にするのが賢明であることがビービにもわかった。バートンの設計は赤裸々なくらいシンプルだった。厚さ四センチほどの壁に囲まれた中空の鋼鉄球だ。直径は一五〇センチに満たず、三つののぞき窓は強度に優れた石英ガラス製。快適さが優先事項でなければ、二人で乗ることもできる。出入りは直径三五センチの上部ハッチから行い、外側からボルトで密閉される。ハッチの金具には鋼鉄製のケーブルが接続されていて、球体を巻き上げ機《ウインチ》で深海まで下ろし、重量二トンのクリスマスツリーの飾り玉といった趣で母船からぶら下げることができる。酸素タンクから呼吸可能な空気が送られ、ソーダ石灰と炭酸カルシウムの粉を入れた容器が二酸化炭素と湿気を吸収する。これならいける、とビービは思った。

バートンは費用を負担すると同時に、ビービがギリシャ語のbathys《深い》から命名した「潜水球《バチスフィア》」の建造を監督する。ビービはウインチと母船、乗組員、そして最大限の宣伝を提供する。潜水降下はバミューダ諸島にある彼の島の沖合で行う。二人は握手を交わした。いっしょに史上初の有人潜水に挑もう。

カービーにうながされて、私はパイシーズVに乗り込んだ。潜水艇の側面にある高い梯子を上り、ハッチタワーから中へ下りていく。内部の雰囲気は質実剛健。制御パネルに並ぶスイッチやダイヤル、ボタン、計器の列を除けば、耐圧殻自体はビービとバートンの時代からほとんど変わっていない。パイシーズにはそれぞれ三人まで乗れる。パイロットのカービーは球体の中央にひざまずき、真ん中ののぞき窓に額を押しつけながら操縦する。彼の両わきに二人の乗客（たいていは科学者）がしゃがみ込み、それぞれののぞき窓から外を観察する。最近ののぞき窓は石英ガラス板でなく、球面くさび形のアクリルでできている。アクリルのほうがはるかに多くの酷使に耐えるし、くさび形は圧力を受けると内側にたわんでコルクのような機能を果たす。この形状は「魚眼レンズ」に似て、より広い視界も提供してくれる。

ハッチが開いた状態でも、潜水艇内は空気が充分行き渡っていないかのような息苦しさを感じた。生命維持装置はまだかなりレトロだった。酸素はタンクからポンプで送り込まれ、二酸化炭素は飽和すると紫に変色する水晶容器によって浄化される。「酸素含有量と二酸化炭素含有量を常にモニターしている」とカービーは説明した。「そう、この水晶でわかるんだ」

トイレがないのは明らかだし、服装規定《ドレスコード》はシンプルそのもの、つまり重ね着だ。潜水艇が降下するにつれて水温は下がり、球体は肉貯蔵庫のように冷えきってくる。「最初は短パンとTシャツ」カービーが言った。「水深二〇〇〇メートルに達するころには、保温性の下着と靴下とニット帽を着用している」私は内径二・一メートルの球体を見まわし、深海の旅の標準的な時間である八時間のあいだ大人三人がここに詰め込まれるところを頭に思い描いた。閉所恐怖症や怖がりの人、トイレが近い人にとって、パイシーズでの潜水体験は魅力的なものではないだろう。いっしょに潜水する人に体臭のきつい人がいないこと、昼食にエッグサラダを持ってくる人がいないことを祈るしかない。カービーの場合、些細な不快感はすべてアドレナリンに一掃されるという。「中に入ってハッチを閉めるたび、初めて潜ったときのような気持ちになる」と彼は言った。「いまでも同じように興奮する。あれはけっしてなくなりやしない」

この小さな船室に座った私は、ビービとバートンが初潜水に挑んだ一九三〇年の六月六日に感じたであろう、大きな不安に包まれていた。彼らは潜水球内にボルトで閉じ込められて大西洋上へ振り出され、身長一八〇センチの体を折り紙のようにたたんだまま、大事な細部を見落としていないことを祈るしかなかった。物が壊れたり落ちたりつぶれたりするかもしれない。水漏れは致命傷になりかねない。深海の圧力下では、たとえ針の先くらいでも穴が開いたら、弾丸のような勢いで水が通り抜けてくる。仮にもそんなことは考えるべきでないが、もしケーブルがハッチやウインチから外れてしまったら、潜水球は大砲のように海底へ落下し、ビービとバートンは水深三キロメートルで棺桶の人となっていただろう。

空気がなくなったら？　のぞき窓が陥没したら？　バートンが発注した五枚の石英プレートのうち二枚には設置中にひびが入り、もう一枚は比較的おだやかな圧力試験に失敗した。残り二枚だけが潜水球に取り付けられ、三つ目ののぞき窓は金属製カバーでふさがれた。のぞき窓の縁は白い鉛ペーストでコーキングされた。これで水密性は保たれる。

球体の穴が水圧によって容赦なく探られる弱点であることは、ビービとバートンにも痛いほどわかっていた。いま、それは四つあった。バートンは三つののぞき窓のほかに、ゴムホースで覆われた送電線と電話線を潜水球に入れる二・五センチの穴を開けていた。ホースは鋼線といっしょに密閉用のスタッフィング・ボックス（パッキン箱）を通って球体内に入る。爆発の可能性がある酸素ボンベが同居する狭い空間へ電線を通すのは、控えめに言っても理想的な状況でない。しかし、電線がなければ地上と通信できず、深海で投光器を作動させることもできない。どちらの装置にも妥協の余地はなさそうだ。

ビービとバートンの潜水球が海中に下ろされた。最初の二〇メートルほどは、彼らがヘルメット式潜水器で潜ったときに見たターコイズブルーの水槽だった。ビービの助手を務めるグロリア・ホリスターという細身のブロンド女性が、ウインチからケーブルがゆっくり送り出されるのに合わせて電話線の上端から深度の計測値を中継した。ビービは自分たちが観察した内容を書き留めるようホリスターに指示した。水深六〇メートルで赤と黄色の光の波長が弱まり、緑と青と紫だけになった。真っ赤なはずのエビがそばへ突進してきたとき、それは真っ黒に見えた。

水深九〇メートルで彼らは急停止した。ハッチから水が漏れてきたことにバートンが気づいたのだ。楽しい瞬間だったはずはないが、ビービはパニックに陥ることなく、潜水を中止することもせず、もっと速く潜水球を下ろすよう指示した。圧力が上がれば密閉度が高まると考えたのだ。これは正しい判断だった。

潜水は続き、水深一二〇メートルを過ぎ、一五〇メートルを過ぎた。一八〇メートルあたりで電線から火花が散った。バートンがホースに突進して軽く揺らすと火花は止まった。二一〇メートル、ビービは周囲の状況を把握して神経を落ち着かせ、自分のいる場所の重みを反芻《はんすう》しようと、一時停止を求めた。「これより下へ沈んだことがあるのは死人だけだ」と、彼はホリスターに言った。

彼を心底驚かせたのは尋常でない光の質だった。可視スペクトル領域の最後のひとつまみが残っているだけで、藍色の残り火が純度の高い輝きを放っていた。完全な真っ暗闇の縁で、光の最後の痕跡が不気味に輝いて見えた。「私たちは生きながらその奇妙な光を見た初めての人間になった。それは想像を絶するものだった」と、後日ビービは書いている。「いままで地上で見てきたどんなものともちがう、言葉に言い表せない半透明の青色で、私たちの視神経をこのうえなく混乱させると同時に興奮させた」目に突き刺さるような鮮烈な青で、それを言い表す言葉はない、と彼は感じた。色というよりひとつの感情のようで、「物理的に眼球を通り抜け、私たちの存在そのものに入り込んでくるようだった」と彼は書いている。

水深三〇〇メートルまで下りる予定だったが、ビービの内なる警報ベルが鳴りだした。「人生で五、六度あった危機的状況のときに感じたような、心の警告だった」彼は水深二四〇メートルで潜航停止を指示した。

水上へ戻る途中、すべて正常と思われたところで、ビービはのぞき窓のそばを通り過ぎる動物たちに目を向けた。きらきら光る小魚やクラゲが漂ったり反転したり勢いよく通っていったりして、投光器の投げかける光の中を出入りした。ビービは決意した。今後の潜水では初潜水の身のすくむような驚きを忘れ、生物種の同定に真剣に取り組もう。潜水球が無事母船の甲板上へ戻り、ボルトが外されて重さ一八〇キロのハッチカバーが持ち上げられ、ビービとバートンが太陽光の中へ這《は》い出てきた。深海の神聖な夜光ブルーに比べると日光は褪《あ》せた感じがした。ビービはこの画期的な出来事についてこう言い放った。「まったく新しい世界への窓が、ついに人間の目に開かれたのです」

その後の四年間でビービとバートンはさらに三十三度の潜水を重ね、最終的に水深九二三メートルまで到達した。二〇〇メートル以深は生命が脈動するナイトクラブであることを、ビービは知った。ホリスターがのぞき窓のそばに餌《えさ》として吊るしたイカの死骸を調べに来て潜水球のそばで踊っていく生き物の行列は、ドクター・スースでも想像できなかっただろう。「私は口と鼻をハンカチで覆ってしゃがみ込み、冷たいガラスに額を押しつけた。地上の古い土を原料にした透明な素材が私の顔から九トンもの水を防いでくれていた」と、ビービは書いている。

あごで挟んで餌を取ろうとしたクヌギ〔ウナギ科のウナギ〕が蛇のように体をくねらせ、翼を持つ漂泳性軟体動物の一団が妖精のように羽ばたき、短剣のような歯を持ちあごから光る棒を揺らした体長一五センチのナンヨウミツマタヤリウオが真っ暗な水中にその恐ろしい姿を現した。銀色のムネエソの一団は球根のような目とぽっかり空いた口を持つ手のひらサイズの捕食者で、ヘアテインセルのように光っていた。緑色に光る小さなハダカイワシがコーラスラインを組んで潜水球の前をきらめきながら通り過ぎていった。

深く潜るほどに、ダッシュ記号や線や弧を描く生物発光が銀河間を行き交う信号のように燃え上がった。チャレンジャー号探検隊で多くの深海生物がみずからを発光させることが確かめられ、ビービも発光器、つまりネオン・ドットに似た光をつくり出す器官が体に点在している魚を調べたことがあったが、彼とバートンは「深海の花火製造術」を目撃した最初の人間になった。「十セント硬貨ほどの大きさの華やかな光が自分のほうへ少しずつ近づいてくるところを見た」とビービは回想している。

それ以上に彼の頭にこびりついて離れなかったのは、光で自分の存在を知らせず闇に紛れて近づいてくるステルス訪問者たちだ。投光器が照らす範囲のすぐ向こうを動いている大きめの獣の幽霊めいた姿を、ビービは感知した。あるとき、水深七五〇メートルあたりで巨大な動物がちらりと見えた。「全長六メートルというのは可能なかぎり少なく見積もった数字で、それに比例して幅も大きかった」が、それが何かは見当もつかなかった。ほかにも、既知の生物種に似たもののない謎の魚がいた。ビービはこうした目撃に興奮して、思いつくままにその話を繰り返し語り、それをホリスターが忠実に書き留めていった。

朱色の頭と黄色い体、ピーコックブルーの背中、ワニのようなあご――そんな痩せっぽちの魚が縦に四匹連なり、散歩に出てきたかのように直立したまま水中を移動していった。特大の胸びれを持ち、尾がなく、焦げ茶色をした不気味な魚がいた。逆に、紫と黄色の発光器が縞模様になった、あり得ないくらい美しい魚もいた。「この魚はこれまで見た中で最も美しいもののひとつだとして、永遠に私の記憶に刻まれるだろう」と、ビービは熱く語っている。しかし本当の真打ちはライラック色の光を放つ体長一八〇センチのバラクーダに似た魚のペアで、この二匹は口を開け、「無数の牙」をむきだしにして潜水球のそばをゆっくり進んでいった。ビービはこういう新顔たちに、「アビサル・レインボー（深淵の虹色の）ガー」、「パリッド・セイルフィン（青白い帆のようなひれ）」、「ファイブライン・コンステレーションフィッシュ（五本線の星座魚）」、「アンタッチャブル・

バチスフィア・フィッシュ」といった空想的な名前をつけた。また、その名前をリンネ式の適切な形でラテン語に翻訳してもいる。

潜水の旅はおおむね順調に進んだが、悲劇につながりかねない事件が二度起こったことからみて、運が大きな役割を果たしたのは明らかだった。無人での試験潜水中、のぞき窓のコーキングが二度吹き飛んで潜水球内が水浸しになった。この出来事についてビービは、自分たちが乗っているときだったら「氷のように冷たい闇の中でぐしゃぐしゃに押し潰されていただろう」と振り返っている。人生のルーレットが回された結果、球体内には誰もおらず、人的被害はなく、のぞき窓は修繕された。しかし、こういうぞっとする逸話は刺激的なニュース源として繰り返し報道され、ビービとバートンは注目の的となった。彼らは水深六七〇メートルからラジオ放送まで行った。一九三三年八月、潜水球はシカゴ万国博覧会に展示され、スイスの物理学者で発明家のオーギュスト・ピカールが造ったアルミ製球形ゴンドラの隣に並べられた。ピカールは水素を充塡した そびえ立つ気球にこの球体を取り付け、高度一万六二〇一メートルの成層圏まで飛ばしていた。上昇する球体と下降する球体は人類の大胆なパイオニア精神の化身として共存しているように見えた。

ビービとバートンのプロジェクトで最も厄介だったのは二人の協力関係《パートナーシップ》だった。二人とも妊娠によってやむを得ず結婚していたが、どちらにとっても本意ではなかった。ビービは五十代の複雑な人間で、深海に挑む目的はきわめて科学的だった。バートンは三十代で、ビービのように有名になりたいという気持ちが大半を占めていた。彼はメディアからビービの「補佐役」扱いされることに憤慨し、ウナギがどの属に属するかなど知ったことではなかった。バートンはビービをボス面《づら》したうるさい人間と見なし、ビービはバートンを陰湿な攻撃をしてくる融通の利かない人間と見なしていた。潜水球でいっしょにいるとき以外、二人はたがいを避けていた。最後の潜水後は二度と口をきかなかった。

バートンは海中での冒険を映画製作のキャリアにつなげようとしたがうまくいかず、ビービは『ハーフ・マイル・ダウン（深海半マイル）』という別の本を書いて、これはたちまちベストセラーになった。ニューヨーク・タイムズ紙の評者は「この本は潜水球ブームを巻き起こすだろう。ヘンリー・フォードら大量生産界のリーダーが彼の工場に総力を結集するかもしれない」と絶賛した。しかし鋼鉄製の球体は売れなかった。初代の球体も引退した。潜水球による彼の潜水がほかの科学者、特に魚類学者たちから売名行為として拒絶されたため、ビービは海洋研究に嫌気が差した。学者たちは不思議議な魚の報告を冷笑した。濁った深海をさっと通り過ぎただけのビービに、生物に名前をつける権利などない、と彼らは主張した。五本線の星座魚？　いったい何だ、それは？　批判に傷ついたビービはふたたび密林に目を転じることになった。

深淵は観測されないまま悠久のときが続いていた。ところが一九四八年、オーギュスト・ピカールがかねて取り組んでいた新しい機械を発表した。潜水艇だ。潜水球の後継機であり、抜本的な性能向上《アップグレード》だった。ケーブルに縛られるなんてばかげている、とピカールは考えた。彼の船は自律型で、ビービやバートンよりはるかに深いところへ潜るつもりでいた。潜水艇は巨大で、何よりツェッペリン型飛行船に似ていた。ピカールはこれをバチスカーフ（深い船）と呼んだ。

カービーと私はパイシーズⅤを離れ、格納庫を通って潜水艇の上のロフトにある彼のオフィスへ向かった。ＨＵＲＬの内装は男の隠れ処《が》的にはシックかもしれないが、ふつうはこれをシックとは言わない。むしろ究極のガレージと言うべきか。数千平方フィートもの面積に機械や工具、作業台、ダイビング器材、スペア部品が置かれ、サーフパンツ姿の男たちが道具をいじっていた。複合艇《ゾディアックボート》がトレーラーに積まれていた。棚には使い古したマニュアルが積まれていた。天井から船外機が吊るされていた。ベニヤ板の壁にはパイシーズを特集した海のポスターや雑誌記事がびっしり貼られていた。冷蔵庫には海底がテーマのステッカーが貼られていた。〈深海潜水艇パイロット協会〉〈シュミット海洋研究所〉〈ポセイドンＵＳＡ〉〈トラック諸島ラグーンのミクロネシア水生生物〉。暴れ狂うサメが描かれたバンパーステッカーの文言は、「私はこのホホジロザメに目撃された」と誇らしげだ。

カービーは愛着のある自室へ私を招き入れてくれた。そこには彼の思い出の品々が並んでいた。写真、賞状、ボロボロになった革張りの箪笥《たんす》、サンゴや流木の切れ端。彼はコーヒーを淹《い》れにキッチンへ行き、私は車のベンチシートのようなカウチに座った。訊きたいことが山ほどあり、一日じゅう話していたかった。というか、カービーが話して私がそれに耳を傾けられることを願っていた。微に入り細を穿《うが》って彼の深海体験を克明に聞きたかった。深海で何を見たかとカービーに尋ねると、回想と歴史的証言、遠く離れた海山の名前、ＧＰＳ座標、事実、数字、日付、場所が奔流のように解き放たれた。彼はこれまで行ってきた潜水を隅々まで記憶しているようだった。さらには、潜水艇から撮影した何千枚もの写真や、何時間分もの映像、八〇年代にさかのぼる航海日誌があった。才能豊かな画家でもあったカービーは、お気に入りの海底スポットを絵にも描いていた。

彼が知り尽くしている場所のひとつにロイヒがあった。いま現在、ハワイに次なる島を形成しようとしている海底火山だ。ふもとから山頂までの高さが約四〇〇〇メートルあり、山頂は海面下一・六キロメートルにある〔現在は九七五メートルとされる〕。ハワイ諸島のほかの島々と同様、ロイヒもホットスポットによって誕生した。ホットスポットとは海底から熱いマグマが噴き出し、やがて海底を突き破って爆発する場所を指す。ハワイ文化で最も崇拝されている神々の一人で火山と火事を司る女神、ペレの手になる仕事だ。現在四十万歳のロイヒはペレの末っ子であり、世界最大の活火山マウナロア、世界で最も活発な火山のひとつキラウエア、（海底から測った場合）世界一の高さを誇るマンモス火山マウナケアの足元に座る末妹だ。ロイヒ火山の背がいつ波の上に頭を出すくらい高くなるのか、科学者にも正確なところはわからない。ひょっとしたら十万年後かもしれず、それ以上かかるかもしれないし、もっと早いかもしれない。

「一九八七年に初めてロイヒに潜った」とカービーは言い、私にマグカップを手渡して、机の前の椅子に座った。「パイシーズVであそこへ下りていく。海底火山の上へ潜っていくなんて、気は確かか？　そう自問したよ」これが名案かどうかは誰にもわからなかった。たどるべき地図もなければ、噴火の残骸に埋もれたり不安定な溶岩に押しつぶされたりせずにすむ最優良の潜水実施例もない。海底活火山は不安定な場所であり、この火山に接近する際は慎重を期す必要があると、カービーも認識していた。

潜水艇は手に汗握る偵察行へ向けて暗闇へと沈んでいき、ゆっくり降下して、やがてロイヒの最高地点（のちに「パイシーズ峰《ピーク》」の呼び名で知られることになる）へ到達した。カービーは潜水艇の位置を調節し、自分がどこにいるか確認に取りかかった。黒い枕状溶岩の丘、鉄の存在を示す赤錆色の鉱床、水流に揺らめく細菌《バクテリア》の群れが見えた。岩の寄せ集めが火山ガラスできらめき、冥界《めいかい》を思わせる美しさだった。

彼ののぞき窓にとつぜん巨大な尖塔《ピナクル》がそびえ立った。高さが三〇メートルはあったにちがいない。その側面から煙突《チムニー》と呼ばれる円柱状の構造物が生じ、半透明の液体を噴き出していた。カービーはこの奇妙な地層が何と呼ばれるものか知っていた。熱水噴出孔だ。しかし、噴出孔はガラパゴス諸島沖の深海海底で十年前に発見されたばかりだった。科学者たちも研究を始めたばかりで、この世のものとも思えないその姿に驚嘆していた。陸上の温泉と同様、熱水噴出孔は火山活動が活発な地域に出現し、地球の過熱された配管から海水と鉱物、ガス、微生物の混合体を吐き出している。この混合物が深海の冷たい水と接触すると、鉱物が沈殿しさまざまな高さのチムニーが形成される。カービーは目の前にそびえ立つ巨大なものを「ペレ噴出孔」と名づけた。あの女神に敬意を払うのが賢明と考えてのことだ。

この最初の潜水後、科学者たちはまた来たいと声を大にして求め、カービーはロイヒの灰緑色のねじれたチムニーや黄土色の不気味な岩、乾いた血のようなものが赤い縞模様を付けた瓦礫が散らばるクレーターに精通するようになった。そこにはめずらしい動物もいた。カービーは英名セレベスモンクフィッシュという、人間の足のような形のひれを持ち岩の上にしゃがんでいるヒキガエルに似た魚に繰り返し出くわした。アンコウの仲間で、不細工なのに可愛い生き物だった。鋼のような青色をしたウナギがのぞき窓の横をビュッと通り過ぎる。これはホラアナゴ亜科の魚で、鰓孔《えらあな》が首を横切っていることからカットスロート（喉《のど》裂き）ウナギという愛称もある。

カービーはまた、大きな頭と尖《とが》った鼻、飛行機の翼のような胸びれ、長い尾、銀色に光る目を持つ原始的な軟骨魚ゾウギンザメにも遭遇した。側線部分の知覚網がキメラのような体を囲み、ジグソーパズルのピースを縫い合わせたかのようだ。ときおりチヒロザメがランウェイを歩くモデルのように、灰色のエイリアンのような細長い目とハロウィーンのかぼちゃランタンのような大きな笑みを浮かべて通り過ぎる。深海に生息するサメの中でも私たちがほとんど知らない種のひとつだ。

パイシーズ潜水艇はある忘れがたい潜水時に、オンデンザメの出迎えを受けた。このサメは地球上で最も長寿の脊椎動物であるニシオンデンザメ（約四百年生きると言われる）の近縁種だ。研究者はかつて、この二種を同じものと考えていた。オンデンザメはなかなか姿を見せない生き物で、ホホジロザメくらい重く、マッコウクジラ以外でダイオウイカを狩ることが知られている唯一の捕食者でもある。ホッキョクグマを捕食していたニシオンデンザメも見つかっている。

カービーは私にオンデンザメの映像を見せてくれた。興奮した科学者たちが背後で叫び声をあげる中、劇的な明暗法ですーっとそばを通り過ぎ、二隻の潜水艇に次々接近した。このサメには不思議とおだやかな雰囲気があった。古い花崗岩《かこうがん》のような虎毛模様《ブリンドル》の体で、角膜を食べる寄生虫のおかげで目が白濁していた。それまで見たどのサメともちがっていた。深海というよりむしろ、深い時間からやってきたようで、消え去った時代から来た訪問者を思わせた。「彼女を見ろ」カービーは身ぶりで画面を示した。「ロイヒをさまよう古代ハワイの精霊がいるとしたら、あれがそうだ」

一九九六年、ロイヒ周辺の海底は四千回もの群発地震で大揺れに揺れた。ハワイ観測史上、最大の激震事件だった。「何が起きているのか、誰もわからなかった」とカービーは振り返り、眉《まゆ》を吊り上げる仕草で強調した。「ただ、音からして何か大きなことが起こっている気がした」パイシーズが一隻、すぐに探検へ乗り出した。深海の噴火現場へ下りていくなど一般人なら考えもしないが、科学者にとっては願ってもない出来事だった。だからといって、大きな危険がともなわないわけではない。

海底火山はいつもおとなしくしているわけではない。一九五二年九月、アメリカ海軍の深海用水中聴音機《ハイドロフォン》が東京の南三七〇キロメートルの太平洋上で大きな爆発音を感知した。そこは活発な地殻変動で知られた場所で、二枚の海洋プレートがぶつかり合う継ぎ目が描く長い弧の一部だった。近くの海に活火山の存在が確認されていた。

噴火はその後一週間続いて大きな震えを起こし〔明神礁《みょうじんしょう》噴火〕、何度も津波を発生させた。このような爆発には雷と稲妻がともなうことも多く、その現象が何時間か続いた。ある漁師は「空に大きな火花が立ち上った」と言った。「火柱が立った」と回想する人もいた。海洋の観測者たちは、水面で高さ六〇メートルの水の半球体が巨大な泡のようにふくらみ、その縁に水が滝のように流れ落ちるところを見た。海そのものが発しているような咆哮《ほうこう》とうめき声が聞こえ、水の塊はおぞましい緑色に変色し、死んだ魚を吐き出していった。アメリカ空軍の操縦士はその上空を通過したとき、白く沸き立つ水の中から尖った黒い岩がいくつも現れ、また深みへ沈んでいくところを目撃した。

海洋地質学者にとってはまさしく大当たり《ブロックバスター》だった。そのため、爆発が止んだとき（一時的だったのだが）、いち早くその様子をじかに記録しようと、日本の科学者と乗組員三十一人が調査船「第五海洋丸」で出発した。その日、彼らが何を目撃したのかは知る由もない。その後、船の姿が目撃されることはなかったからだ。数日後、船の残骸が近くで浮いているのが見つかった。溶岩の破片に貫かれたのだ。

何百トンもの火山の噴出物を水中から一・五キロメートル上へ押し上げるのにどれだけの力が必要かは想像もつかないが、潜水艇で近づきたくないのは確かだ。ハワイ諸島は数多くの荒れ狂う岩を受け入れてきた。カービーのオフィスの外壁にはハワイの海底地形図が貼られていて、そこには海底の広大な瓦礫原が見えた。ある時点で住宅やビル、都市の街区《ブロック》ほどもある大きな岩が、およそ一〇万平方キロメートルに及ぶ海底不動産に衝突したのだ。島々の陸塊を合わせた五倍もの面積に。

地図を見たとき私が謙虚な気持ちになったのは、それが意味するところを理解したからだ。

過去にこれら火山が隆起して震動し、一部が崩壊して巨大な海底地すべりが発生したときは、とてつもない暴力が繰り広げられたはずだ（地すべりの中には大津波を引き起こしたものもあり、ビッグ・アイランド〔ハワイ島の愛称〕の斜面の高いところにサンゴの破片が発見されるのはそのためだ）。巨大群発地震が起こっているあいだ、この水中の大惨事に詳しい人は即座に思っただろう。ロイヒもこれから同じように揺れたり、地すべりを起こしたりして、古い殻を脱ぎ捨てるのか？

「神経を使ったよ」とカービーは認めた。「現場に行ってみると、底ではまだ活動が続いていた。船が衝撃波に見舞われていた、ガンって感じで。そこで何が起こっているのか、自分は潜って確かめなくちゃならない」彼は笑った。「それまでに九年間、あの火山を探検していなかったら、絶対にあんな潜水はしなかっただろう」

　カービーはパイシーズVで降下し、用心深く少しずつ下りていった。深水域の水は濁って不透明で、何やら恐ろしげな雰囲気が伝わってきた。視界が悪化した。「悪戦苦闘の末、『ペレ噴出孔』があるはずのところへ近づいていった。巨大な断崖の端まで来たが、我々はただ座ってそれを見つめていた」何が起こったのか理解するのに少し時間がかかった。「ペレ噴出孔」が消えていたのだ。代わりに深さ三〇〇メートルのクレーターができていた。火山のマグマ貯蔵庫、つまり火山の溶けた心臓が流れ出して、地溝帯《リフトゾーン》を流れていき、頂《いただき》部分が内側へつぶれたのだ。のちに科学者たちは、新しい陥没火口から華氏三九二度〔摂氏二〇〇度〕という高温の液体が出てきているのを発見する。

　カービーはそっと前進してその火口の中へ下りていった。「何ひとつ見えないくらいだった」

オレンジ色の細菌群と沈殿物の白い斑点が吹雪のように、潜水艇の周囲に渦を巻いていた。カービーはパイシーズが噴火口の壁に危険なくらい接近していることをソナーで確認した。スラスタで逆進すると、そのために浮石の岩なだれが起こった。「あのスラスタでいろんな物が動きだしたから、そこから脱出した」カービーはそう言って、にやりと笑った。「その後はすっかり火山ダイビングにはまってしまったよ」

深海潜水艇はその性質上、危険をはらんだ乗り物だが、この分野には第一級の安全記録がある。一九七四年、日本の潜水艇内で電気火災によって有毒ガスが発生し、乗組員二名が亡くなった事故以来、有人潜水艇で死亡した人間はいない〔二〇二三年に潜水艇タイタン号の事故で五名死亡〕。しかし、深海では危機一髪の事故が数多く起きていて、パイシーズも例外ではなかった。カービーは危険な瞬間のことを「不都合な状況」と表現しながらも、その存在を認めている。あるとき、彼が訓練していたパイロットがパイシーズⅣで狭い峡谷へ向かったところ、ふたつの岩壁の間に挟まってしまった。「彼はパニックに陥った」とカービーは回想する。「彼の脳内では、ドアが閉まって中に閉じ込められてしまったような感じだった」この訓練生を落ち着かせるには、なだめたりすかしたりする必要があったが、最終的に潜水艇は岩壁から逃れることができた。「パニック、いちばんまずいのはそれだ」と、カービーは指摘した。

パイシーズは海流に巻き込まれたこともあった。潮の満ち引きや水温・密度のちがいから生まれる「海の内部波」は川のように海中を駆け巡る。潜水艇は素早い回避行動を取れるように造られていない。スピードの上限は三ノット〔時速約五・五キロ〕で、それを超えると制御が利かなくなる。いっぽう、内部波は深海で見られる最も圧倒的な力のひとつだ。内部波は巨大で、高さ四五〇メートル、長さ数百キロメートルに及ぶうえに、巻き込まれるまでほとんど目に見えない。二〇一四年、中国の潜水艦が内部波にのまれて深海溝に引きずり込まれた。潜水艦はこの遭遇をかろうじて生き延びた。後日、艦長はその感覚を「高速で走っていた車がとつぜん崖から落下したような感じ」と喩《たと》えている。カービーは私にこう語った。「自分はフレンチフリゲート瀬〔北西ハワイ諸島最大の環礁〕で味わったことがある。何かに衝突しないよう海底に沿って進んでいたときに」

海面下でトラブルに巻き込まれる可能性は数々あるが、最大の危険は何かに絡まったときだ。釣り具、ケーブル、瓦礫、あるいはロープに引っかかる。水深一・五キロメートルで立ち往生したときにプランBはない。何らかの形で潜水艇をそこから解放しなければならない。「困り果てたことが二度あった」カービーは真面目な顔で言った。一度目はキャリアの初期だったという。「新米パイロットのころ、エビ漁の罠《わな》にかかったんだ。そのままでは死ぬとわかっていた」二度目の絡まりはもっと最近で、タグボートが捨てたケーブルの山に突っ込んだのだ。「最悪なのはジタバタすることだ」と彼は言った。「いったん気を落ち着けて、しっかり方位を把握し、潜水艇の外側から自分を俯瞰する必要がある」二度とも少しずつ着実に逃れていき、脱出を果たすまで何時間もかかった、と彼は付け加えた。「自力で努力するしか助かる道はない、それが我々のモットーだ」

二隻で潜水することには安全上の利点がある、とカービーは説明してくれた。一方が他方の救出に向かえる可能性があるからだ。しかし状況によっては、その救出は保証されないうえ、逆に衝突のリスクもある。「潜水艇で潜るときは規律と自制がきわめて重要になる。運転しているのはバンパーカーじゃないんだから」パイシーズは生命維持装置で五日生き延びられるようになっていて、海中に取り残された人が運命のはかなさを考える時間はたっぷりある。これは机上の空論ではない。一九七三年、別のパイシーズ型潜水艇「パイシーズⅢ」がハッチの故障で外部タンクに浸水を受けて潜水艇に過大な負担がかかり、二人のパイロットを耐圧殻に閉じ込めたまま北大西洋の海底に落下した。

さいわい、パイシーズⅢが落ちたのは救助を試みるのに充分な水深四八〇メートルの浅い海底の軟らかい泥の上だったため、致命的な損傷を受けずにすんだ（手の届かない棚状の地形へ送られるのを間一髪免れていた）。こちらは好材料だ。悪い材料は、潜水艇の救助は実施手順が複雑な緊急発進《スクランブル》で、無情にも刻々と過ぎていく時間に勝てずに終わることがたびたびある点だ。

このパイシーズⅢの落下時には、カナダの会社が所有しブリティッシュ・コロンビア州で活動していたパイシーズⅤが、北海でケーブルの敷設に携わっていたパイシーズⅡとともに空から送り込まれた。座礁した潜水艇のパイロット、ロジャー・チャップマンとロジャー・マリンソンはこの長い待機に耐え、パイシーズⅢの酸素が砂時計のように減っていくところを見つめていた。低体温症に陥り、次に脱水症状に見舞われ、二酸化炭素の吸いすぎで譫妄《せんもう》状態に陥った。悪天候と不運の重なりで救助は遅れたが、ようやく潜水艇二隻がパイシーズⅢに救助索を取り付けることに成功した。クレーンで海面に引き揚げられたとき、チャップマンとマリンソンが球体内で過ごした時間は八十四時間に及んでいた。タンクに残っていた酸素はあとわずか二十分ぶんだった。

こういったすべてを念頭に置けば、オーギュスト・ピカールの潜水艇バチスカーフを使った水深一万九一〇メートルへの潜水に同意するには、少なからぬ勇気が必要だったと考えざるを得ない。それまで誰も到達したことのない深さだ。到達可能な最深部でもあった。改造されて「トリエステ」号と名を変え、ピカールから買い取ったアメリカ海軍の所有物となっていたバチスカーフは一九六〇年一月二十三日、マリアナ海溝に降下し、チャレンジャー海淵《かいえん》の名で知られる長さ四八キロメートル、幅八キロメートルの溝に着地する予定だった。地球の海底最深部だ。

ビービとバートンから栄誉を奪うつもりは毛頭なく、これはまったく別の競技だった。バミューダ諸島での潜水ではなく、太平洋の底に大きく口を開けた割れ目の底へ向かう旅だ。トリエステ号にその意欲はあったのか？　その可能性は高いが、確かなことは誰にもわからない。一九四八年、初代バチスカーフが水深約一四〇〇メートルへ試験潜水したときから、ピカールの設計の有効性は（途中、一時的な頓挫は何度かあったものの）確認されていた。方向は上昇ではなく下降ではあったが、この船は熱気球のように機能した。鋼鉄製の乗客用球体は、薄い金属殻に包まれた全長一八メートルの軟式飛行船《ブリンプ》型フロートの下にゴンドラのように懸架されていた。ピカールがひらめいたのは、水より軽い非圧縮性流体であるガソリン一〇万六〇〇〇リットルでフロートを満たし、一〇トン（もしくはそれ以上）のバラストを取り付ける方法だった。降下する際、パイロットはガソリンの一部を排出し、より重い海水を流入させて負の浮力を得る。上昇時にバラストを投下する。

ピカールが一九五六年にアメリカ海軍に接近したのは、トリエステ号の運営費をまかなうパートナーが必要だったからだ。彼と息子の海洋技師ジャックは潜水艇の建造資金をかき集めていたが、潜水艇は母船と支援スタッフと多額の予算がなければどこにも行けない。海軍は熱心に耳を傾けた。冷戦の激化で、深海は軍事的に有望だった。米ソはすでに、宇宙への有人飛行という目標で競っていた。一連の試験潜水を経て、海軍はすぐトリエステ号の買い取りを提案した。ピカールは同意したが、ひとつだけ条件があった。〝特別な問題〟をともなう任務《ミッション》では、二人いるパイロットの一人を息子のジャックが務める、というものだ。

チャレンジャー海淵は特別で、かつ問題をともなうミッションだったため、海軍はこの歴史的潜水に一席しか得られなかった。その席はドン・ウォルシュという二十八歳の潜水艦大尉に与えられた。ウォルシュはカリフォルニア州バークレー出身の好青年で、トリエステ号のミッションの全容を知る前に志願した。「ただ面白そうだと思っただけだ」彼はある記者に語った。「ふだんとちがうこと、わかるだろ?」

たしかに面白い。あなたの考える面白いことが、一歩間違えたらあなたの骨がつぶれて液体と化すかもしれない野蛮なくらい不寛容な未踏の領域へ実験船を試験的に投入することならば。そこで無謀なことをする人間はいない。すべて想定内の危険ではあった。海軍が最も避けたかったのは、世間の注目を集めるような大惨事だ。しかし、マリアナ海溝への潜水に絶対失敗しないなどあり得ない。ウォルシュとピカールはどんな地形に着陸するのかさえ知らなかった。海軍のある科学者は、海溝の底はぬるぬるしたスープ状で流砂のような動きをするのではないかと懸念していた。「底に着いたことに気づく間もなく、その物質の中に沈んで消えてしまうのではないか？」とピカールは心配していた。

進水当日の太平洋は非協力的で、七・六メートルの波が立ち、水面で揺れるトリエステ号に裏拳を浴びせた。いくつかの外部装置が引きはがされ、ピカールに再考をうながした。「このような状況で海の水深一万九一〇メートルへ潜るなんて狂気の沙汰だろうか？」そうではないと彼は判断したらしい。〇八一五時、彼とウォルシュはフロートにつながるトンネルから乗客用球体に入り、ハッチを閉めて、深海でつぶれないようトンネルを水浸しにした。二人はふたつの足載せ台に体を落ち着け、ウォルシュが持ってきた「昼食」（ハーシーバー十五本）を収納し、ガソリンを少し抜いて、海底までの五時間の旅を開始した。

彼らは薄暮帯《トワイライトゾーン》、深夜帯《ミッドナイトゾーン》、深海帯《アビサルゾーン》を通過して超深海帯《ヘイダルゾーン》に入り、薄暗い室内灯の下で計器類を監視しながら降下していった。球体の壁から結露が滴り落ち、空気はじっとりと冷たい。トリエステ号には七・六センチののぞき窓が一枚あるだけで、二人はそれを共有し、それが一平方センチあたり一トン強の圧力と戦っている事実は考えないようにした。窓の外にビービのアンタッチャブル・バチスフィア・フィッシュら、ひれを持つ大物たちが活劇を繰り広げる兆候はなく、生物発光の火花と絶え間なく降り積もる海雪《マリンスノー》のほかに見るべきものはなかった。

その静寂は水深九四〇〇メートル、肛門括約筋がぎゅっと締まるような恐怖の瞬間の訪れで終わりを告げた。くぐもった爆発音のような鈍い音が球体を揺るがしたのだ。「それは私たちの注意を引いた」と、ウォルシュは控えめに言及している。しかし、トリエステ号は降下を続け、破滅的なことは何も起こらなかったので、彼らは不安げに肩をすくめてさらに下りていった。水中飛行士《アクアノート》なら誰もがわかっているが、深海で深刻な事態が起きた場合、解決の作業をしている余裕はない。ある潜水艇の専門家は「パチッと音がして、それでおしまいかもしれない」と表現した。

つまり、彼らがまだ生きているなら、それほど悪い事態ではなかったのだ。最終的に、球体の上のトンネルにひびが入ったことが判明した。理想的ではないが、致命的でもなかった。最悪でも、水面上へ戻ったとき脱出に時間がかかるだけだ。さしあたり潜水艇は健康だったが、きしみや鳴き声やうめき声といった不協和音で超深海層の深さに抗議していた。「私たちはトリエステ号が試験を受けた能力を超える冒険をしていた」後日、ピカールは書いている。「頭上のフロートの中では、ガソリンが収縮するにつれて氷のように冷たい水が流れ込み、船体をどんどん重くしていった。私自身の血管をその冷たい水が流れているかのような心地がした」

ついに海底が見えてきて、外部照明がピカールの言う「嗅ぎたばこ色の軟泥」に反射した。「よし——着いた」ウォルシュがのぞき窓に目を押し当てて言った。彼は海上の支援船に呼びかけた。「こちらトリエステ号。我々はチャレンジャー海淵の底、六三〇〇尋《ファゾム》（一万一四五三メートル〔のちに一万九一〇メートルに訂正〕）にいる。どうぞ」みんなが驚いたことに、通信システムは機能していた。

海溝の底はなめらかで平たく、トリエステ号の着底時には乳白色の霧が発生するくらい細かな堆積物で覆われていた。彼らは写真を撮るつもりでいたが、水中に広がった堆積物が周囲に押し寄せて視界が悪くなった。こういう魅惑的な目的地に着きながらそれを見ることができないというのは皮肉な話だ。しかし、彼らは水温を測定し（華氏三六・五度、摂氏二・五度）、潮流をチェックした（何も検出されなかった）。ウォルシュとピカールは二十分間の海底滞在中、長く平らなものが泳いでいるところを目にした。超深海帯の世界が空っぽの墓場でないことを示す最初の手がかりだった。

午後、カービーは次から次へと話をしてくれたが、何時間経っても話のレパートリーは尽きない。何気なく口にしたコメントでさえパーティ用のリボン飾りのように、そこから数々の話があとを引いた。彼が「我々がウナギ街《シティ》を出たあと……」といったフレーズを投げ、私がさえぎって「ちょっと待って、ウナギ街って何？」と返すと、彼はこう説明する。サモア近海の海底火山バイルルウを探検していたとき、溶岩のごつごつしたこぶに出くわした。最初はごくふつうの溶岩に見えた。しかし、彼が潜水艇のマニピュレーターアームで軽く叩くと、紫色のウナギが炸裂した。「ウナギが何百匹もいた」と彼は言い、その映像を引っ張り出して見せてくれる。「最初はどこから来たものかわからなかった。でも岩の中にいることがわかった」ウナギはまるで溶岩から孵化したかのようだった。パイシーズの科学者たちは唖然とし、この発見は国際的なニュースとなった。

同じ場所で、彼はカルデラの底から高さ三〇〇メートルの火山円錐丘《えんすいきゅう》が伸びているのを発見した。既存の火山内に新しい火山が芽生えてきたのだ。円錐丘は泡立った酸性水の層に囲まれていて、運悪く中を泳いでいた生物は命を落とし、その液体中に死骸が浮いていた。「あそこには想像可能なあらゆるものがあった」とカービーは回想している。「魚、イカ、エビ、ウナギ――製造過程の化石の数々。我々はあれを『死の堀』と呼んだ」

カービーはケルマデック諸島（ニュージーランドの北東沖）で火山クレーターへ潜っていったとき、高温流体になった湖の上の薄い地殻に誤ってパイシーズVを着地させ、潜水艇のサンプル採取バスケットを溶かしてしまったことがあった。ニュージーランドに近いギッゲンバック火山での潜水では、潜水艇にハタ科の巨大魚タマカイの一家が寄り添い、法廷会計士のように熱心に観察していた。「正直、あれは大好きな動物だよ」とカービーはコメントした。「好奇心旺盛だからね。間近まで泳いできて顔を見てくれる唯一の魚だ。マニピュレーターで作業している対象を何でも見たがるし、何かをつかんだらそれを欲しがる。本当にいいキャラクターさ」

メカジキはさほど潜水艇に興味を示さず、トップスピードでぶつかってくる可能性も高い。その場合、メカジキにとっていい結果にはならなかった。また、カグラザメ数十匹のたまり場であることからカービーがジュラシック・パークと名づけたハワイ諸島南西部「クロス海山」の平らな頂上には、とてもインタラクティブな魚の群れがいた。カグラザメは生きた化石と呼ぶにふさわしい。まるで白亜紀から泳ぎ出てきたかのようだ（ある研究者は彼らを「水中のT・レックス」になぞらえた）。現代のサメが進化させた五つの鰓孔《えらあな》の代わりに六つの鰓孔を持ち、背びれはふたつではなくひとつ。目は蛍光グリーン。「本当に大きなサメなんだ」とカービーは強調した。「潜水艇内に座っていて船が動かされるのを感じたことがある。ぶつかってきて、あちこち押してくるんだ」

カービーは目覚ましい光景や息をのむような自然の歴史を目にしてきたいっぽう、潜水の多くで人工物も目標にしてきた。マーシャル諸島のエニウェトクという小さな環礁の周辺にある核爆発でできたクレーターへ潜水艇を向かわせ、一九四八年から五八年にかけてアメリカが行った四十二度の核実験の余波を記録した。しかし、それも彼が出合った最悪の人災ではなかった。

カービーは無数の潜水中に無思慮な商業的漁業がもたらした被害を見ては、はらわたが煮えくり返る思いをしてきた。底引き網《トロール》漁船が海底を破壊していた。何千年も生きてきた黄金色、黒色のサンゴ礁が粉々に砕かれていた。生物多様性の宝庫である海山が粉々に砕かれ削られて、廃墟と化していた。自然が修復されるまで何千年もの時間がかかるであろう野蛮な破壊行為だ。捨てられた刺し網、トロール網、流し網、引き網、延縄《はえなわ》がいたるところに垂れ下がり、わずかに残った海洋生物も殺していった。「海底にどれだけの漁具が落ちているかを見たら、信じられない気持ちになるはずだ」と、カービーは嫌悪の面持ちで言った。「何もない辺鄙《へんぴ》な場所でもそんなものに遭遇してきた」

大量のごみもあった。プラスチックがはびこり、その他のいろんなごみも同様だ。海底でいちばんよく見かけるのはバドワイザーの缶だと、彼は私に語った。「環境問題に自覚がない人たちが好んで飲むビールってことさ」

カービーは彼自身の裏庭であるオアフ島周辺の海中で、さまざまな戦争がもたらした残骸を見てきた。沈没船も百隻以上見てきた。彼とあと二人いるパイシーズのパイロット、スティーブン・プライスとマックス・クレーマーはハワイ水中軍事史の専門家になった。真珠湾周辺の深海には、北大西洋艦隊の主力艦だった十九世紀末の巡洋艦ＵＳＳボルティモア、第二次世界大戦と朝鮮戦争で戦った戦車揚陸艦USSチッテンデン・カウンティ、太平洋戦争で活躍した砲艦USSベニントンなどの巨大な骸骨が散在していた。数ある中で、一九二〇年代の水上飛行艇（開放式コックピットの水陸両用複葉機）八機から成る戦隊や、日本の高速攻撃型潜水艦一隻、アメリカのS級潜水艦二隻などが代表的だ。

カービーはまた、日本の伊四百型潜水艦二隻が一時的に停泊しているかのように海上に直立しているところも目撃した。第二次世界大戦中、この四〇〇フィート（一二二メートル）級潜水艦は給油なしで何カ月も海中に潜伏できる最先端技術を誇った。それぞれの内部格納庫に爆撃機が三機搭載されていた。「潜水艦は浮上したあと、巨大な防水扉を開けて航空機を外へ出し、カタパルトから射出することができた」カービーは言った。「連合国はその存在すら知らなかった」

日本軍の巨大潜水艦は長年にわたる第二次世界大戦の謎の中核を成していたが、カービーと彼のチームがそれを解き明かした。日本軍は何年もかけて極秘の特殊潜航艇（ミゼット潜水艦《サブマリン》）を開発していた。魚雷二本を搭載する二人乗りのカミカゼ特攻艇で、探知されずに港へ潜入する設計を受けていた。真珠湾攻撃の前夜、一九四一年十二月六日（現地時間）に、日本軍の巨大潜水艦五隻がそれぞれミゼット潜水艦を背負ってオアフ島に接近した。ミゼットは一六キロメートル沖で放たれた。真珠湾に潜入し、空からの砲撃が始まると同時にアメリカの戦艦に魚雷を撃ち込むという計画だった。

結局、どのミゼットも自分自身以外を破壊するには至らなかった。浮力の問題やバッテリーの故障を起こし、塩素ガスが漏れたケースも一例あった。一隻はサンゴ礁で立ち往生した。十人のパイロットのうち九人が死亡し、一人は浜辺に打ち上げられて生き延びた（この男がアメリカ軍捕虜第一号）。六十年後、米海軍はミゼット五隻中四隻を把握していたが、残る一隻はまだ海中にいて行方が知れなかった。これは歴史的に最も重要な一隻だった。

真珠湾攻撃の前段階で、米軍は敵潜水艦が潜んでいる可能性を認識していたが、それがミゼットとは予想していなかった。そのため、一九四一年十二月七日午前六時四十五分、つまり日本軍が総攻撃を開始する一時間十分前に、港の入口を哨戒していた駆逐艦ＵＳＳウォードの水兵たちが「小さな展望塔を砲撃した」と主張したとき、海軍司令部の誰一人、それを気に留めなかった。それまでにも誤報は多々あったからだ。

行方不明のミゼットこそが、ウォードの乗組員が撃沈したと主張していた潜水艦だった。この潜水艦が見つかれば、太平洋戦争の口火を切ったのは彼らということになる。これはいまなお議論の的だ。何年ものあいだ、カービーとプライスとクレーマーは、あらゆる機会をとらえて五番目のミゼットを探し続けた。「我々には必要な時間も資金もなかった」とカービーは説明している。「あれは個人的な強迫観念だった」

二〇〇二年までに、彼らはソナーがとらえた三十八の目標を除外した。有望な目標がひとつ残っていたが、それは捜索区域の三キロメートル以上外だった。見る価値があるとカービーの直感が言い、それは正しかった。ミゼットはＵＳＳウォードの部下が説明したように、展望塔に穴が開いた状態で三七〇メートルほど下に横たわっていた。側面が土砂に埋もれ、船体にはサンゴが散らばっていたが、それ以外はそこで時間が凍結していた。発見したときの興奮は一瞬にして、これが戦争の墓場であるという冷静な認識に変わった。二人のパイロットの亡骸はまだ船内にあった。

こうした水没史の中で、パイシーズがもっと恐ろしい遺物に遭遇することも何度かあった。オアフ島の海底には、形や年代もさまざまな爆弾が散らばっている。まるでなんの気なしにごみ箱へ捨てられたかのように。水没した兵器庫が見つかるのはハワイだけではない。一九一九年から一九七二年まで、軍が軽率にも「海洋投棄」と呼んだ行為は標準的な習慣だった。全世界で数百万トンの実弾が沈められた。

これほど嬉々として過剰に殺戮兵器を生産し、これほど無神経に生き物の幸福をないがしろにし、最悪のクラスター爆弾や毒物や放射性物質が深海のどこに投棄されたかを誰も記録しようとしない文明には、厳しい質問が浴びせられてしかるべきだろう。しかし、オアフ島周辺の海底を巡ればこうした戦争の残骸は簡単に見つかる、とカービーは言う。「軍需品の痕跡は縦横に広がっている。それも、常軌を逸した膨大な量が」

水中での何十年かを経て不活性化し、比較的無害なものも中にはある。しかし、水中には化学兵器もあったし、それらにはまだ大きな危害を及ぼす可能性がある。「マーク47マスタードガス弾の宝庫に出くわしたよ」とカービーは回想し、こう付け加えた。「それを受けて陸軍の副次官補が訪ねてきた」

爆弾の中身が浸出するのか、化学物質がいつかワイキキビーチ沿いの水域を漂うことになるのか、誰かの食べる寿司に混ざってしまうのか、誰にもわからなかった。マスタードガスは海水にさらされると、高濃度のゲルを形成する（漁師たちは網にかかったマスタードガス弾に接触してたびたび火傷を負っている）。二〇〇七年の米連邦議会の報告書によれば、六万一千発以上のマスタードガス弾と迫撃砲弾、一〇三八トンの硫黄系化学兵器がハワイ海域に投下された。これらに四二二〇トンの〝不特定の毒物およびシアン化水素〟、千百個の半トン塩化シアン弾、二十個の半トンシアン化水素弾が加わる。

二〇一二年、パイシーズはこの現場へ戻って汚染試験を行ってほしいという要請を受けた。「我々は質量分析計を携えて降下し、これらの爆弾のにおいを嗅いできた」と、カービーは回想した。「陸軍チームは全員が宇宙服を着用していたよ」

これまで、化学兵器は無傷を保っている。陸軍は撤去するほうがより危険と判断し、海底に残す選択をした。しかし、ヘッジホッグと呼ばれる第二次世界大戦時の対潜兵器はとうてい無視するわけにいかない。カービーは机の引き出しを開けて、「ここにヘッジホッグのファイルが全部ある」と言い、ページをめくっていった。そして一枚の写真を掲げた。ヘッジホッグは恐ろしげな金属製の円筒で、突起した棘《とげ》があってわずかな接触で爆発し、静水圧衝撃波を放つ。「そのひとつが潜水艦にぶつかるだけで用は足りる……」とカービーは言った。「ぶつからないよう用心しろ、とだけ言っておこう」

夕刻、私は島と島の間を飛ぶ十人乗りセスナ機でマウイ島へ戻った。空の色が濃紺に熟し、夕焼けの最後の一片が水平線を青銅色に染めていた。一九六〇年、太平洋に黄昏《たそがれ》が下りるころ浮上に成功したウォルシュとピカールに、私は思いを馳せた。ひびが入った、しかしさいわいまだ機能していた入口のトンネルを通って、二人がトリエステ号のハッチから外へ出てくると、海軍のジェット機二機がかん高い音をたててそばを通過飛行し、翼をくねらせて敬礼を送った。九時間に及ぶ彼らの潜水は失敗の可能性を恐れてほぼ秘密裏に行われた。そしていま、ミッションの成功を広めるときが来た。「本日の潜水の目的は、現時点でアメリカには海底最深部まで有人探査できる能力があることを実証することだった」と海軍は発表した（「ソ連にはその能力がない」と暗にほのめかしたことになる）。こうしてウォルシュとピカールは海中探査新時代の扉を開けた。

私は楽しかったパーティの会場をあとにするときのように、後ろ髪を引かれながらHURLを離れ、とぼとぼとレンタカーへ向かった。まもなくカービーと彼のチームはクラリオン・クリッパートン海域（CCZ、ハワイとメキシコの間にある太平洋の広大な地域）へ、四週間をかけた探検に向かう。そこは「深海採掘で破壊される運命にある」と、カービーは私に語った。本格的な採掘はまだ始まっていなかったが、間近に迫っていた。探査契約にはすでに許可が下り、科学者たちは被害がどの程度になるか大急ぎで見極めようとしていた。「我々が水深五〇〇〇メートル以深の生態系の環境調査に出るのは、すべてが破壊される前に、海底に何があるかを突き止めるためだ」

カービーはこの旅に興奮を感じていなかった。パイシーズではなくハワイ大学の遠隔操作ロボット、ルウカイと潜ることになる。大学の官僚は有人潜水艇よりロボットのほうが効率的と考えていた。その見解にカービーは目をむいた。「ひどい話だ」彼は言った。

「苦痛で仕方ない。四分の一ノットの速度で這《は》うように進むんだから」

それでも一カ月をかけて海へ行くのは、私には悪くない話に思えた。最近耳にしたほかのどの選択肢よりいい。ひとつには、このときは二〇一八年で、世界が不機嫌かつ意地悪になり、そのせいで不吉な予感がするくらい状況が硬化していたからだ。陸上の状況は最悪だった。だから、私はちょっと現実逃避に走っていたのかもしれない。トラブルの嵐や、加速するいろんな状況、私たちが築き上げたソシオパス的社会からの息抜きを求めていたのかもしれない。そして例によって私を海へ引き寄せたのは、水中ではまだ魅力的な体験ができるという事実だった。

深海へのあこがれはいまに始まったことではないが、そのパワーの一部は、深海が自分にとって初めての場所、未踏の場所であるという認識から生まれていた。もちろんそれは私だけではない。ほとんどの人は深海に行ったことがなく、これからも行くことはないだろうが、私には、それでよしとする人がいることが信じられなかった。立入禁止とか、行くのが難しすぎるとか、行ってはならないとか言われたら、絶対そこを見たくなるはずだ。だが、深海には「どうやって？」という問題がつきまとう。科学者はパイシーズやアルビンの座席を何年も待っていた。海底火山に下りるチケットが売られているわけではない。

私は世界の底にオンデンザメやロイヒの精霊、ペレの見張り番がいるところを想像した。微生物がうごめく噴出孔、ゾウギンザメ、紫色のウナギ、さまざまな変わり者たち。あなたたちに会いたい、と私は思った。水深何キロメートルもの深淵へ下りていける確率が低いことはわかっていた。正直、不合理な願いだった。大胆不敵な願いだった。ありそうもないことだった。だからこそ、何がなんでも実現しなければならなかった。

第三章

ポセイドンの隠れ処

はるか彼方の恒星の周囲で繰り広げられているところを
私たちが想像するのと同じくらい不可思議な環境世界が、
この地球上には存在する。
——ローレン・アイズリー〔アメリカの人類学者〕

オレゴン州ニューポート

曇天の朝の空は柔らかなガーゼのような灰色に覆われていた。港の海はガラスのように透明で、ウッズホール海洋研究所が運営し全国の海洋研究者が利用する全長八三メートル強のアメリカ海軍船RVアトランティス号に乗り込んでいた科学者とエンジニアと乗組員、総勢五十二名にとってはありがたいことに、一時的な凪《なぎ》の状態だった。この調査船には、この先の探検のために二〇〇トンもの装備が積まれていた。その中で最も重要なアイテムはエスプレッソマシンだったかもしれない。海に出れば十日間、二十四時間体制で活動が行われるからだ。

このミッションが簡単な航海でないことは船上の誰もが知っていた。「リージョナル・ケーブルド・アレイ」（RCA）の名で知られる世界で最も先進的な深海観測所が二〇一九年に行う保守調査の第四行程（最終行程）だ。RCAは広大かつ複雑で、九六〇キロメートルに及ぶ海底光ケーブルが百五十超の海底観測機器につながっていて、機器の多くは清掃と検査、調整、交換を必要としている。高さ四・五メートルのソナー・プラットフォームをはじめとする新しい機器の設置も始まっていた。

陸上でも大変な作業だが、水深三〇〇〇メートルとなるとその難易度はぐんと跳ね上がる。その代わり、これらの機器は深海から映像やデータをネット配信してくれる。この五億ドル規模のネットワークは深海をリアルタイムで監視できるよう、広範囲に及ぶ深海域をつないだものだ。なぜこれが重要なのか？　なぜ誰も気にしていないのか？　そして、なぜ太平洋北東部のこの一角が、史上最も野心的な海洋学的プロジェクトに選ばれたのか？　これらの疑問には長く興味深い答えがともなうことを私は知った。それを理解する最善の方法はＲＣＡの実際の活動を見にいくことだ。

　というわけで、私はアトランティス号の船首に立つことになった。エンジン音がとどろき、水先案内船に導かれて桟橋から離れていく。アトランティス号はゆっくり進み始めて、吊り橋をくぐり、オレゴン州ニューポートという素朴な海辺の町を通り過ぎ、太平洋の広々とした海域へ出た。頭上をカモメが飛び交い、潮とディーゼルのにおいがし、中でも目立つのは魚のにおいだ。

　少なくとも表面上は平和な光景だった。しかし、「上なる如《ごと》く、下もまた然《しか》り」というフレーズを考え出した人は、この地域の海底を見たことがなかったのだ。メンドシーノ岬からバンクーバー島へ至る海底地形は極端なクレージーキルト構造になっていて、深海で最もドラマチックな地形の多くが比較的狭いひとつの範囲に集まっている。うねり立ち、沸き立つ、騒々しい世界。これにはヒエロニムス・ボス〔ルネサンス期の画家〕も感嘆しただろう。ここは海の秘密がより身近な場所、より見えやすい場所でもあった――そこにあなたの目があるなら、つまりハイテク深海観測所という目があるならば。

ＲＣＡはファンデフカプレートと呼ばれる海洋地殻プレートに広がっている。地質学的に言えば、ここはカリフォルニア州の半分ほどの小さなプレートだ。ほかの地殻プレートと同じく、地球のマントルの下で発生する熱に支えられてあちこち移動している。七つの主要プレート、八つの小プレート、そしてファンデフカのような約六十のマイクロプレートが、地球の高炉内部を取り囲むパッチワークのような殻を形成している。これらのプレートはたがいに分離したり、収束したり、すれ違ったりしている。人知れず果てしなくみずからを並べ替えている、パズルのピースのように。

ファンデフカプレートは年に約五センチ、北東方向へ移動している。その結果、もっと古く大きく分厚い北米プレートとぶつかっている。ふたつのプレートが出合うところで何かが崩れたりたわんだりするのは避けられず、ファンデフカプレートは「沈み込み」と呼ばれるプロセスで北米プレートの下へ押し下げられていく。沈み込んだプレートは下へ向かうにつれて灼《や》けつくような熱と圧力にさらされ、最終的には溶けてまたマントルの中へ沈んでいく（ファンデフカプレートの東端はいま大陸の下で溶けつつあり、このマグマは一九八〇年に米国史上最も破壊的な大噴火を起こしたセントヘレンズ山を含むカスケード火山群の燃料となっている）。同時にファンデフカプレートの西端は、一億三〇〇〇万平方キロメートルに及ぶ巨大な「太平洋プレート」から離れていこうとしている。

どちらのプレートの境界もおだやかな場所ではない。沈み込み帯では岩石が変形して山や火山が形成され、海底地殻が割れて断層が現れ、一方のプレートが他方のプレートの下ですりつぶされると堆積物が削り取られて「海底地すべり」が発生する。沈み込みの圧力が蓄積すると、プレートどうしがすべり合ってすさまじい巨大断層地震を引き起こすこともある。どの地震にも被害をもたらす可能性があるが、巨大断層地震は二〇〇四年にインドネシアで起こった悪夢や二〇一一年に日本で発生した惨劇のように、壊滅的な津波を発生させる。マグニチュードが8・5を超える地震は沈み込み帯から発生したものと考えて間違いない。沈んでいく地殻プレートは静かに夜の闇へ消えていくわけではない。

拡大中心〔離れていくふたつのプレートの境界〕はさらに活気に満ちている。プレートが分離していくところではマントルからマグマが上昇してその隙間を埋め、新たな海底地盤を誕生させる。古い地殻は外へ押し出される。それを受けて地溝の両側に尾根や峰が誕生する。拡大中心は溶けた大釜で、地震で震え、断層で割れ、微生物を勢いよく湧き出させ、地球の火山活動の七五パーセントを生み出す。ここはまた、超高温の海水を噴き出させる熱水噴出孔の宝庫でもある。

プレートどうしが離れていく場所では拡大中心が海底を裂いて、中央海嶺と呼ばれる長さ六万五〇〇〇キロメートルに及ぶ海山と地溝帯から成る体系の軸をつくり出す。地球の主要な地質学的特徴である中央海嶺はギザギザの傷のように地球を取り囲んでいる〔「ファンデフカ海嶺」と呼ばれるファンデフカの拡大中心はそのごく一部に過ぎない〕。

一九五〇年代から六〇年代にかけて海洋学者たちが中央海嶺とその巨大な火山活動の実態解明に取り組み始めた当初、彼らはとまどいを覚えた。新しい海底地殻が常に生成されるのなら、地球は風船のようにふくらんでいるのか？　彼らが〔最初〕把握していなかったことがある。沈み込みだ。これは優美なシステムで、新しい地殻がやってきて古い地殻が出ていくという完璧な平衡が保たれている。地球がみずからをリサイクルしているのだ。

四十五億歳の地球で最も古い海底は三億四千万年前のものであるという逆説的な事実も、中央海嶺のおかげなのだ。最も若い岩石は今日飛び出してきたものだ。それらは沈み込み帯の中で長い年月をかけてじわじわと消滅へ向かい、極端にのろいベルトコンベアーのようにゆっくりと拡大中心から離れていく。

地質学者は長いあいだ、南米の東海岸とアフリカの西海岸がジグソーパズルのようにぴったり合うことにとまどっていた。いったいなぜ大陸が海の上を移動できるのか？　移動しているのは海底それ自体で、永遠の舗装工事が行われていることがわかり、謎は解明された。その後、以下のことが公知となった。深海は眠気をもよおす古さびた面白みのない場所どころか、真っ赤に燃え盛る創造の中心なのだ。

小さなファンデフカプレートがアメリカ西海岸から目と鼻の先で不穏な渦を巻き起こす危険地帯として深海監視の最有力候補地になっているのは、そこに理由があった。太平洋北東部で最も獰猛な火山である軸《アクシアル》火山〔海嶺軸に形成。規模の大きいものが多い〕の中心にはマンハッタンと同じ大きさのカルデラが広がっている。一九九八年から二〇一五年にかけて三度噴火した軸火山はふたたびマグマで膨張し、四度目の噴火が間近に迫っていた（二〇一五年に溶岩流の厚みは一二〇メートルあった）。この火山の活力旺盛な状態は科学的には大当たりだ。地球の内部が爆発的に噴き出してくるときには研究すべきことがたくさんある。しかし、軸火山は陸上で暮らす人々にとっての脅威ではない。

ファンデフカの真の危険、真の恐ろしさの源は、その沈み込み帯にある。それが大陸の下へ潜り込んでいく縁の部分は「カスケード沈み込み帯」の呼び名で知られる。全長一一〇〇キロメートルに及ぶ巨大衝上《しょうじょう》断層〔逆断層のうち上盤が四五度以下のゆるやかな角度で下盤の上にずり上がっているもの〕が北米プレートによって固定され、バンクーバー島を歪《ゆが》ませるほどのひずみを蓄積している。実際、北西海岸全体が毎年数ミリずつ上方へふくれ上がるくらい強い押しつけを受けている。断層が破壊されるとき、抑圧されていた弾性ひずみは巨大地震の形で解放される。そして、断層の破壊はかならず起こる。抑圧された大陸プレートの端が突如反発し、下へ一・八メートルも折れ曲がる。海底が縦揺れを起こして、毛布を振り出すように海を揺らし、海底地すべりを引き起こし、何十億トンもの塩水を動かす。ジェットスピードで押し寄せる津波は数分で陸地に達するだろう。

ワシントン州とオレゴン州の玄関先にこの刺客が隠れていることに科学者が気づいたのは、一九八〇年代になってからだ。うめきをあげて小さく揺れるほかの沈み込み帯とは異なり、カスケードはほとんどささやき声も出さない。この地域の地震記録を見ても、カスケードが巨大断層地震を起こした証拠は見当たらなかった。地質学者は当初、休火山なのだろうかと考えた。心配する必要はないのかもしれない。

だが、海底の静けさこそが不吉な前兆であることが判明した。カスケードの巨大断層が動いていないのは、断層がほぼ全長にわたって固定されているからだ。ファンデフカプレートの強大な力はすべて大陸に押しつけられている。カスケード沈み込み帯の力はすべて中に閉じ込められている。つまり、いつか外へ吐き出されるということだ。

地質学者は海底の「堆積物コア」を調べ、覆われた沼地を発掘し、海水の氾濫で樹木が立ち枯れた「幽霊の森」を放射性炭素年代測定することで、過去一万年間にカスケード断層沿いで四十一回発生した地震の痕跡を発見した。うち十八回はカスケード断層の全長にわたる断裂によって引き起こされていた。

巨大断層の「力の放出」が起こった最新例は一七〇〇年一月二十六日の午後五時ごろで、マグニチュード9・0の地震が発生して太平洋岸北西部に津波が押し寄せた。この出来事が現地の記録に残っていないのは、一七七四年までしか記録をさかのぼることができないためだ。この地域に初めて地震計が設置されたのは一八九八年、カナダのブリティッシュ・コロンビア州でのことだ。

しかし、もちろんこの地震とその影響が注目されなかったわけではない。世界一津波に敏感な国、日本には六世紀から危険な波の記録が全部残っていて、それによると、カスケード津波は太平洋海盆を駆け抜け、十時間後の一七〇〇年一月二十七日夜半近くに東北地方の海岸を襲い、家屋を壊滅させ、農作物を荒らし、翌日の正午ごろまで海岸線を打ちのめした（この津波が衝撃的だったのは、日本ではそれを引き起こした地震を誰も感じなかったからだ。これは三世紀近く「みなしご元禄津波」と呼ばれていた。一九九六年、地質学者はついにこの津波の源が北米だったことを突き止めた）。

震源地の北西部沿岸に暮らしていたアメリカ先住民の口承史は、その夜、「海が隆起し、巨大な波が大地を横切って押し寄せてきた」と伝えている。生存者はこの災害を、「森は溺《おぼ》れ、村は消え、木の梢《こずえ》にカヌーや人の死体がぶら下がっていた」と記録していた。この話は何世代にもわたり物語や芸術作品や歌の形で語り継がれてきた。

科学者はカスケード沈み込み帯の過去について、これらの手がかりをつなぎ合わせ、大規模な破壊が起こる周期はおよそ三百年から五百年という冷徹な結論に達した。二〇二〇年代に突入している現在、これは身の毛がよだつような計算だ。次にカスケード断層がずれるときは、断層から力が完全に解放され、南から北へ動く可能性が高い。骨を揺るがすような地震の発生が予想される。予測される揺れの強さから、地盤の一部は液状化するだろう。そのあと、八百万人が暮らす海岸線を高さ三〇メートル級の津波が襲う（比較のために記せば、同じような規模だった二〇〇四年のインドネシア津波は原子爆弾二万三千個分のエネルギーを内包していたと推定されている）。道路やビルや橋のことを考えてはいられない。公共施設、発電所のことも考えてはいられない。たまたま海の近くにいた人に逃げ出す余裕はない。

出港後、私は甲板を離れて主研究室《メイン・ラボ》へ向かった。スケジュールを確かめるためだ。前夜は安全訓練が実施され、私は波止場のそばのバーで一杯やって、船員たちと顔合わせをし、慌ただしいことこのうえなかった。基本的には仲間入りの儀式だった。この船の旅にはジェイソンという遠隔無人潜水機（ＲＯＶ）による潜水予定がぎっしり詰め込まれていた。完全無欠の経歴と馬車馬のように丈夫な体を持つこのロボット潜水機は水深六五〇〇メートルまで潜水が可能で、海底から二トンの総重量《ペイロード》を持ち上げ、油圧アームで複雑な動きができる。装甲光ファイバーケーブルで母船とつながっていて、甲板上の管制車両《コントロール・バン》からパイロットが操縦する。ほかの深海ロボットと同じく、人間には絶対できない重労働をこなせるよう設計されている。

　ラボは人でごった返し、これから幕が上がろうとしているブロードウェイの舞台裏を想起させた。コンピュータを設置する人、機材に取り組む人、せわしなく動きまわる人。オリンピック仕様のプールほどの長さがあるこの空間には施設用の照明があり、中央に作業台が並び、天井から電気ケーブルが垂れ下がっていた。壁には大きなビデオモニターが掛かっている。探検隊の主任研究員デボラ・ケリーがホワイトボードの前に立ち、最初の三本の潜水について長々と指示を書き連ねていた。私にはさっぱり理解できない指示を。

　私をアトランティス号に招待してくれたのは、このケリーだった。みんなからデブ〔デボラの略称〕と呼ばれている。著名な海洋地質学者で、ワシントン大学の海洋学教授でもあり、ＲＣＡのディレクターも務めていた。シアトルにある彼女のオフィスで初めて会ったとき、彼女は私にカプチーノを淹《い》れてくれ、私たちは腰を落ち着けたあと十年来の知り合いであるかのように話し始めた。彼女はそういう人なのだ。堅苦しさや気取りとは無縁だった。キャリアを通じて過酷な現場作業《フィールドワーク》をこなしてきた。〈国際深海科学掘削計画〉（ＩＯＤＰ）の訓練船に乗って、海底で化石化したマグマのコアリング調査を何カ月もしたり、キプロスとオマーンを歩きまわってオフィオライト〔陸地へ突き上げられて沈み込みを免れた古代の海洋地殻の塊〕を調べたりしてきた。米海軍の有人深海調査潜水艇アルビン号でも五十回以上潜っている。

　六十代前半〔当時〕の彼女はこういうストレスに満ちた作業の管理にうってつけの人物だった。ＲＣＡには気が遠くなるくらい専門的な仕事、厄介な政治的思惑が絡んだハイリスクの仕事が要求されるからだ。深海におけるＮＡＳＡ規模のプロジェクトであり、全米科学財団の歴史上最大級の海洋投資でもあった。ここで不手際があれば数百万ドル規模の損失を招きかねない。ケリーはおおらかな性格とレーザー光線のような鋭い知性を併せ持った、まれに見る人物だった。彼女が怒りに我を忘れたり、重圧に押しつぶされたりするところは想像がつかない。

「Ｊ２‐１１８６」と彼女はホワイトボードに書いた。「ディープ・プロファイラーの交換、二時間でスロープ・ベース（水深二九〇〇メートル）へ」彼女の背後では科学者たちが船酔い対策を論じ合っていた。「私は沿岸警備隊《コーストガード》カクテル〔プロメタジンとエフェドリンを二五ミリグラムずつ混ぜ合わせたもの〕を飲む」メタルフレームの眼鏡をかけた勉強熱心そうな男性が、スコポラミン入りの吐き気止めパッチを首に貼った髭面《ひげづら》の男性に言った。説明会の様子から見て、これは通り一遍の配慮ではない。「前回のように廊下で吐くことはおやめください」ケリーが言った。「吐いたらかならず掃除すること」このあと全員で『海は敵対的な環境』という安全対策ビデオを見た。

アトランティス号の船内は怪我をする方法に富んでいた。頭上で機械類を揺らしているクレーン、ぴんと張られたワイヤー、飛び散って目にかかる可能性がある化学薬品、可燃性の液体が入ったタンク。二十四時間操業のため、疲労がもたらす不手際もリスク要因となる。夜間、荒波の中、すべりやすい甲板を歩くときはもちろんのことだ。船内の医務室に基本的なものはそろっていたが、指を切り落としたときや大腿骨が折れたときに行きたくなる場所ではなかった。航海前の情報書簡には、いったん沖へ出たらそこを離れることはできませんという注意書きがあった。「歯の治療が必要なら出航前に済ませておきましょう」

ケリーは潜水計画を書き終えると、自分の作業スペースに座った。中肉中背の温和な女性で、優しい目をしていて、短い銀髪の前髪をまっすぐ切りそろえている。この船の誰もがそうだが、ジーンズ、ハイキングシューズ、長袖シャツにフリースのベストと、このラボの強すぎる空調をも含めた悪天候に対応できる服装をしていた。パソコンの上の壁の釘にはショッキングピンクの安全帽が掛かっていた。これからどこへ向かうのか、何をするのか、私にはまったくわかっていないことを認めるときが来たかもしれないと考え、ケリーに訊きにいった。先刻、要約を読んで自分で理解しようと試みたとき、私はこんな一節に突き当たった。「Ｊ２-９１３の作業中に、ＣＴＤ-ＤＯＳＴＡ-ＯＰＴＡＡ ２０１６（右）とＬＪ０１Ａ ２０１６（中央左）、ＬＶ０１Ａ２０１４（後ろ左）」

「そう、いっぱいあるわよ」とケリーは笑いながら言った。「世界じゅう見渡しても、これほどたくさん水中インフラがある場所はないから」彼女は観測所の地図を取り出した。そこには、オレゴン州パシフィック・シティの海岸局から海へ延び、そのあと分岐してファンデフカプレートを横断する一万ボルトのケーブルが図示されていた。カスケード沈み込み帯はサメの歯のような白い三角形で描かれていた。色のついた点と四角はロボットやセンサー、カメラなどの機器が設置された海底のノード（接続ポイント）を表している。現在ＲＣＡには、沈み込み帯に四つ、軸火山にふたつ、プレート中央にひとつと、計七つの一次ノードがあるが、このネットワークは拡張性が高い。一次ノードがそれぞれ複数の接続箱《ジャンクションボックス》（二次ノード）に電力を分配し、そこに延長ケーブルで装置類が接続される。「壁のコンセントみたいでしょ?」とケリーは言う。「すべてがライブでストリーミング配信されているのよ」

年中無休で深海を監視できるというクールな要素もさることながら、この大量のデータこそ、科学者が海洋の仕組み、ひいては地球の仕組みについての大きな疑問に取り組むときに必要なものなのだ。一隻の船で一度に一カ所調査するだけでは全然足りない。深海は複雑さの権化だ。あらゆるスケール、あらゆる深度、あらゆる条件下で、たえず流動している。ケーブルでつながった観測所があれば、誰もが一度にどこへでも行って、起こっていることすべてを目撃できる。サイバースペース上のインタラクティブな海洋実験室なのだ。

最初の訪問地は沈み込み帯になる、とケリーが教えてくれた。一二〇キロメートルほど沖の水深二九〇〇メートルにあるスロープ・ベースと呼ばれる場所で故障したロボットの交換を行わなければならない。ファンデフカプレートが沈み込んでいる端を見られるという意味で、スロープ・ベースは際立った場所だ、とケリーは付け加えた。北米プレートがその表層をブルドーザーのように削り取っている。水深三キロメートル超の本来なら真っ平らな海底に堆積物が積み重なって、険しい崖が形成されている。「谷底に車を走らせていたら、いきなり壁にぶち当たるみたいな感じかな」とケリーは言った。「それくらい唐突に出てくるの」

瞬きくらい寿命が短い私たち人間にとって、地球の地質学的な歯車はゆっくり回っているように思われる。何か壊滅的なことが起きて対応を迫られるまで動いていることに気づかないくらい、ゆっくりと。地殻プレートどうしの格闘はギリシャの巨神ティターンたちによるスーパーヘビー級のせめぎ合いだが、これは観客を魅了するスポーツではない。沈み込み帯が退屈という意味ではない。沈み込みは熱を発生させるため、鋤《す》き落とされた堆積物は温かく、流体やガス、特にメタンガスを放出する。カスケードの縁辺部にはこういう泡立つ湧水が点在している。「ワシントン州とオレゴン州の沖合に、おそらく一千はあるでしょう」とケリーは説明した。「海底には何テラトンものメタンがある」

ガスがぶくぶく音をたてているところには騒々しい生態系が生まれる。メタンを食べる微生物がたらふくそれを詰め込む。その微生物を食べようと、食物連鎖の上のほうまでほかの生物が集まってくる。そこにはちょっと変わった生き物がいた。ケリーが見せてくれたのは、球根のような頭に、尖《とが》った歯、カシモド〔ミュージカル『ノートルダムの鐘』の登場人物〕のような背中のこぶ、半透明のウナギに似た体を持つ、衝撃的なくらい醜い魚の映像だった。「奇妙な魚《ウィアードフィッシュ》」という呼び方でしか知られていない魚だという。「小さな群れがいて、毎年見かけるの」とケリーは言った。「食欲旺盛みたいよ」そこ以外でウィアードフィッシュが目撃されたのは南極大陸だけだという。

沈み込み帯に何らかの動きがあれば一大事だから、海底には広帯域地震計が二台埋め込まれて、わずかな揺れでも報告できるようになっている。「こういう大きな地震の前兆を示す証拠はいくつかあって」ケリーは指摘した。「二〇一一年の日本の地震では大地震の前に圧力センサーが作動した」

しかし残念ながら、ＲＣＡはこれだけの能力を持ちながら、カスケード断層沿いの設備が不足しているという。「つまり、早期警報システムはないということですか?」と私は尋ねた。「ないのよ、信じられないことに」とケリーは答えた。

「びっくりするくらい私たちはセンサー不足なの」

ケーブル式地震計と津波検知器がもっとたくさん必要なのだが、設置には数億ドルの費用がかかり、今日までその資金は得られていない。いっぽう津波への警戒心が強い日本は、住民に津波の発生を知らせ、電力を止め、電車を止め、人々を建物から避難させる時間を与えようと、海底センサーに莫大な資金を注ぎ込んできた。「優先順位の問題よ」とケリーはため息をついた。「ここでマグニチュード9の地震が起こるというのに。悲惨な光景が目に浮かぶ」

ジェイソンの管制車両《コントロール・バン》は一見、ふつうの輸送用コンテナのように見える。扇形船尾の甲板上に置かれた波形鋼板の箱だ。しかし、似ているのはそこでおしまい。圧力密閉されたバンの扉を開けると、その中では電子頭脳が脈動していた。小脳にあたるパイロットはカーク船長式の椅子に腰かけ、ジェイソンの目、つまり十四台の高解像度カメラを使って深海を飛行する。ジェイソンが見ているものはすべて壁一面のモニターに映し出され、照明が消されたバン内に鮮やかな輝きを放つ。パイロットの横には航法士がいて、ジェイソンが深海をさまようあいだその上に母船を配置する。科学者とエンジニアとデータ記録員《ロガー》が段々状のコンピュータ・ステーションに座り、後ろの壁の前が展望ギャラリーだ。

私はデータロガーを務めることになっていた。それがバンの中でいちばん簡単で、私でもうまくできそうな唯一の仕事だったからだが、それは、心臓移植の手術を執刀するよりその補助のほうが簡単と言っているようなものだ。私が受けた訓練は、五分間の指導動画を見て、ケリーの教え子の一人で大学三年生のケイティ・ゴンザレスがジェイソンのソフトウェア・インターフェース〈シーログ〉からコマンドリストを読み上げるあいだ、とまどいながらそれに耳を傾ける、というものだった。「つける記録は少ないより多いほうがいい」と、彼女は私が記録の取り方を知っているかのように助言してくれた。

しかし、長々と質問している時間はなかった。私のシフトは真夜中から午前四時までの深夜帯で、それが始まろうとしていた。ジェイソンは海中のスロープ・ベースにいて、水深三〇〇〇メートルまで潜っていく。私は船内を縫うようにしてバンの甲板へ出勤した。海はおだやかだったが、天候が変わりかけていた。風が強くなってきている。空は雲に覆われ、星が見えなくなっていた。ジェイソンの救命索を繰り出すウインチの絶え間ない音が聞こえていた。

私がバンのドアを開けると、シューッと音がして冷気が放出された。金属製の箱の中では数多くの電気回路が音をたてていて、アイスリンクのような凍てつく寒さに保たないとオーバーヒートする（「毛布を持ってきたほうがいい」とゴンザレスが教えてくれた）。薄暗がりの中、六人がおしゃべりをしながら、ジェイソンの海底到着に備えていた。パイロットはクリス・レイサン。もじゃもじゃの茶色い髪をした無口な男性だった。彼の頭上で銀色のディスコボールがくるくる回って天井にきらめきを放っていた。スピーカーからはヴァンパイア・ウィークエンドの曲が流れている。

この航海でジェイソンにはウッズホール海洋研究所の技術者十名がついていた。全員がエンジニアリングハットと呼ばれるプラスチック製の安全帽を頭に重ねていた。ジェイソンを操縦するということは、それを整備、修理、プログラムする方法も知っているということだ。ごく少数の例外を除けばパイロットは若い男性で、一度に何カ月も海に滞在できるよう自分の生活を整えていた。「この仕事は人間関係が大変なんだ」彼らの一人はそう打ち明けた。「本当にそうなんだ」ジェイソンの技術者たちは嫌味にならない程度にヒップな、つまり流行に敏感な雰囲気を醸していた。『宇宙空母ギャラクティカ』の管制センターに似たコンピュータ画面の列に向き合っていないときの彼らは、ブルックリンのクラフトビール醸造所に溶け込んでいる姿が想像できた。

私はデータ記録ステーションに座った。誰かが潜水計画を渡してくれた。何ページにもわたって、壊れたロボットの交換方法が段階的に説明されていた。私はその工程を逐一記録することになっていた。そうすることで潜水活動が正確に記録される。タイムスタンプが押され、ウェブでの検索が可能になり、画像とシンクロする。私は略語と頭字語が交錯する説明書に目を通していった。ゴンザレスがやってきて隣の映像記録ステーションに座ったときはホッとした。

私たちが交換するロボットには深海《ディープ》プロファイラーという名前がついていた。高身長コートを掛けるクローゼットほどの高さがある黄色いポッドで、水柱を進むあいだずっと海の化学的性質や、水温、潮流を測定していくための装置がポッドの外側に連なっている。ポッドは海底のドッキングステーションから海面下一二〇メートルに吊るされた係船浮標《ブイ》まで伸びるワイヤーを、ゆっくり移動する。ディープ・プロファイラーはとてつもない仕事量をこなす気難しい獣で、修理工場の常連だった。

壁の映像は私たちの下で深海を照らすジェイソンの照明に満ちていた。複数の画面にコーヒーマグのような形のブラシをつかんだマニピュレーターアームが映っていた。ジェイソンは降下しながらブラシでプロファイラーのワイヤーを掃き、毛皮のような細菌《バクテリア》の房を落としていた。そのため映画の展開は痛いくらい遅かったが、生き物たちが友情出演とばかりにフレームの中へ飛び込んできて盛り上げてくれた。特にイカたちはジェイソンに興味津々だった。偵察に駆けつけて、状況を把握し、墨の噴射で不服を表明しようとする。ギンダラの群れが集団自撮りのポーズよろしくカメラに群がってきた。マリンスノーが降りそそぎ、ストロボ光を受けて緑色を帯びる。クラゲが異星の月のようにゆらゆら通り過ぎていった。

ジェイソンが海底に着くと、人々は回転椅子を回して画面に釘づけになった。ディープ・プロファイラーがぽつんと視界に入ってきて孤独を感じさせた。オレンジ色の延長コードが海底を横断して接続箱へ続いていた。そばで大きな目をした薄紫色のソコダラが体を丸めている。その近くでは、別の接続箱から圧力センサー、水中聴音器、地震計にコードが接続されていた。装置は泥のような堆積物と細菌の薄い膜に覆われ、深海が権利の主張に最善を尽くしていた。これらが重要な科学的タスクを遂行する高度な機械であることを知らなければ、船の側面に誰かが古い工場の部品を押しつけたのだと思うかもしれない。

観測所に装置が設置されるたび、すぐに海洋生物が移住してきた。そこは彼らの棲み処《か》になり、隠れ処になり、しがみつく表面になった。止まり木は動物たちに便益を与える。海流に乗って漂ってくる餌《えさ》を捕まえるのに役立つのだ。ローズピンク色のイソギンチャクや鮮やかな黄色のヒトデや薄紫色のタコが、高級分譲地とばかりに接続箱に張りついていた。別の地点ではプラットフォームが数多くの白い綿毛状のイソギンチャクに覆われ、「羊」というあだ名をつけられていた。

これは私が海の深淵を初めてライブで垣間見た瞬間だ、という考えが浮かび、三キロメートルも上から見ていたにもかかわらず、この光景に心をわしづかみにされた。本当にここにあるのだ、という思いに打たれた。深海は単なる知的概念や強い疑念の対象ではなかった。ジェイソンと水面下へ潜るのは、シュレーディンガーの猫の生死を調べるため箱を開けることに似ていた。そこに本当に動物はいるのか？　もしいるなら、それは死んでいるのか、生きているのか？　深淵はここにあり、その上にあるすべてと同期しながらも、自身の時計に沿って仕事を進めている。私は喜びと認識を感じ、安らぎに包み込まれる心地がした。画面を通じて海底をぶらついていることがマッサージを受けているかのように心地よく、身も心もほぐれていく。ジェイソンのカメラがひとつの区画を拡大するたびに、半分隠れていた生命体が見つかった。泡巣をまとって移動するオタマボヤ綱の一種や、一匹ですべるように進んでいくヌタウナギ、海底の落書き《グラフィティ》のように堆積物に跡を刻んでいるナマコ。

ジェイソンはボディの側面に新しいディープ・プロファイラーを取り付けて降下してきていた。最初の仕事はこのロボットをワイヤーに固定することだ。そうすることで古いロボットを取り外す作業に集中できる。レイサンは神経を集中し、彼の頭脳がジェイソンの重さ五トンのボディに投影された。ジェイソンと一体化したレイサンがアームを持ち上げて破片を払い、壊れたプロファイラーのプラグをドッキングステーションから外す。プラグは四角い取っ手がついた特大サイズで、ジェイソンのはさみ部分にぴったりフィットした。海水の浸入による回路のショートを防ぐため、電気の接続部はオイルに満たされていた。

しばらくしてデータ記録のコツがつかめてきた気がしたが、それはおもにゴンザレスが大半をこなしてくれていたからだ。それでも、航海が終わるころには不可解な専門用語を全部理解できるようになり、「ああ、まだJ2-1993にいるんですね?」とか「モンキーフィスト〔投げロープを丸めた球状の部分〕、了解」などと自信を持って言えるようになっていた。

ジェイソンは午前三時に作業を終了し、上昇の開始を私は記録した。レッド・ツェッペリンのビートに合わせてディスコボールが回り、レイサンは椅子に深く体をあずけていた。ジェイソンとその積荷である古いディープ・プロファイラーが無事甲板へ戻るまで、今回の潜水活動は終わらない。特段の心配をしている人はいなかった。このロボットはもっとひどい目に遭ってきたからだ。南太平洋で爆発的な噴火を起こしている火山に突入したこともある。サメに襲われたこともあった。

一時間が経ち、一時間半が経ち、ジェイソンは薄明の中を上昇していった。「イカの友達が戻ってきました」とゴンザレスが告げた。二等航海士からインターホンで警告が入った。「ちょっとスコールがありそうだ」私もジェイソンの帰還を見届けようと外へ出たとき、嵐の接近を感じた。強烈な風と雨のしぶきがバンに閉じこもったあとの強壮剤のように感じられた。手すり越しに海中を見ると、五、六メートル下でジェイソンの照明が燃え立つように輝いていた。黒い海の中に輝くコバルト色の後光のように。ロボットは激しく水面を泡立てて浮上し、クレーンで空中に吊り上げられた。私はきびすを返して客室へ向かった。徹夜で何かしたのは久しぶりだったが、これに慣れたほうがいいと思った。昼も夜も関係ない。海の深淵では昼と夜にちがいはないのだ。

十七時間の輸送を経て、私たちは軸火山に到着した。そこの海底は溶岩のテーマパークさながらで、熱水噴出孔がちりばめられていた。指紋同様、同じ熱水噴出孔はふたつとない。それぞれが地質や、流体化学、温度、年齢、場所など、さまざまな要因から生み出された唯一無二の存在なのだ。噴出孔の大きさは「なんてこった、あれを見ろ！」という大きなものから、「おっと、あやうく踏んづけるところだった」という小さなものまでさまざまだ。轟音をあげる孔《あな》もあれば、消え入りそうな音しかしない孔もあった。「インフェルノ」という噴出孔の顔は角《つの》が生えた鬼のようで、蠕虫《ぜんちゅう》が這《は》いまわり、沸騰した硫化鉱物を噴き出していた。「ディーバ」と名づけられた優美な孔は白くてもろく、二酸化炭素をたっぷり含んだ流体がチラチラ光っていた。カタツムリのような形をしているため「エスカルゴ」と名づけられた孔もあった。「私は噴出孔に行くのが大好きなの」とケリーは言った。

駆け出しの科学者時代から、ケリーは驚異的な噴出孔を見つける才能の持ち主だった。一九八二年、ワシントン大学の学生だった彼女は、ファンデフカ海嶺の北端に位置するバンクーバー島沖で「エンデバー熱水噴出孔フィールド」を発見したチームの一員だった。エンデバーは巨大なブラックスモーカー煙突《チムニー》や、こぶと塊と蛇腹《コーニス》が付いた小さな尖塔《ピナクル》から成り、LSDでトリップしたガウディを連想させた。ブラックスモーカーは噴出孔王国の暗黒の復讐者で、火のように熱い流体の音をとどろかせている。「ゴジラ」と名づけられたチムニーは高さが四五メートルもある。「エンデバーほど素晴らしいところはない」とケリーは言う。「世界で最も活発な熱水系のひとつよ」

この軸火山で、ケリーは「スノーブロワー」〔噴射式除雪機の意〕と呼ばれる別の驚くべきタイプの噴出孔に遭遇した。二〇一一年に軸火山が噴火した三カ月後、溶岩湖から溶岩が流れ出てきて内側につぶれた複数の穴の上を、ROPOSというロボットが飛行していた。玄武岩がズタズタになった不気味な月面的風景があった。白い細菌に覆われた口で何かに吠えかかっているかのような縦穴もあった。この不気味な開口部を通過する際、ROPOSは微生物のブリザードに包み込まれた。海底のはるか下、深部地下生物圏の呼び名で知られる冥界《めいかい》から発せられた、生命の鼓動だ。この目に見えない領域は地球で最も古く最も広大な生物圏のひとつで、地表の影響をほとんど受けない。私たちが核攻撃を受けようが、彗星に衝突されようが、何らかの厄介な形で死滅してしまおうが、この深部地下生物圏は生き続ける（海が沸騰し続けないかぎり）。

この地球内生命の研究は科学のフロンティアだ。海底地殻に開いた穴や裂け目の中、つまり極端な温度にさらされたり圧倒的な圧力を受けたり、有毒な化学物質があったりといった条件下で生き長らえる微生物たちは「適応界の王者」と言っていい。彼らは何百万年も生き続けることができる。あるいは、（一種のゾンビ状態で）かろうじて生き続けることも。極限環境微生物と総称される彼らこそは、まさしく、タイタン（土星最大の衛星）の液体メタンの海やエウロパ（木星最小の衛星）の氷床の下などの海洋世界で私たちが発見するかもしれないタイプの生物なのだ。

しかし、熱水噴出孔で最も興味をそそられるのは、そこにこの惑星の生命の起源を探る手がかりがあることだ。生命がいかにして誕生したかについては科学的な議論があり、解決されるときは来ないかもしれないが、厳密なレシピが存在する点には議論の余地がない。まず水が必要だ。

次は、水素や硫黄や炭素などの化学元素が安定供給されなければならず、それらが反応するのに適した場所がなくてはならない。次に、何らかの形の点火《イグニション》がなくてはならない。つまり、この混合物から生きた細胞を生成するための触媒作用が必要になる。最後に、長い時間にわたってそのプロセスを継続させる安定したメカニズムが必要になる。これは口で言うほど簡単なことではない。いつ、どのように、あるいはなぜ細胞が誕生したのかを解明するより、生命の構成要素を列挙するほうがはるかに簡単だ。しかし、深海噴出孔のいくつかにはしかるべき要素がすべて備わっているように見える。

　これが明らかになったのは一九七七年、アルビン号で潜水していた地質学者チームがこれらの海底温泉と初めて遭遇したときだ。ガラパゴス地溝帯《リフトゾーン》で発見された瞬間から、この熱水噴出孔は地質学の驚異としてもてはやされた。しかし、それ以上に重要なのはそこの生態だった。

　溶岩に覆われて酸素がほとんど存在しない真っ暗な火山の裂け目に多くの野生生物が生息しているとは誰も予想していなかったが、ガラパゴスの噴出孔は奇妙な動物が集まる動物園だった。アルビン号のパイロットと乗客二名は、血のように赤い管の先を振る長さ一八〇センチのハオリムシ（英名チューブワーム）、フットボール大のハマグリ、そこらを飛びまわる目のないエビ、チムニーを横切るアルビノのカニを、信じられない思いで見つめた。生命の唯一の燃料と考えられていた光合成、つまり太陽光をエネルギーに変換して生体に必要な有機物をつくり出す反応過程は、ここでは何の役割も果たしていなかった。これらの生物は光合成ではなく化学合成に依存して生きていた。液体と岩石の化学反応で生成され地球内部からもたらされるエネルギーだ。微生物は陸上生物にとって毒である硫化水素を食べ、それを酸化させて噴出孔の動物たちの餌にしていた。動物たちの多くは微生物を体内に棲《す》まわせて共生関係を築いていた。私たちのルールのすべてが軽視される『スター・ウォーズ』の酒場シーンを彷彿させる生態系で、これは地球に海ができたときから続けられてきた大胆不敵な化学実験から生まれたものだ。

ブラックスモーカーは一九七九年、アルビン号で「東太平洋海嶺」と呼ばれる中央海嶺を探検していた科学者たちが発見した。その潜水は開始時から不穏な空気に包まれていた。水は濁り、海底にはハマグリの死骸が散らばっていた。水深二六〇〇メートルを飛行していたアルビン号は、興奮した機関車のように煤煙をまき散らしているチムニーに遭遇した。パイロットのダドリー・フォスターは潜水艇の制御に必死だった。噴出孔から大量の熱とエネルギーが吐き出されていて、アルビン号はその上昇気流に巻き込まれた。黒い雲の渦に巻かれて完全に視界が利かなくなったフォスターはチムニーにぶつかってそれを倒し、金属結晶の内張りをむきだしにした。底から煙がもくもく出続けていて、彼が温度プローブを挿し入れると、たちまち溶けてしまった（のちにこの噴出孔の流体は華氏六六二度、摂氏三五〇度と測定された）。フォスターは後退したが、アルビン号のファイバーグラス製トリムの一部を液体に焦がされた。溶けやすいアクリル製ののぞき窓が付いた潜水艇にとって、ブラックスモーカーに近づくのは危険なゲームだ。これらの噴出孔には原初のパワーがあった。探検隊のリーダーでフランスの地球物理学者のジャン・フランシュトーはずばりこう言っている。「あそこは地獄そのものにつながっているような気がした」

私は深夜勤務でデータを記録するリズムに乗ってきて、機会を見つけては昼寝をした。海底火山への潜水は過酷の度を増してきて、ついには私たちの中でいちばん元気だった者までが意気消沈していった。「あなたは少し睡眠を取る必要がある」ケリーはラボでカメラを分解していた海洋学者のミッチ・エレンドに言った。「眼球が少しざらついている感じ」エレンドはちらっと目を上げて微笑んだ。彼は「海洋は地球の四分の三を占める：多数決の原理」と記されたTシャツを着ていた。私はその日、エレンドにああ言ったケリー自身がパソコンの前で腕組みをしたままうとうとしているところを目撃した。

しかし、私はバンの中でまったく疲れを感じなかった。ジェイソンがケーブルをほどくような退屈な作業をしているときも、その光景に目を奪われていた。シフト勤務のたび、生物発光の流星群や、ダンスパーティに興じるイカたち、光を放つ獰猛な小魚たち、ジェイソンのプロペラにチキンゲームを仕掛ける詮索好きな魚たちの姿が見えた。「スラスタが六つあって、それぞれが二五〇〇ポンド〔約一一三キロ〕の推力を持つ」と、クリス・ジャッジというパイロットが説明してくれた。「魚がそのことを思い知るシーンをよく見るよ」

私が初めて記録した噴出孔潜水《ベント・ダイブ》は、「タイニー・タワーズ（ちっぽけな塔たち）」と呼ばれる場所だった。その名のとおり、ポケットサイズの尖塔《スパイア》がスカイラインを描いていた。タイニー・タワーズは若くて熱く、透明な流体がさざ波を打っていた。火星の赤錆色、月のクレーターの灰色、超新星の赤色、海王星の濃い青色など、ほかの宇宙のスペクトルから借りてきたような色が散らばっていた。

ケリーと共同で主任科学者を務めるオレスト・カウカがバンの指揮官席からパイロットのコリー・バーハインに指示を出していた。この長身でアウトドア派の四十代男性は二十四時間以上眠っていなかった。声が嗄《か》れていた。バーハインは陽気で愉快な男性で、毛織りのニット帽をかぶり、『ダック・ダイナスティ』の登場人物のようなあご髭を生やしていた。彼らは探針《プローブ》の位置を定めて噴出孔フィールド内の最適な場所を探そうとしていた。「このプローブは熱水流体を吸い込み、DNAを濾《こ》し取ってくれる」とケリーが前に説明してくれた。「私たちは微生物を見ているの。そこに何が棲んでいて、どれだけの数がいるのか、つまりコミュニティの構成を知りたいのよ」面白いことに、それぞれの噴出孔に独自の微生物集団がいた。その孔ならではの生き物の数々が。「小さな島みたいなものね」

プローブの位置が定まったところでカウカは休憩に向かい、ジェイソンは水面へ向かった。バーハインが立ち上がって伸びとあくびをした。「ジェイソンを操縦するいちばんの醍醐味は？」と、私は尋ねてみた。

「うーん、いま答えるのはちょっと難しいな」彼はそっけない感じで言った。「ちょっと疲れているんだ。長い時間ここにいたから」

「じゃあ、最悪なのは？」

「くたびれ果てることだね」

この航海は探検と異なり、興奮をともなうものではなかった。機械が壊されやすい環境で機械を円滑に作動させるという、華やかさとは無縁の仕事だ。その仕事で地球の仕組みが解明されたり、次世代の医薬品になり得る噴出孔の微生物が見つかったり、沈み込み帯の地鳴りの原因が解明されたとしたら、それは大勢の人がこの船や類似の船で何年もの歳月を過ごし、睡眠もろくに取らずに頭脳をフル回転させて重労働にいそしんでくれたおかげだ。この観測所には科学技術の魔法と深海の知識、不眠症、スコポラミン入りの額の汗が混じっていた。

この大変な計画を立案したのはケリーの恩師で海洋学者のジョン・ディレイニーだ。このRCA計画を何十年も温めてきて、粘り強さと人脈でそれを実現した。彼の電子メールの署名にはT・S・エリオットの言葉が引用されている。「危険を冒してはるか遠くまで進んだ者だけが、人がどこまで行けるかを知ることができる」現在七十七歳、ワシントン大学名誉教授のディレイニーは、この分野でいちばん困難な課題を的確に言い当てている。「海中に入らなければ海を知ることはできない」と。

いろんな問題が散らばっているこの世界で、深海がみんなの課題リストの上位に来るべき理由は何なのだろうとあなたが不思議に思っても、それは無理のないことだ。なにしろ私たち人類は深海をほとんど無視したままここまで来たのだから。しかしディレイニーは主張する。海洋の内部構造に私たちが精通していないことが、私たちの直面している喫緊の課題なのだと。「海洋は気候システムを動かすエンジンだ」と彼は指摘する。「海洋の振る舞いの重大な転換点を予測できる必要があるのは、それが私たちに大きな影響を与えるからだ」

そもそも、海洋が何をしようとしているのか知らなければ、海洋がどれほど劇的に変化し始めているかを知ることは難しい。一九七〇年以来、私たちが化石燃料を燃やすことで発生した過剰な熱の九三パーセントと二酸化炭素の三〇パーセントを海は吸収してきた。化石燃料の燃焼は桁外れの重荷になっている。その結果として温暖化、酸性化、酸素不足が進んでいる。私たちが依存している生態系のバランスは永続的なものではない。私たちが海をかき乱す程度によっては、海から致命的なしっぺ返しがあるかもしれない。ディレイニーによれば、極端な異常気象や生態系の激変や聖書に出てくるような暴風雨から生き延びたいと願うなら、たとえ宇宙旅行計画が遅れたとしても自分たちの下のほうへ関心を向けるのが賢明だ。

ディレイニーが語る未来の海洋テクノロジーの話を聞いていると、頭の中でSF映画を上映している気分になる。海中を疾走するドローンが人工知能で周囲をスキャンし、海底噴火や津波やハリケーンの真っ只中から可視化したホログラフィック・データやゲノムの解析結果を送り返してくる。彼はそんな場面を思い描いていた。「これは突飛な話ではない」と彼は強調する。「私たちはいまその入口に立っている。適切な種類のロボットシステムを使えば、誰も想像しなかったようなことが可能になる」

「ジョンは常に時代の十年先を行っているのよ」と、ケリーはコメントした。

ディレイニーの最新の探求はRCAに自律走行機を加えることだ。具体的には、軸火山で自身の小さなガレージに常駐して自由に泳ぎまわるような遠隔操作ロボットが欲しい。それが毎日、噴出孔フィールドを巡航してサンプルを採取し、動画を配信する。軸火山がその頭から噴火を起こしたときは、噴煙《プルーム》が消散する前にその中を泳ぐ準備も整えている。「火山ガスのサンプル採取が非常に難しいのは、私たちが適切な時間に適切な場所にいられたためしがないからよ」とケリーは説明した。「中央海嶺沿いでは毎日のように噴火があって、火山灰の巨大な雲に相当するものが水中に噴出している。おそらくは、超音速で。だけど、それが海に及ぼす全体的な影響はまったくわかっていない」

二〇一四年にRCAのスイッチが入って以来、世界じゅうの科学者が接続したいと独創的な装置を提案してきた。「私の次のプロジェクトのひとつは、全地形対応のロッククローラーを設置したいというドイツの科学者と手を携えることよ」と、ケリーは私に言った。「トンカ〔アメリカの玩具メーカー〕のトラックみたいな機械で、メタンの水たまりを歩きまわって測定を行う。それをドイツから制御するの」

NASAは最近、分子振動を解析するレーザーシステムを導入した。そばをうごめく地球外生命体の探知に役立ちそうな代物だ（ひねくれたユーモア感覚の持ち主が〝宇宙生物学《エクソバイオロジー》探査《リサーチ》のための現場《インシチュ》噴出孔《ベント》分析《アナリシス》潜水ロボット《ダイブボット》〟の頭文字を並べて、これをINVADER《インベーダー》と名づけた）。最終的に、このインベーダーは土星の衛星エンケラドスのような場所に配備されるかもしれない。エンケラドスでは氷の地殻の割れ目から間欠泉が噴き出し、宇宙空間に弧を描くくらい活発にガスを放出している。しかし最初はこのインフェルノで試験されることになるだろう。NASAが見つけられる中でおそらく最も利用しやすいブラックスモーカーだからだ。

インフェルノとその隣人で「マッシュルーム」と呼ばれる別のブラックスモーカーは、装置に人気のスポットだった。両方とも集中治療室の患者のように配線でつながれていた。マッシュルームとインフェルノの隣には「フェニックス」という噴出孔があり、噴火によって壊れてはまた立ち上がる、を繰り返していた。隣にもうひとつ、「ヘル〔地獄〕」と呼ばれる噴出孔があり、そう名づけられた理由は目にも明らかだ。しかし、軸火山のカルデラの反対側には、さらに巨大なブラックスモーカーがあった。この巨人にケリーは調査対象として特別な関心を持っていた。「エル・グアポ〔ハンサムさん〕というの」母がわが子の名を口にするときのような声でケリーは言った。「あそこへ小旅行して、その炎を見るつもりよ」

航海中、私は主甲板に有名人が隠れていることに気がついた。アルビン号だ。この偶像的潜水艇は今回の探検で潜水に使われる予定はなかったが、アトランティス号が住み処になっていた。二階建ての格納庫で高貴な雰囲気を漂わせ、ロボットの手は赤いボクシンググローブに覆われていた。一九六六年一月、アメリカのＢ52爆撃機と空中給油機が空中衝突を起こして地中海に落下した水素爆弾を回収するために派遣された最初のミッション以来、アルビン号は世界じゅうの有人潜水艇を合わせたより長い時間、深海を巡ってきた。

ある日の午後、私はドルー・ビューリーというウッズホールのエンジニアにアルビン号の見学をさせてもらった。潜水艇は私たちの頭上にそびえ立ち、換気ホースにつながれ、何キロメートルにも及ぶ高度な配線がなされていた。ビューリーはその配線の一本一本の目的を熟知していた。潜水艇の電気系統の監督が彼の仕事だ。彼はケンタッキー州で育った少年時代にある図書館で、アルビン号の歴史に重要な役割を果たした海洋学者ボブ〔ロバート〕・バラードの本に出会った。「その本に夢中になった」とビューリーは振り返る。

「数々の怪物が見つかってどこに不思議があろう」オラウス・マグヌス作『カルタ・マリア』(1935年)

ウィリアム・ビービ（左）、オーティス・バートン（右）とバチスフィア（潜水球）。
バミューダ諸島、1934年

深海探査艇《バチスカーフ》トリエステ号、1959年

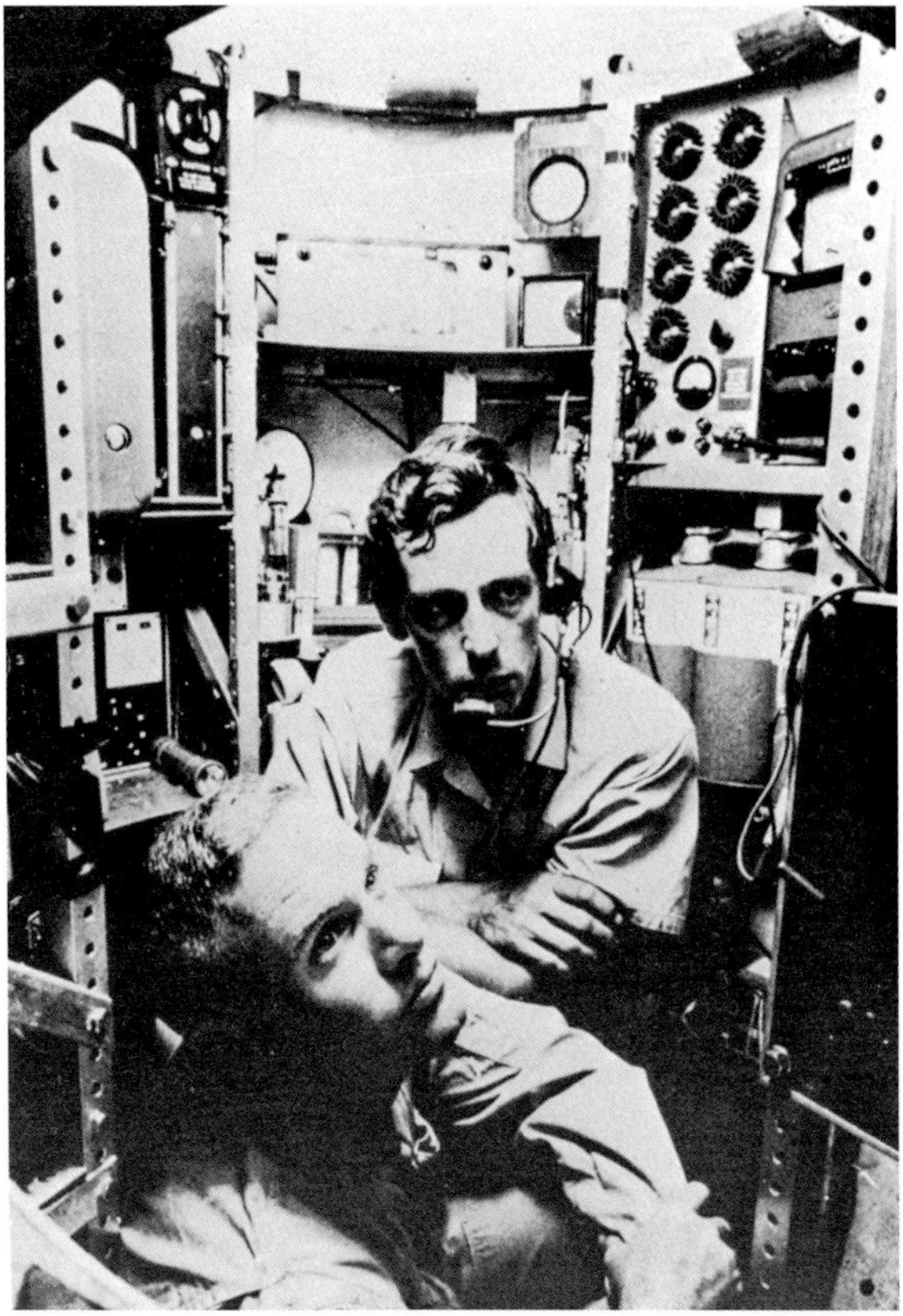

「このような状況で水深1万910メートルへ潜るなんて狂気の沙汰だろうか？」トリエステ号の耐圧殻《プレッシャー・ハル》内に入ったドン・ウォルシュ（右）とジャック・ピカール

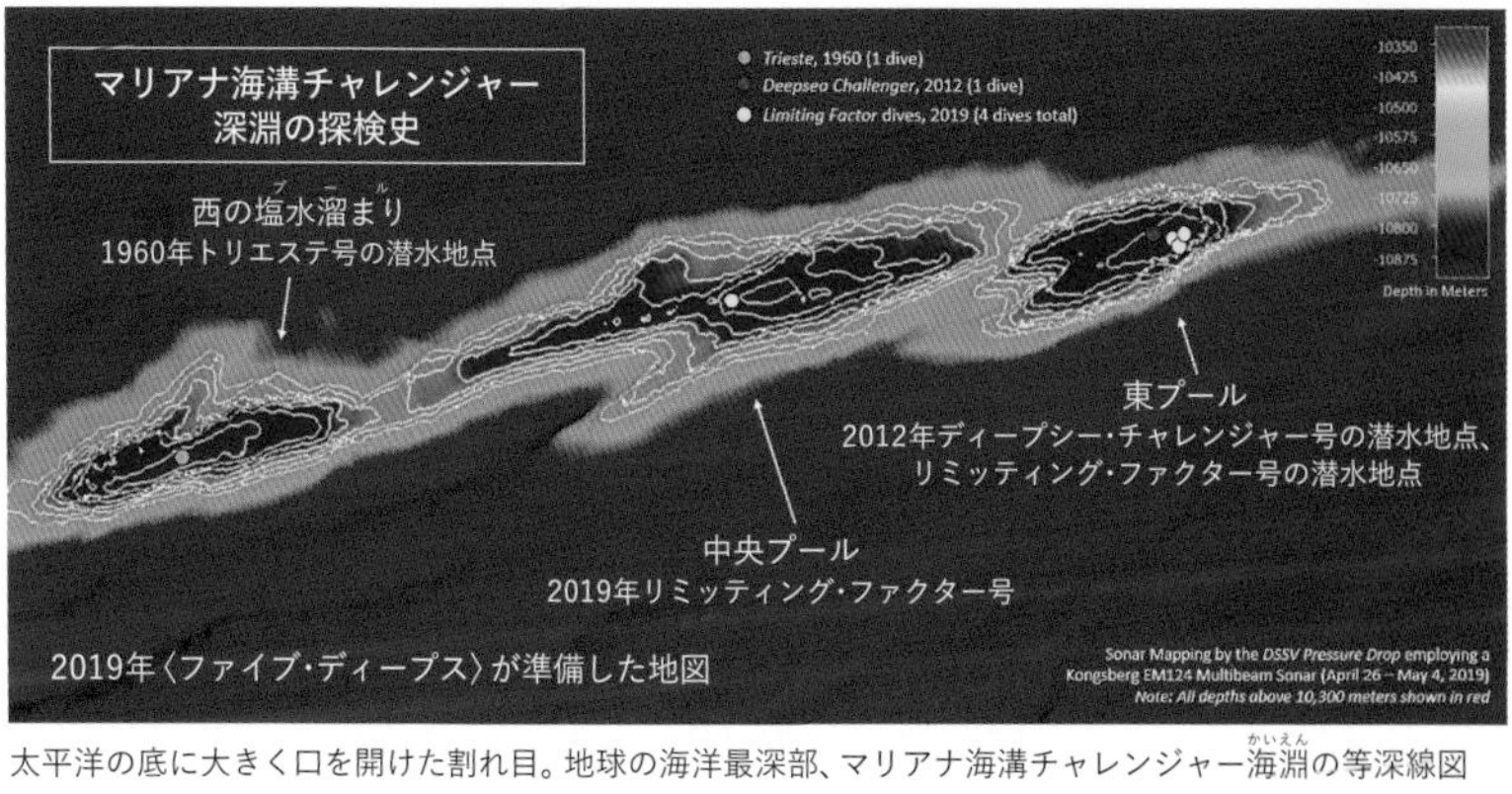

太平洋の底に大きく口を開けた割れ目。地球の海洋最深部、マリアナ海溝チャレンジャー海淵《かいえん》の等深線図

「これは霊的《スピリチュアル》なことなんだ」
水を得た魚のようなテリー・
カービー

1941年12月7日、太平洋戦争の口火を切る一撃を引き起こした日本軍のミゼット潜水艦の残骸を調査しているパイシーズ。この潜水艦は真珠湾の入口を哨戒していたアメリカ軍の駆逐艦USSウォードにより沈められた

「ペレの手になる仕事」。ロイヒ海底火山の鉄ベースの生態系（上）と
枕状溶岩（下）。背景に深海探査艇パイシーズV

“驚異的な噴出孔を見つける才能”
デボラ・ケリー

軸火山のブラックスモーカーと
呼ばれる熱水噴出孔「インフェル
ノ」の頂上

ウィアードフィッシュ（奇妙な
魚）、学名Genioliparis ferox。
水深2900メートルにある「リー
ジョナル・ケーブルド・アレイ」
（RCA）のスロープ・ベースを泳
いでいたところを撮影

ジェイソンの管制車両《コントロール・バン》内部

ファンデフカ海嶺で黒煙を上げる熱水噴出孔「サリー」と、そこを彩るハオリムシ（下）

（下３点）夜間に回収される遠隔無人潜水機（ROV）ジェイソン（上）。深海の常連ソコダラ（中）と、軸火山の板状溶岩の上にいるクモガニ（下）

高さ60メートルの巨大熱水チムニー「ポセイドン」側面から伸びるロストシティの「IMAXタワー」

炭酸塩の突縁《フランジ》が透明な噴出孔流体をとらえて、逆さまの反射プールを形作っている

いつか潜水艇で仕事をしたいという思いを胸に秘めた。挑みがいのある夢だったが、そこに現実が立ちふさがった。「アルビンは一隻しかなく、座席は三つしかない、と思った。そこには取り組みようがない」代わりにミュージシャンになろうと決めた。しかし、高校の物理の先生が釘のベッドに寝て力の分散の原理を教えてくれたとき、ビューリーは科学に目覚めた。

大学で工学を学んだが、卒業時の成績はかんばしくなかった。ウッズホールで仕事を得るチャンスはないと思っていた。「長いあいだ怖くて応募できなかった」と彼は言った。「でも、ついに応募した」そして三十七歳のいま、彼はアルビン号のパイロットになる訓練を受けている。資格の取得には長い試練がともない、一九六五年以降、完走を果たしたのはわずか四十二人にとどまる。最終試験には、米海軍の将官たちによる厳しい審査が待っている。「彼らは受験者を部屋に座らせ、ありとあらゆる質問を浴びせてくる」

アルビン号をひと目見ただけで、遊びとは無縁の実用機であることがわかる。シュワルツェネガー級のステロイドを搭載し、あらゆる科学的ニーズに対応するパイシーズなのだ。内径約二メートルの耐圧殻は厚さ七・六センチのチタンで造られ、アクリル製ののぞき窓が五つある。潜水艇のシステムや三重冗長性、多種多様な材料を用いた安全性を説明していくビューリーの声に、私は耳を傾けた。何度も全面的なオーバーホールを受けてきたアルビン号はまるで新品の潜水艇のようだ。二〇二〇年の初めには潜水深度を四五〇〇メートルから六五〇〇メートルへ延ばす大規模改装が予定されていた。

ビューリーは説明を終え、最後に、何か質問はないかと訊いてくれた。アルビン号について私が訊きたかったのは、自分が乗って潜水できるかどうかだけだったが、彼がそれに答えられないのはわかっていた。格納庫を出ると、船首近くにケリーが座っていた。出航以来、初めて晴れた日で、ビタミンDを獲得するつかのまのチャンスだ。彼女が一度に十の用事をこなしていないときがあったら話しかけてみようと、私はチャンスを狙っていた。彼女は十九年前、この母船を使った別の探検である発見をし、私はその話を読んで以来、そのことが頭にこびりついて離れなかった。そのときの写真はとてもシュールで、権威ある科学誌『ネイチャー』の表紙に載っていなかったら「フォトショップ」で作られたものと思ったことだろう。「ロストシティ〔失われた都市〕」と呼ばれるその場所について、私はもっと話を聞きたかった。

大西洋の真ん中はわびしい場所だ。とりわけ、冬は。二〇〇〇年十二月三日の夜、甲板に照明をともしたアトランティス号は、数キロメートル四方唯一の光源だった。ケリーは自分の船室で眠っていた。スイス人の女性で地球化学者のグレッチェン・フリュー＝グリーンがバンの当直で、曳航《えいこう》カメラシステム「アルゴ」が百万歳の海山「アトランティス山塊」を越えるところを見守っていた。「この山はレーニア山〔米ワシントン州〕と同じくらいの大きさで」とケリーは話し始めた。「私たちはその形成過程を解明しようとしていたの」

ケリーと彼女の同僚たちにとって、アトランティス山塊は五日をかけて行く価値がある魅力的な事例研究《ケーススタディ》だった。アゾレス諸島の南、大西洋の海底盆地を二分する拡大中心「大西洋中央海嶺」の西わずか一六キロメートルに位置しているが、火山ではない。海底の広がりで海底の地殻が破れたときに起きる大規模な「衝《つ》き上げ」の結果だ。この例では、地殻が破れた結果、地球の上部マントルの塊が隆起してさらに深い領域につながる窓を開いた。

マントル岩石は固体だが、シリーパティー〔ばかパテともいい、パテ状でありながら状況によって跳ね返ったり割れたり流れたりする〕のような振る舞いを見せる。地球のはらわたの中にいる最も熱い状態では、ゆっくりとだが流動している。深い胎内から引きずり出されて海水にさらされると、劇的な反応を起こして不安定になる。膨張し、変形し、蛇紋岩《じゃもんがん》と呼ばれるうろこ状の深緑色の岩石へ姿を変え、熱や水素、メタンを放出して、惑星が癇癪を爆発させたようなヒステリー状態に陥る。退屈とはまったく無縁の出来事だ。

科学者は山塊の南面に注目した。砕けた岩だらけの急峻な蛇紋岩の壁だ。日中の時間帯、ケリーたちはアルビン号で潜水し、傷だらけの地形を観察した。夜間はアルゴが仕事を引き継ぎ、山塊の外形の白黒画像をバンに送ってきた。

十二月三日、グレッチェン・フリュー＝グリーンが画面を見守る中で、アルゴはこの急斜面を歩きまわった。頂上から六七〇メートル下の平らな段丘面で壁はおしまいになった。アルゴはそこを横切り始め、照明をともして暗闇を通り抜けていった。奇妙なことに、この段丘面はなめらかな薄灰色のセメントめいたものに覆われていた。フリュー＝グリーンは椅子を前へやった。するととつぜん、カメラのそばを幽霊のような影がかすめた。

「真夜中近い時間だった」ケリーは船の手すりに寄りかかって回想した。「物事が起こるのはいつも深夜でしょう？　グレッチェンが私の船室に飛び込んできて、『何か見えた気がします』と言ったの。すぐ明らかになった。つまり、きわめて明白だった。私たちがこれまで見たことのあるどんなものともちがうってことが」

それから五時間、彼らは街区数個分の広さがある段丘面をアルゴに回らせた。「この甲板みたいに平らでね」と、ケリーは身ぶりで示した。「まるでどこかの中庭のようだった」しかし、その周囲をぐるりと取り囲むように、この岩棚の下から巨大な白い塔がそびえ立っていた。ジャコメッティの彫刻のように細く優美な塔だ。なぜ白いのか？　何でできているのか？　バン内を潮流のように興奮が駆け巡った。

探検の時間が終了に近づいていたため、潜水時間はあと一回しかない。夜明けとともに、ケリーと地質学者のジェフ・カーソン、パイロットのパット・ヒッキーがアルビン号に乗り込んだ。水深六〇〇メートルまではあっという間だったが、彼らは貴重な時間を現場の位置の確認に費やした。「地図がなかったから、計器だけに頼って飛行していた」とケリーは振り返る。「あちこち探しまわった末に、一本の小さな白いチムニーが見つかった。その美しかったことと言ったら」

位置が定まったところでアルビン号は、石化石膏《アラバスター》のように白く、雪のように白く、骨のように白いピナクルの地を浮遊していった。噴出孔だったが、まったく異なる性質のものだ。洞窟の石灰石のような炭酸塩でできていた。間近へ来ると、ケリーには細かなところまでが見えた。縦に溝が入ったギリシャの円柱のようなものもあれば、クリスマスツリーのようなものや、精巧な砂のお城のようなものもあった。どれにも凝った精巧な細工がほどこされ、水晶にあふれていた。中には高さが三〇メートルを超えるものもあった。

アルビン号の投光器が照らす先々に幽霊のような形が現れた。ひとつの一枚岩がこの地を圧していた。頂点に四本の尖塔《スパイア》をいただいている。用心棒のように六〇メートル立ち上がっていたが、その姿は幽玄そのものだった。その壁に沿って、炭酸塩の結晶がゴシック様式の尖った塔のように優美なチムニーや、大きなお椀を逆さにしたような形の張り出した突縁《フランジ》を形成していた。壁から温かい透明の液体が流れ出てフランジの下に溜まり、鏡のような表面を作り出していた。その様子を私に説明するあいだ、ケリーはいまだ驚き冷めやらずといった感じだった。「海に逆さまの反射《リフレクティング》プールがあるなんて思わないでしょう」彼らはこの壮大な構造を「ポセイドン」と名づけた。

パイロットのヒッキーがチタン製の注射器で液体を採取し、炭酸塩の岩や塊を引き抜いたが、生物標本はなかなか見つからなかった。ゴールデンレトリバーのように潜水艇の後ろをついてくる肉付きのいいニシオオスズキ（ハタの親戚）を除けば、この場所は廃墟のように思われた。ブラックスモーカーにありがちな、おどろおどろしい生命体がひしめくカーニバルは見られなかった。のちに科学者たちは、見かけは当てにならないことを思い知る。この噴出孔には甲殻類や蠕虫や二枚貝が生息していた。それも、どっさりと。「でも、親指くらいの大きさで、体が透明なの」と、ケリーは説明してくれた。この繊細な動物相はチムニーの隅々に隠れていた。羽毛状の昆布《ケルプ》のように波を打つ、白い細菌の束の陰に。このタワー群の中にもうひとつ驚きがあった。「古代のもの」を意味するギリシャ語に由来する「古細菌《アルカエア》」がフィルム状になった層だ。これは地球上で最も原始的な謎の微生物群だ。最もタフで最も機略に優れた彼らは、最も極端な環境で繁栄する。ある場所がおそろしく寒かったり暑かったり酸性だったりアルカリ性だったり無酸素だったり有毒だったりと、私たちを一瞬で死に至らしめるような最上級の困難な環境だったとしたら、そこを好む何らかの古細菌がきっといるにちがいない。

古細菌は微生物世界のどこにでも存在するが、一九七七年に分子生物学者のカール・ウーズによって発見されたばかりだ（彼が最初にこの画期的大発見をしたときは物笑いの種にされた）。この古細菌は細菌（第一ドメイン）と真核生物（第二ドメイン――菌類、植物、動物など、細胞に核を持つ生物）に付随する第三の生命ドメインを構成している。古細菌はとても奇妙で、とても古く、思いもよらない多彩な能力を持つため、現在では多くの科学者が、古細菌こそ複雑な生命が出現した現象の中核的存在で、真核生物（つまり我々）の祖先は古細菌かもしれないと考えている（具体的に言えば、私たちの最も遠い親戚は、グリーンランドとノルウェーの間の海底、水深二三五二メートルにある「ロキの城」と呼ばれる熱水噴出孔フィールドで発見された、驚くほど奇妙な微生物群「ロキ古細菌」かもしれない）。

「飛び回りすぎて、燃料切れを起こしかけた」とケリーは続けた。「しばらくすると二酸化炭素が溜まってきて、頭が回らなくなってくるの」帰る前に彼らはこの一帯の規模を把握したかった。ケリーはヒッキーにいちばん高い塔であるポセイドンの頂上へ飛んでもらい、そのあと海底までゆっくり下りていった。「私たちはひたすら進んでいった」下りていくあいだに、彼らはイスラム教の尖塔《ミナレット》や、砲塔《タレット》、蜂の巣、人の手などを思わせる白い噴出口を通過していった。二十四時間前には誰もこんな場所があるとは想像していなかった。海底に着いたとき、ケリーは思ったという。深海にはまだ私たちが想像していない、どんなものがあるのだろう？

後ろ髪を引かれながらも、彼らは水面へ向かった。「上昇中、私はこの白い柱について考え始めた。私たちはアトランティス号に乗って、アトランティス断裂帯、アトランティス山塊にいるのだ、なんて……」それはあたかも、忘れ去られて久しい沈没した大都市高層ビル群の間を飛んでいるかのようだった。「失われた都市アトランティスにちなんで名づけたのですか？」と私は尋ねた。「そうよ」とケリーは笑った。「その後、興味深いメールをたくさんもらったわ」

神話によれば、アトランティスは火山の地殻大変動の際、波の下に消えたとされているが、ケリーの「ロストシティ」の最も面白いところは、それが火山性でないことだ。噴出孔はマントル岩石と海水の化学反応によって形成されたもので、火山の噴出孔とは根本的に異なる。ブラックスモーカーには金属硫化物が沸騰しているが、「ロストシティ」の噴出孔は温かいくらいで〔摂氏九三度ほど〕、金属は含まれていない。ブラックスモーカーが噴出する液体は酢のような酸性であるのに対し、「ロストシティ」の噴出液はドレイノ〔パイプ詰まり用洗剤〕のようなアルカリ性だ。ブラックスモーカーはかなり壊れやすく、溶岩に覆われやすく、それゆえ比較的短命だ。「ロストシティ」の頑丈な噴出孔ができたのは十五万年以上前だ。熱水系の研究を二十三年間続けてきた科学者たちは、自分たちは熱水系を把握しつつあり、どんなユニークな噴出孔もほかと似た特徴を備えていると考えていた。しかし、「ロストシティ」の発見でその考えを覆された。

アトランティス号がウッズホールへ戻ったときは報道陣が待ち構えていた。「大騒ぎだった」とケリーが振り返る。噂が広まり、研究室でサンプルが精査され、研究論文が書かれる中で、人々が「ロストシティ」に熱狂した数ある理由のひとつは、その化学的性質が生命の起源を探求するフロントランナーになったことだ。この種の噴出孔系は細胞生命の構成要素となる有機分子、炭化水素の工場であり、ケリーと彼女のチームは、「ロストシティ」が非生物学的な源からそれを生産していることを証明することができた。「ロストシティ」は生命が誕生する理想的なシャーレなのだ。地球上のみならず、宇宙のほかの場所であっても。「あれが新しい考え方を切り開いたの」と、ケリーは言う。

その後の数年間でデボラ・ケリー、グレッチェン・フリュー＝グリーン、ジェフ・カーソンら研究者が大量の機材を携えてこの地を再訪した。彼らはその一帯を地図化し、地図はいまも成長中で、三十を超えるピナクルが発見された。彼らはそこ特有の生命体を調査した。映画プロデューサーのジェームズ・キャメロンは、ＩＭＡＸのドキュメンタリー映画『エイリアンズ・オブ・ザ・ディープ』の撮影のため、潜水艇四隻でここに立ち寄った。小説家のクライブ・カッスラーはスリラー小説シリーズの舞台のひとつをこの海に設定した。海洋地質学者、生物学者、地球化学者、宇宙生物学者、彼らみんなが船で巡礼の旅に出た。二〇一六年、ユネスコ（国連教育科学文化機関）は「ロストシティ」を〝顕著な普遍的価値を有する〟世界遺産に指定してはどうかと提案した。

いま現在、「ロストシティ」は単独の存在だが、ケリーはほかにも同じようなものがあると信じている。「マントル岩石、熱、そして中央海嶺に沿った断層という組み合わせがあれば、もっと多くの『ロストシティ』を発見する機会が得られるはず」と彼女は言い、海底のもう少し広い範囲を探査する気になれば発見できると考えている。はるか昔、生命が誕生の足がかりを築いていたころ、海底はマントルのような岩石で埋め尽くされていた。このような噴出孔はありふれた存在だっただろう。「ロストシティ」は、科学者たちが四十億年前の海をのぞき見ることができる一種の水中タイムマシン、という見方もできる。

「だから……茫然自失という言葉ですら適切とは言えない」とケリーはつぶやいた。「だけど、あれにはどこか尋常でないところがある。こんなものが存在するなんて」まるで秘密を打ち明けるかのように彼女は声を落として言った。

エル・グアポが画面を埋め尽くした。ハオリムシとカサガイ〔巻貝の一種〕が付いたロックスターのような派手やかな髪形、そこから放たれるドラゴンの息のような黒い噴煙。高さ一七メートルのブラックスモーカーが威容をとどめていた。「『ゲーム・オブ・スローンズ』〔ジョージ・R・R・マーティンのファンタジー小説が原作のテレビドラマ〕みたいだ」と、バンのギャラリーから誰かが言った。後ろの壁の前は人でぎっしり埋め尽くされていた。「ドカーン」ケリーも同意した。「とどろきわたるって感じね」彼女は操縦席のバーハインに顔を向けた。「てっぺんのところを拡大できる？」

蠕虫が嫌いだったら、エル・グアポには行かないほうがいい。蠕虫たちの熱狂的パーティ会場なのだ。牛の血のような羽毛〔プルーム〕と曲がりくねった紫白色の管を持つハオリムシや、ワインレッド色の小さなヤシの木を思わせるパームワーム、自身を保護する金属の鎧《よろい》を分泌する頑丈なサルファイド〔硫化物〕ワームなどがいた。

「ワラジムシに似た小さな赤いやつらはウロコムシ」海洋生物学者のマイク・バーダロが指揮官

席の後ろに立ち、マイクに向かって説明した。彼は軸火山で最も際立った噴出孔を巡る私たちのツアーをウェブキャストで中継していた。「彼らは捕食性です。噴出孔内を這いまわり、ほかの蠕虫をかじる。だからウロコムシが近づくと、ハオリムシは自分の管の中に潜り込むんですよ」

「いい仕事ねえ」と、ケリーがからかい気味に言った。「すぐNBCが取材に来るわ」

バーダロはにやりとした。「さて、視聴者からこんなメールが来ています。『この火山を研究していてあなたが知った最も重要なことは何ですか？』」

「そうねえ、三万回の爆発と八千回の地震をともなう一度の噴火でシアトルのスペース・ニードルの大部分を覆うくらい分厚い溶岩流を見られたことかな」と、ケリーは画面に注意を向けながら無造作に言ってのけた。「つまり、それがどこまで活発になるのか、私たちは学んでいるところなんです」

ジェイソンの目がエル・グアポを縦横に見渡した。私はデータ記録用の座席から、十二台のカメラでエル・グアポを見ることができた。エル・グアポの上部からは黒い流体が噴き出ていて、まさしく煙そっくりだ。カメラが映像を徐々に拡大していくと、噴出孔が印象派の絵のように、緑青色や、赤紫色、黄土色、琥珀色、カーボングレー、漆黒の色に彩られているところが容易に想像できた。その側面を細い繊維状の白い細菌が流れている。ジェイソンが近づいたところで、そのスラスタがオレンジ色と黄色の微生物の塊をかき混ぜた。「二枚貝などの軟体動物がいます」と、バーダロが見えないところから話を続けた。「ときにはその根元に、たくさんのウミグモ類が見えることもあるんですよ」そこでバーハインが楽しげに割り込んだ。「ここには奇妙なもの

促した。

スコットの後ろに立っていたゴンザレスが交代を申し出た。「少し寝たほうがいい」と彼女は

けた。スコットがうなずいて超高解像度4Kカメラを準備する。

映像を撮りましょう」彼女は映像を記録しているレイチェル・スコットという女子学生に目を向

「ここはいい感じに酸化した一帯で」と、ケリーが画面を指さした。「埃《ほこり》が落ち着いたら、4K

がどっさりだ」

スコットは首を振った。「睡眠は弱虫のためのもの」

「ここの水は過熱されています」バーダロが視聴者に告げた。「摂氏三〇〇度くらいかな。チムニーの両側一ミリは摂氏二度なんだけど」硫化水素のジャクージでくつろいでいるハオリムシの映像が拡大された。「うん、完璧よ、申し分ない」と、ケリーが言った。

ガラパゴス諸島で発見されて以来、ハオリムシは深海噴出孔と化学合成のマスコットになった。羽毛部分《プルーム》の赤色はヘモグロビンを豊富に含んだ血液で、酸素だけでなく硫化水素の運搬にも適応している。彼らには目も口も腸も肛門もない。どんな動物であれ、それは不公平な仕打ちだと思うかもしれない。しかし、蠕虫の生態は彼らの環境に適したものだ。皮膚から細菌を吸収し、栄養体部《トロフォソーム》と呼ばれる特殊な器官に収容するのが彼らの食事法だ。噴出孔の液体が上に打ち寄せてくると、えらの役割を果たすプルームからそれを吸い込み、そのあとの仕事は細菌が引き継ぐ。この化学物質を咀嚼《そしゃく》してエネルギーに変換し、宿主と分け合うのだ。ハオリムシにとっては一生が晩餐会だ。

私は座席に体をあずけ、このすべてを頭に取り込んでいった。燃えるように熱く、蠕虫が跋扈《ばっこ》する、大騒ぎの場であるにもかかわらず、エル・グアポを見ていると催眠術にかけられたような心地がした。ブラックスモーカーを見て、仕事の締め切りや、歯医者の予約、きつくなったズボンのことなどは考えていられない。ひたすらその存在に浸るしかない。人間の考え、人間の信じていること、人間の関わり合い。そういったことのどれひとつ、この別世界では必要とされていない。「これがずっと続いていくだけ」と、ケリーは言った。「私たちがここにいることなんて、（エル・グアポは）全然気にしていないのよ」

バン内でディスコボールが回り、デヴィッド・ボウイがトム少佐の宇宙の旅『スペース・オディティ』を歌う中、画面に映し出される現実離れした映像に誰もが心を奪われていた。たしかにここは、私が水中に入らずに海の深淵へ最接近できる場所だった。だが、私は水中に入る必要があった。そしてこのあと、同じように感じている人たちと出会うことになる。オレゴンを発つ前、私は紙に書かれたふたつの電話番号を手に入れた。アトランティス号を降りたあと訪ねた人からの、思いがけない贈り物だった。この連絡先が予想もしなかった形で深海世界への扉を開いてくれることになる。ひとつ目の番号は、近ごろ世界初の商業用全深度潜水艇《フルデプス》を建造した会社の所有者のもの。全深度潜水艇とは、それが安全かつ繰り返し潜水できない場所はこの地球上にはない、という意味だ。ふたつ目の番号は、その潜水艇を所有し、これから自分の新しい潜水艇とその支援船を海へ送り出そうとしている男性のものだった。

第四章

黄泉の国《ハデス》で起こることは……

これはただの潜水だと自分に言い聞かせることはできた。
もちろんそうではなく、私はそれを知っていた。
——ジャック・ピカール

オレゴン州ドーラ
トンガ――首都ヌクアロファ

ニューポートへ戻ったところで私はアトランティス号をあとにしたが、オレゴン州を離れたわけではなかった。この州には別の予定があった。巡礼の旅というか、「アメージング・レース」〔アメリカのリアリティ番組〕の一行程のようなものだ。ニューポートから車を東へ走らせ、ユージーンを過ぎてローズバーグまで南下したあと西に折れ、クーズ・ベイ・ワゴン・ロードに乗り、イーストフォーク・コキール川に沿ってオレゴン・コースト山脈の山々を通り抜けていった。このルートには四輪駆動車と全神経の集中、そして轟音をたてる木材運搬トラックを恐れない勇気が必要だった。この道で私は巨人の王国の深部へ入り込んでいった。高貴なたたずまいを見せるシトカトウヒ、ベイスギ、ベイマツなどの巨木が苔《こけ》の触手に覆われ、そのそばには見るのが痛々しいくらい生々しい伐採の傷跡が走っていた。

ジェットコースターのようだった道がしばらくすると平坦になり、山麓の丘に囲まれた緑豊かな谷が出現した。セメント色の空の下、エメラルド色の草原でエルクが草を食《は》んでいる。こうして私は人口百五十人のオレゴン州ドーラに到着した。米海軍の深海潜水最高パイロット、ドン・ウォルシュ大尉がいるとは思えないような場所だった。

最初からウォルシュは私の深海関連の電話リストのいちばん上にいた。伝説というのは使い古された言葉だが、彼の場合はこれが適切だ。ウォルシュと話す機会を逃したら、海洋本の面目は丸つぶれになる。共通の友人を介して連絡すると、彼はすぐ返事をくれた。「喜んでお会いします」と、電子メールにはあった。「あなたがまだ知らないことをたくさん提供できるかはわからない。しかし、努力は惜しみません」と。メールには六ページにわたる職歴が添付されていた。バケツリスト〔死ぬまでに達成したいことリスト〕さながらの内容で、ウォルシュはすでにそのすべてを達成していた。

何から始めたものか？　深海の海底に初めての到達を果たしたあと、ウォルシュとピカールはホワイトハウスでアイゼンハワー大統領から歓迎を受けた。ウォルシュは勲功章《レジオン・オブ・メリット》、ピカールは海軍の公共奉仕功労賞を授けられた。ピカールはスイスへ戻った。トリエステ号は海軍の道具一式に残ったものの、その壊れやすさが懸念され、活動はより浅い水深に限定された。その後まもなく、同号の活動は完全に停止された（海軍の図面には新たな潜水艇がひかれ、最終的にアルビン号となるものの構想が練られていた）。

潜水艦の艦長を務め、朝鮮戦争とベトナム戦争を経て退役し、アポロ十一号のパイロットと肩を並べる海中パイロットとなったウォルシュには輝かしい前途があった。一人の人間に可能なかぎり、そのキャリアに目新しい業績、奉仕、学習、冒険を詰め込んでいった。長年のあいだに六十回の極地探検を行い、海洋学博士を含む学位を三つ取得し、複葉機、水上機、グライダーを操縦し、ロシアの深海探査艇ミールを駆って、深海の墓場に沈んだタイタニック号とビスマルク号の艦橋の上に水中静止した。ウォルシュはアメリカ海軍に十一ある研究所すべてで副所長を務めた。国防総省や国務省、NASAの諮問グループでも海洋関連の職務をこなした。南カリフォルニア大学では〈海洋沿岸研究所〉の創設ディレクターを務めた。ウォルシュの略歴には「大統領指名」のセクションがあって、何ページにもわたる栄誉の索引があり、ある時点で彼の人生の大きさに圧倒されて、すべての言葉は単音節の一語に収束する。ワオ。

大聖堂のような森に立つヒマラヤスギ材の牧場様式住宅《ランチハウス》の前で、私は車を止めた。玄関ドアが開き、ウォルシュが玄関ポーチへ出てきて迎えてくれた。眼光鋭い青い目を持つ小柄な男性で、頭髪は雪のように白いふさふさの巻き毛、しわくちゃの緑色のポロシャツにカーキズボン、そしてスリッポンのデッキシューズ。私が車の運転でへとへとに見えたらしく、ウォルシュは彼と妻のジョーンがこの人里離れた谷に住みついたいきさつから語り始めた。三十年前、ジョーンが自分の原生林愛と彼の海洋愛を融合させる家を探し当てたところで、「南カリフォルニアという名の駐車場」から脱出したのだ、と彼は説明した。パナマ沖の船で仕事をしていたウォルシュは、「おめでとう、これであなたはオレゴン州の南西部にある九〇エーカー〔約三六ヘクタール〕の牧場オーナーよ」というファクスを受け取り、彼女の家探しが終わったことを知った。

「納屋、工房、土地を囲うフェンス、三種類のサケが遡上する八〇〇メートルの川、牧草地をパトロールするタカ、木々……」とウォルシュは列挙してからひとつ間を置いた。「とにかく、ここに住み続けるよ。この場所に心酔しているんだ」

　私はウォルシュのあとから家に入り、階段を上って彼の仕事部屋へ向かった。湾曲した窓とアーチ形の高い木の天井が特徴だ。私は鷲《わし》の巣を連想した。鷲が司書ならばだ。この部屋には八千冊の本があった。「どの本も自分の子どもみたいなものでね」ウォルシュは笑いながら言った。「別れるのがつらくて手放せないんだ」

　当初、私は二、三時間話ができたらいいと思っていた。私が訪ねたときウォルシュは八十七歳で、どれだけ時間をもらえるかわからなかった。だが、彼のエネルギーと鋭敏さは半分の年齢の人のそれであることがすぐに明らかになった。この一年で十五カ国を旅した、と彼は言った。「最悪の罪は〝退屈〟だからね」彼は剽軽《ひょうきん》なユーモア感覚と難解な専門的詳細の記憶能力を兼ね備えた天性の語り手だった。彼の話に耳を傾けるのは楽しかった。もちろん、ネタには事欠かない。

　私たちは部屋の片隅に座り、紅茶を飲みながら話していった。何分かごとにウォルシュは「アーサー・C・クラーク〔米SF作家〕は潜水仲間だった」とか、「任務で二カ月間ずっと水中に潜っていたこともあった」といった驚きのエピソードを差し挟んだため、彼の言う「深海潜水」にたどり着くまで少々時間がかかった。

　彼がトリエステ号の第一印象を回想した記事のことを、私は尋ねてみた。いい印象ではなかったと記事にはあった。あのバチスカーフに「爆発が起こったボイラー工場」のような「奇妙な金属片の集まり」という印象を抱いたという。そのときは、「あんなものには絶対乗らない」と思ったそうだ。

「だったら、なぜ乗ったんですか？」

ウォルシュはいたずらっぽい笑みを浮かべた。「そうだな、スコット・カーペンターから聞いたんだが……」と、彼は思い出し笑いをしながら話し始めた。「彼はこう言ったよ。『あの宇宙船に乗って、中に座っていたら、ヒューズがパッと光って切れた。そこで気がつく。安物だ！』」ウォルシュは霊媒師よろしく、出発に二の足を踏んだマーキュリー七号の宇宙飛行士を呼び出した。「『うーん、今日はやめようかな。梯子《はしご》を戻してくれないか？』」ウォルシュは椅子に背中をあずけて笑った。「状況に後押しされることもあるってことさ」

それだけではない。じつは、ウォルシュは状況に押されてトリエステ号の指揮官になったのだ。ほかの人が選ばれていてもおかしくはなかった。しかし、運は勇者に味方する。ウォルシュは勇者だった。そもそも深海の任務に志願していなければ、トリエステ号に近づくこともなかったはずだ（「私は『バチスカーフ』という言葉の綴りも知らなかったんだ。それは一語なのか、二語なのか？」）。仲間の潜水艦士官たちがこのチャンスに列をなしたわけでもなかった。のちにウォルシュは、志願者は自分一人だったことを知る。「探検とは好奇心に駆られて行動することだと思っている」と彼は言い、「行動する《アクト》」という小さな動詞の力を強調した。月の軌道を周回したり、超深海帯を巡ったりといった本当に特別なことを偶然成し遂げる人はいないのだ。

ウォルシュと結束の固いチームはグアムで六カ月間、深海への潜水が無謀な冒険にならないようにする努力を惜しまなかった。試験潜水を繰り返し、トリエステ号の性能を試した。「きしみやうめき声に耳を傾け、何が故障しそうか、どう修理したらいいか、それが通常の音なのか異常な音なのか、我々はじっと耳を傾けていた」とウォルシュは振り返る。「そうすることで船の機嫌がわかってきた」

彼とピカールがハッチを閉じたときは（次の停泊地はチャレンジャー海淵《かいえん》だ）、発進には危険な状況だったにもかかわらず、彼らは自信満々だった。というか、自信満々に近かった。「怖がっている暇はない」ウォルシュは言った。「扉の中に恐れを入らせてやる気はなかったし、恐れを感じたこともなかった。ただ仕事に取りかかるのみだ」さらに、熟練の潜水艦乗組員として、「閉所恐怖症に襲われそうな状況で水中にいることが私の生きがいだった」と彼は言った。

この静かなプロ魂こそ潜水艦部隊の品質証明だった。「潜水艦隊《サイレント・サービス》と言うが、まさしく沈黙の奉仕だよ」とウォルシュは述べている。「私たちは自分たちのすることについて語らない」彼に言わせると、チーム・トリエステに「国旗やワッペンで飾られた英雄的パジャマという形での自己顕示欲」はなかった。目立ちたいという気持ちはいっさいなかった。気取りたいという思いも。「すべてを控えめに、目立たず遂行したかった」

深海潜水を象徴する、小さいながら象徴的な出来事があった。伝統的に潜水艦将校は金《きん》のピンバッジを身につける。そこには、潜水艦の船首を挟んで「潜水」と「再浮上」の達人を表す二頭のイルカが描かれている。ウォルシュは海軍の深海潜水艇パイロットたちのために、トリエステ号を採り入れた特別版をデザインした。見せてもらえるかと私が訊くと、彼は陳列ケースを開けて、宝石箱を取り出し、手渡してくれた。ピンバッジは温かった。鮮やかなマットゴールド色で、浅浮き彫りの繊細な彫刻がほどこされていた。ダイヤモンドは要らない、と私は思った。大事なのはイルカだ。

ウォルシュはピンバッジを箱にしまった。私が窓の外に目を向けると、日が翳《かげ》りかけていた。少なくとも六時間は話をしていたし、ウォルシュはまだ元気だったが、私は日没後にワゴン・ロードを走る気になれなかった。車まで歩いていく途中、私は彼に、〈ファイブ・ディープス〉〔五大洋最深部の探査〕と呼ばれる探検について何か耳にしているかと訊いてみた。最近、ビクター・ベスコボというテキサス州の実業家兼探検家がチャレンジャー海淵をはじめ、海の最深部まで潜水できる（そして、そこから戻ってこられる）二人乗り潜水艇を建造するため、「トライトン・サブマリンズ」という民間企業と契約した、という記事を読んだのだ。本当かどうか、私は知らなかった。

「ああ、ビクターか！」ウォルシュは明るい表情で言った。彼はこの探検に詳しいだけでなく、その一員でもあった。マリアナ海溝へ同行する予定だという。彼は探検隊メンバーのことも知っていて、深海のオールスター・チームだと教えてくれた。

ウォルシュはベスコボと「トライトン」の社長パトリック・ラーヒィの連絡先を教えてくれ、電子メールで紹介しようと言ってくれた。この探検はすでに動きだしているからすぐ連絡を取るように、との助言もくれた。私は「もちろんそうします」と答え、改めて彼にお礼を言い、車での移動に備えて気を引き締めた。小雨が降り始めたので、ウォルシュは私を残して家へ戻っていった。「ひょっとしたら、乗船の機会を得られるかもしれない」という考えを私の中に残して。

まずラーヒィに電話をかけることにした。ウォルシュから詳細を教えてもらってはいたが、べスコボに連絡するのはさらに情報を仕入れてからにしたかった。トライトンが最先端の有人潜水艇を建造しているという噂は耳に入っていた。ジョージ・ジェットソン〔テレビアニメ『宇宙家族ジェットソン』の父親〕が操縦するような潜水艇、つまりパイロットと乗客が透明なアクリルの泡の中に座る水中宇宙船を見たことがあったら、あれが同社の技術革新レベルと思っていい。同社の潜水艇は深海を体験する方法に革命をもたらした。三四〇度のパノラマビューを備えたトライトンの透明な船で薄暮帯《トワイライトゾーン》を飛べば、海をひとつの大きなサイケデリック水族館として見ることができる。

つまり、もしあなたが潜水艇を買いたいと思い、それがほかのさほど革命的でない潜水艇の性能を上回ることを願っていて、請求書の大きな数字にたじろぐタイプでなかったら、トライトンこそ電話をかける会社なのだ。二〇一四年九月、ビクター・ベスコボはまさしくそれを実行した。水深一〇〇〇メートル程度への潜水が可能で、大立て者の標準的なヨットから発進できるくらい軽いトライトンのアクリル球体型潜水艇を選んだほかの顧客とは異なり、ベスコボには、メニューに載っているものを注文する気はなかった。彼が考えていたのは水深一万一〇〇〇メートルまで潜ることができ、超深海帯《ヘイダルゾーン》を自由に走りまわれる潜水艇だった。ロボットが火星を縦横無尽に駆け、人工知能がにおいを嗅ぎ分けられるようになった時代、彼にとってはそれが明快な要求に思えたのだろう。

いや待て。安全で信頼できる超深海帯用有人潜水艇。それは矛盾した概念ではないのか？　取り組むべき頑固な物理法則があった。一平方センチあたり一トン以上の圧力がかかる泡の中で、どう人を生かしておくかという基本的な問題だ（参考までに、この圧力は燃料を満載したボーイング七四七を二百九十二機積み重ねたときかかる負荷に等しい)。この潜水艇には圧壊に耐えられる強度を持つと同時に、荒涼とした地形をも操縦できる機敏性や、人を積める頑丈さが求められるが、中サイズの船から発進できるコンパクトさも必要だ。あらゆるワイヤー、ボルト、回路基板、バッテリー、あらゆるコンデンサー、Oリング、ガスケット。そのすべてが巨大な圧力と氷結温度と腐食性の塩水という環境にあっても「絶対安全」でなければならない。さらに、その状態を長期間維持できる必要がある。

技術的理由、財政的理由、さらには心理的理由までもが山積みで、これまでこういう乗り物は存在しなかった。乗組員を乗せて何度も潜水できる現代的な全深度潜水艇の建造を経済的に可能と判断した国はなかったし、それに取り組む価値があると判断した国もなかった(中国は試みていると主張していたが)。どの機関もそこを目指してこなかった。どこの軍事機関も、どんな億万長者の技術集団も。黄泉《ハデス》の国、すなわち超深海帯を訪れたいと熱望する人間は皆無に近かった。科学者でさえロボットを送るほうが賢明と考えていた。しかし、そう考える人たちさえたくさんいたわけではない。

水深九〇〇〇メートル以深の海底を定期的に往復するという挑戦は工学的に非常に複雑な問題を抱えていたため、それまで海溝で働くことができたロボットはわずか四体だった。それにもトラブルがなかったわけではない。二〇〇三年、四〇〇〇万ドルをかけた日本のロボット「かいこう」はケーブルが切れて行方不明になった。その六年後、ウッズホール海洋研究所は無索でも有索でも運用できるハイブリッド遠隔操作無人潜水機「ネーレウス」を発表した。それまでに建造された中で最も洗練された深海ロボットだ。ネーレウスにできないことはそれほど多くなかったが、超深海帯での生存となると話は別だった。二〇一四年、ネーレウスはトンガ海溝の真南に位置するケルマデック海溝で圧壊した。ロボットの破片が水面に浮いてくるところを科学者たちは調査船から見つめ、絶望の思いに打ちひしがれた。

この超深海帯における挫折の時期に、ある例外的な出来事があった。ウォルシュとピカールがトリエステ号で成功してから五十二年後の二〇一二年三月二十六日、映画監督で海洋探検家でもあったジェームズ・キャメロンが、史上三人目となるチャレンジャー海淵への潜水を果たしたのだ。単独での成功は史上初で、これは特注の一人乗り潜水艇で成し遂げられた。同じ半世紀で二百人が国際宇宙ステーションへ飛び、数千人がエベレストの頂上に立ったことを考えれば、二度目の世界最深部への探検にこれほど長い時間がかかったのは不思議としか言いようがない。

キャメロンの潜水は、海にはまだ大いなる深淵があり、いまだ調査されていないことを思い起こさせた。「たった一日で私は別の惑星へ行って帰ってきた」と、彼は浮上するなり語った（ウォルシュもこの場にいて、ハッチから出てくるキャメロンを祝福するため甲板に立っていた）。私はこれを記念碑的快挙と感じ、仕事部屋でナショナル・ジオグラフィックのウェブサイトに目を釘づけにして潜水の経過をリアルタイムで追いながら涙を流したことを覚えている。海の奥深くに潜む謎に不変の関心を持つ者にとって、これは重要な出来事だった。きわめて重要な。

しかし、ネオングリーン色でロケットのような形をしたキャメロンの潜水艇「ディープシーチャレンジャー」号が潜水することは二度となかった。海溝の底にいた二時間三十八分で十二基あるスラスタのうち十一基が故障したのだ。同号は無事任務を終えたものの、超深海帯での苦闘は明らかだった。

あれから七年、技術的には永遠とも思える時間が流れた。バッテリー、素材、電子機器、ソフトウェアなどあらゆるものが進歩した。自分たちの惑星の大きな塊を無視していてはいけないのではないかと、人の姿勢まで変えた。トライトン社はベスコボの委託に応じたが、それ以上に大事なことがあった。そのタスクを完了したのだ。二〇一八年末、同社は従来のものとは似ても似つかない全深度潜水艇をデビューさせることに成功した。

この二人乗り潜水艇はパッド入りのブリーフケースを思わせる形状で、楕円形の縁は流線形をしていた。耐圧殻はチタン製の直径一・五メートルの球体で、船底に位置している。球体から三つのアクリル製のぞき窓が外を見つめる様は、ぽっちゃり型のエイリアンの顔を思わせた。そして二〇一八年十二月十九日、ベスコボは彼の新しい潜水艦を操縦して初の超深海帯へ潜航し、プエルトリコ海溝の水深八三七六メートルの海底に到達した。

これだけでもシャンパンの栓を抜いてしかるべき偉業だが、ベスコボの偉業はまだ始まったばかりだった。彼の目標は世界の五大洋の最深部すべてに潜ることだった。この探検が〈ファイブ・ディープス（五大深海）〉と名づけられた所以《ゆえん》だ。彼がこの目標を追い求める理由は単純だった。誰もそれを果たしたことがなかったからだ。ベスコボは潜水艦といっしょに全長六八メートルの母船を買って改装し、経験豊富な支援チームを雇い、一流の科学者たちを招いた。プエルトリコから移動した〈ファイブ・ディープス〉チームは南極海のサウスサンドウィッチ海溝でふたつ目の超深海帯への潜水に成功し、サウスジョージア島に立ち寄り、極地探検家アーネスト・シャクルトンの墓前でウィスキーをワンショット掲げて祝杯を上げた。ウォルシュが示唆したように、もし私がこの船の一員になれたら深海の歴史が作られる現場に立ち会うことができるだろう。

私が連絡を取ったとき、パトリック・ラーヒィはフロリダ州セバスチャンのトライトン本社にいたものの、ベスコボが次に予定していたインド洋ジャワ海溝への潜水に向けてこれからインドネシアへ飛ぶところだった。ラーヒィは旅程の概略を教えてくれた。ジャワ海溝のあと、〈ファイブ・ディープス〉はマリアナ海溝へ向かい（ウォルシュも同行）、そのあとトンガ海溝へ向かう。それから大西洋へ戻って、沈没したタイタニック号のそばへ下り（行かないわけがある?）、そのまま北上して北極海のモロイ海淵で最後の潜水を敢行する。探検は順調に進んでいるようですねと私が言うと、ラーヒィは一瞬ためらったあと、ちょっと曖昧な答え方をした。「我々は厳しい教訓を得た」と。しかし、その声は明るかった。

ラーヒィは五十六歳だった。気さくで、話し好きで、彼の自伝をもとに私が投げた何十もの質問にも嫌がる様子はなかった。私はたちまち彼を好きになった。私と同じくオンタリオ州の南部で育ったにもかかわらず、私と同じく海に心を奪われていたからだ。ラーヒィは同州のオタワで育ったが、彼が七歳のとき、運命の介在で一家はカリブ海の島国バルバドスに移り住み、そこで三年を過ごした。「あそこに行くまで、海を見たことがなかった」彼は私に語った。「あそこで海と恋に落ちたんだ」

塩水以外に刺激的なものはどこにもない。凍てつくオタワへ戻ったラーヒィは、両親を困惑させるくらい水中に執着した。同じ十三歳のほかの子たちが漫画を読んでいるとき、彼はスキューバのライセンスを取るための勉強をしていた。友人たちが「ホッケー・ナイト・イン・カナダ」を見ているとき、彼は氷で覆われた湖に潜る準備をしていた。そして、しかるべきときが来たとき、大学をやめて職業潜水学校に乗り換えるのは難しい選択ではなかった。「父はがっくりしていた」と、ラーヒィは回想する。「冗談だろう？　おまえは学業優秀なのに、それを全部捨てる気なのか？」父親が息子に描いていた職業像に海中での溶接や削岩、そのあと高圧酸素治療室で何時間もかけて行われる減圧は含まれていなかった。もちろん、ラーヒィの考えはちがった。「家へ給料を持ち帰るために、オフィスで好きでもないことをしているところを想像してみろ」

彼は十八歳のとき、ヘルメット潜水士として職業人生をスタートし、深海の石油採掘施設やパイプラインでの建設作業に携わった。小さな不手際で命を落としかねない職業だ。ラーヒィが潜水艇を操縦する最初のチャンスを得たのは、二十代になったばかりのころだ。マンティス十一号と呼ばれる一人乗り潜水艇だった。油井《ゆせい》の噴出防止装置を点検するため、誘導ワイヤーに潜水艇のマニピュレーターアームを固定して水深四三〇メートルまで下りた。単調な任務にもかかわらず、ラーヒィは彼以前のウィリアム・ビービと同様、水の透明度とその色に驚嘆し、まばゆいばかりに美しい青色で世界観が一変した。「初めて潜ったときから虜《とりこ》になった」

一九八〇年代は有人潜水艇の黄金時代、つまりロボットが海底労働を担う前の時代だったため、彼のパイロット技術は引っ張りだこだった。北海の石油プラットフォームで働き（「あれは潜水のスーパーボウルだった」）、メキシコ湾のプラットフォームでも働いた。一九八六年、スペースシャトル・チャレンジャー号が打ち上げ直後に爆発して粉々に吹き飛んだとき、ラーヒィはその破片を見つけるため、大西洋の海底へ派遣された。北マリアナ諸島では、第二次世界大戦時の沈没船のそばへ観光客を案内した。韓国では四車線の海底トンネルの建設に携わった。

仕事から仕事へ、潜水艇から潜水艇へと渡り歩いた。当時はいろんな種類の奇抜な潜水艇があった。空飛ぶ円盤やフットボールやカニに似た潜水艇があって、「ディープジープ」「スヌーパー（嗅ぎまわる船）」「ベン・フランクリン」「グッピー」といった名前がつけられていた。幹線道路《ハイウェイ》を車が走るように潜水艇が水中を走りまわり、日常的な娯楽用の乗り物になっている未来を、一瞬ながら垣間見ることができた。

その瞬間は長くは続かなかったが、深海をロボットに明け渡すつもりなどさらさらなかったラーヒィは別の可能性を頭に描いた。潜水艇がより小さくなり、より洗練され、操作や維持管理がより簡単になり、ステータスシンボルになるくらい魅力的になれば、そこには間違いなく有望な市場が生まれる。ターゲットはヨットの所有者だ。彼らはすでに海に出ていて、お金に糸目をつけない。ｉＰｈｏｎｅのように美しくデザインされた潜水艇をシガレット・ボートやヘリコプターの隣に駐《と》めておいてはどうでしょう？

ラーヒィは二〇〇七年、アクリル製球体や、そこそこ広い頭上の空間、豪華な革張りの座席など、人目を引きやすく人が使いやすい新世代潜水艇の開発に向けて、〈トライトン・サブマリンズ〉を共同創業した。最大深度は薄暮帯《トワイライトゾーン》を超えなかったが、海の崇高さを味わうにはそれで充分だ。

この潜水艇はヨット所有者に大好評だった。没入感のある映像体験を喜ぶ映画制作者や科学者にも。

ヘッジファンド界の大物レイ・ダリオが二〇一二年、彼のトライトン潜水艇をある海洋生物学者グループに貸し出したところ、彼らは日本沖でダイオウイカの映像撮影に初めて成功した。それまで、この巨大イカとの遭遇はくすんだ薄紫色の死体をながめるにとどまっていた。この潜水時まで、動いているダイオウイカを目撃した人間は一人もいなかったのだ。科学者たちは唖然とした。この巨大生物はくすんだ色どころか、まるで銀や青銅に浸したかのように金属的な色をしていたからだ。その動きには水そのもののような流動性があった。長い触腕に吸盤がちりばめられ、ホイールキャップのような目がじっとカメラを見つめていた。

海の下にはほかにどれだけの啓示があるのだろう？　確かな経験則によれば、深く潜るほど状況は不思議になる。ラーヒィは数十年の経験を総動員して地下世界の最深部を探検できる潜水艇の建造に邁進した。二〇一一年時点でトライトンのウェブサイトには「36000／3」の実物大模型が掲載されていた。乗組員三人を水深三万六〇〇〇フィート〔一万一〇〇〇メートル〕、つまり全深度へ運ぶことができる潜水艇だ。だが、この夢のマシンはピクセル上にしか存在しなかった。六〇〇〇メートル以深へ降下したいという熱烈な願望を持つ人間が七桁の小切手を立て続けに切らないかぎり、乗り物が黄泉《よみ》の国、超深海帯へ向かうことはない。金属球に封印されたまま海面から何キロメートルも下の恐ろしげな漆黒の闇へ急降下したいと願う大金持ちが、どこの街角にもいるわけではなかった。

しかし、一人だけ例外がいた。ビクター・ベスコボだ。私がラーヒィに電話をかけたとき、彼はベスコボのことを「とんでもないユニコーン」「ちょっとしたバルカン人〔『スター・トレック』に登場。徹底した論理的思考と無感情が特徴〕」と表現していた。興味深い組み合わせだ。ベスコボと話すのが楽しみだったが、彼はインドネシアへの途上にいたため、ラーヒィの提案で、私は探検隊に同行させてもらえないかとメールを書き送った。問い合わせに返事が来るまで数週間かかることも珍しくはないが、ベスコボはそういうタイプではなかった。彼の返事は迅速だった。「しばらくでよかったら、喜んであなたの乗船を受け入れます」と彼は書いてきた。「合流地はトンガがいいのではないでしょうか」

ニュージーランド航空270便はヤシの木が生い茂る滑走路に着陸し、パイロットが急ブレーキをかけて、素早く機体をUターンさせた。長い地上走行《タキシング》は必要ない。ファアモツ国際空港は、トンガ王国という小国の小さな島にあるマッチ箱のような建物だった。百七十の島々から成るこの群島は、空から見るとコンマとピリオドの羅列にセミコロンが一、二個といった感じだ。太平洋という壮大な小説の中では句読点に過ぎない。トンガの本島トンガタプの面積は二六〇平方キロメートルでしかない。

しかし、トンガは陸地こそ物足りないが、周辺には雄大な海が広がる。トンガタプ島にある首都ヌクアロファから二九〇キロメートル南へ航海すれば、ホライゾン海淵と呼ばれる海底の裂け目が一万八五〇〇メートル下に横たわっている。この海淵は長さ一三七五キロメートルに及ぶトンガ海溝の最深部で、マリアナ海溝のチャレンジャー海淵にはわずかに及ばないが、世界で二番目に深い。観光パンフレットにこそ載っていないが、トンガ海溝の超深海領域は地下世界の驚異のひとつだ。

極端さを競うという意味で、トンガ海溝とマリアナ海溝はいい勝負だ。どちらも黄泉の国にある逆さの山の頂《いただき》であり、人を寄せつけない目的地の二大王者であり、星間空間くらい情け容赦がない。超深海帯にある海溝はどれもそうだが、彼らも「沈み込み」によってつくり出された。ある地殻プレートが別のプレートの下に潜り込むと、下のプレートが湾曲し、V字形の深い海溝を形成する。地球の海洋には超深海海溝が二十七ほどあり、うち二十三は環太平洋火山帯（太平洋の周囲を取り巻く沈み込み帯）に位置している。その中で一万メートルより深いものはマリアナ海溝、トンガ海溝、ケルマデック海溝、フィリピン海溝の四つにとどまる。私たちの目にはほとんど触れないが、地球で最もドラマチックな特徴を備えた巨人《ティターン》たちと言っていい。

マリアナ海溝は海底ホラー映画の舞台になったことがあるが、より恐ろしいのはトンガ海溝のほうだ。アポロ十三号のミッションが頓挫した際に沈んだ三・六キロのプルトニウムが海底に存在することを別にしての話だ。トンガ海溝のほうが険しく、厳しく、地震が起こりやすい。つまり、活動的なのだ。トンガ海溝の北端では太平洋プレートが年間約二三センチという驚くべき速度でオーストラリアプレートの下へ沈み込んでいる。地殻プレートがこれほど美味しそうに貪《むさぼ》り食われ、海山や火山がディナーロールのように平らげられている場所はほかにない。地質学的大破壊のビュッフェなのだ。

ときおりトンガ海溝は消化不良を起こし、マントルのはるか下から地震を吐き出すことがある。世界最深級の地震は大半がこの海溝で発生し、海底数百キロメートルでゴロゴロ鳴り響く。二〇〇九年、太平洋プレートのスラブが沈み込む際にひび割れて、トンガ海溝が咆哮《ほうこう》をあげた。マグニチュード8・1の地震がマグニチュード7・8のふたつの地震を誘発し、三つの地震が同時に発生したためにトンガとサモアを襲う津波が発生した。

アンコールとして、トンガの海底火山のひとつが長さ三キロメートル超、幅二・四キロメートルの新しい島、現在フンガ・トンガ＝フンガ・ハアパイの名で知られる島を吐き出した（二〇二二年一月、同じ火山が歴史的猛威を振るい、蒸気と火山灰を五八キロメートル上空の中間圏《メソスフィア》へ噴き上げ、震源地では高さ八八メートルの津波を引き起こし、世界じゅうに衝撃波を送り込んだ）。二〇一九年には、ラテイキと呼ばれるトンガの別の島が海底噴火中に深海へ消えたが、ほんのわずか異なる場所にふたたび現れた。

飛行機にタラップが装着され、客室乗務員が扉を開けた。私は頭上の手荷物入れからバッグを取り出し、熱気と陽光とジャスミンの香りがする空気の中へ足を踏み出した。飛行場に面した屋根付き通路でトンガ人家族がオークランドから帰国する親族を待っていた。ウクレレ・バンドが到着を歓迎するセレナーデを奏でていた。

私は人波に押されるように駐機場を横切って、ターミナルへ向かった。「銃を持っていますか？　刃物は？　麻薬は？」といった簡単な審査を受けたあと、手荷物受取所に通された。大勢の人が詰め込まれた、うだるように暑い部屋だった。頭上で天井ファンが回っていたが、なんの慰めにもならない。周りを見まわすと、同じ飛行機でやってきた七人の男性がいた。オークランドの搭乗ラウンジで初めて会った一団だ。
ラーヒィとトライトンから来た彼の専門家チームは、まばゆいばかりの高揚感を味わったばかりだった。二〇一九年五月、私がトンガに到着する三週間前、ベスコボはチャレンジャー海淵に着底を果たした史上四人目の人物になっていた。彼とラーヒィはマリアナ海溝でさらに四度、計五回の水深一万五〇〇〇メートル以深への潜水を行った。そしていま、探検隊は次なる探検地、太平洋へやってきた。ホライゾン海淵への初の有人探査に向けて。

税関エリアでトライトンの二人の技術者、フランク・ロンバルドとティム・マクドナルドが特別な検査のためわきへ引っ張られていった。荷物に機械部品、スラスタのモーター、パイプ、ホース、ワイヤー、ダイヤル付きの電子部品が詰め込まれていて、ガチャガチャ音をたてていたせいだ。

マクドナルドは三十歳のオーストラリア人で、トライトンファミリーの最年少。鳶色《とびいろ》の巻き毛、アスリートのような体つき、そして、望みどおりの人生を歩んできたような晴れやかな雰囲気の持ち主だった。彼が情熱を燃やす対象のひとつは大波サーフィンで、陸上での多少の揺れには動じない。ロンバルドもスーツケースが引っかき回されているあいだ平然としていた。長身のがっしりしたフロリダ州出身者で、白髪まじりの髭《ひげ》をたくわえ、「でたらめは言わない、自分はすべてを見てきた」と、南部風の母音を伸ばしたゆっくりの発音で言った。数十年にわたり危険な職業潜水をしてきた経歴の持ち主だ。

私はターミナルの外でラーヒィに追いついた。彼は歩道に立って、荷物に囲まれていた。「我々はいつも船や科学者や潜水艇のために機材を運んでいるんだ」と彼は笑いながら説明した。「基本的に、ラバみたいなものさ」ラーヒィには陽気なたぐいの不敬さが感じられた。チームといっしょにいる彼を見ていると親玉であると同時に首謀者でもあることがはっきりわかる。髪までがエネルギッシュで、ブラシカットの銀白色の髪をツンツンに立てていた。「ずっとこういう潜水艇を造りたかったんだ」と私に言った彼の声は明らかに興奮していた。「ナプキンの裏に設計図を描いて見せられる機会は限られている。ビクターがその機会を与えてくれた」

まもなくトライトンの上級技術者《シニア・テック》ケルビン・マギーが加わった。カナダ・ブリティッシュコロンビア州の出身で煉瓦のような体つきに満面の笑みをたたえた五十三歳は、「マクガイバー」的な問題解決法に定評があった。彼は潜水艇のパイロットであり、幅広い才能を持つ海のベテランであり、黙示録に際してはぜひとも自陣営に欲しい人材だった。「ケルビネーター」というあだ名をつけられていた。その彼がラーヒィに告げた。「バッグがひとつ行方不明だ。一万ドル相当のチタン部品が入っているのに」そこへティム・マクドナルドがターミナルから出てきた。

「おい、ティム！」ラーヒィが呼びかけた。「体腔検査〔肛門まで調べる厳しい検査〕を受けてきたのか？」

「ああ、ご承知のとおりさ」マクドナルドはにやにやしながら答えた。

ラーヒィは私に向き直った。「じつはティムはとても優秀な機械技師なんだ。高等教育を受けてきたが、そうは見せない」

ロンバルドら数人が行方不明だった。税関で消息を絶ったらしい。私は時差で頭がボーッとしていたので、ホテルへ向かうことにした。ベスコボの母船プレッシャー・ドロップ号はまだ沖合にいて、トンガ海溝の地図化《マッピング》に当たっていた。翌朝には港に着く予定だ。私はトライトンの乗組員に「船上で会いましょう」と言い、出発するシャトルバンの座席に腰を落ち着けた。

「プレッシャー・ドロップ号へようこそ」ロブ・マッカラムはカーキ色のショートパンツにリバーシューズ、〈ファイブ・ディープス〉の紋章をあしらったポロシャツという服装で甲板に立っていた。紋章は黒い盾にラテン語で「世界の最深部、知の世界へ」と記されていた。私は舷門と呼ばれる船の出入口を上がって、彼と握手を交わした。ドン・ウォルシュはマッカラムを、「今回のすべてのカギを握る人物」と評していた。マッカラムがこの探検隊の隊長であることを考えれば、妥当な評価と思われた。

地球規模の広大な範囲、空のように高いリスク要因、天候次第の予定表など、〈ファイブ・ディープス〉の計画と実行はゴルディオスの結び目のような難題の塊だったが、マッカラムは着実にその結び目を解きほぐしていった。「一度もいっしょに仕事をしたことのない人たち、再装備したものの一度も試験されていない母船、試作品の潜水艇を率い、これまで誰もしたことがなく現実に可能と思われていなかったことをやりにいく」と、彼は私に言った。「それ以外のことは朝飯前だ」

マッカラムは五十四歳のニュージーランド人で、パプアニューギニア育ち。ニュージーランドの国立公園で管理官《レンジャー》を務め、キャリアを通じて人里離れた場所で厄介な問題を解決してきた。彼が経営する〈EYOSエクスペディションズ〉社は「ノー」とか「できない」とか「不可能」といった言葉を聞きたくない顧客のために、毎年およそ五十もの野心的な旅を提供している。マッカラムはジェームズ・キャメロンのチャレンジャー海淵探検隊を率いた経験があり、彼がベスコボの探検隊を率いるのは理にかなった選択だったが、それだけでなくマッカラムは別格なのだ。命がけの風変わりな冒険に行くならこの男に任せたいと、誰もが思う人物だった。

　私はダッフルバッグを置いて周囲の光景を頭に取り込んだ。プレッシャー・ドロップ号は作業船で、ヨットとは見間違えるべくもない。冷戦時代にロシアの潜水艦を盗聴するため建造されたアメリカ海軍のストルワート級音響測定艦十八隻のうちの一隻だ（当時の名前は「インドミタブル〔不屈の〕号」）。シアトルの造船所に乾ドック入りしていたこの船をラーヒィが見つけ、作業支援船に推薦した。大々的なオーバーホールが必要だったが、スパイ活動に使われていただけに音が静かで海底通信にはうってつけだ。深海に下りたベスコボは水中音響モデムで通信を行う。彼の声が海溝の底から水上の支援船へ届くまで、七秒を要する（逆も同様）。エンジンノイズで超深海帯からの緊急メッセージがひずむ事態は絶対に避けたい。

　プレッシャー・ドロップ号の甲板には、各種クレーンと、小型ボートが三隻、衛星パラボラアンテナが一基あり、艦橋の上にはスカイ・バーと呼ばれる屋外ラウンジもあった。船尾のミッション・デッキに白い建造物が広がっていた。潜水艇格納庫だ。壁で覆われ風雨から守られた船は神秘的な雰囲気をたたえていた。ラーヒィがあとで案内すると約束してくれた。

　格納庫の前には無人探査機《ランダー》と呼ばれる機器が三つ並んでいた。狭い駐車スペースに押し込められたスマートカーといったたたずまいだ。箱形でかさばり、興奮をかき立てる見た目ではなかったが、潜水艇と同じくらい先進的で、潜水には欠かせない。「科学活動のピックアップトラックだよ」とラーヒィは説明した。カメラ、餌を付けた罠《わな》、探針《プローブ》、センサー、追跡・通信装置を装備し、水温や塩分濃度を測定するため事前に水中へ送り込まれる。潜水艇をバラストで安定させるために必要な情報なのだ。海底では食事にありつこうとする動物をおびき寄せて、その様子を撮影し、標本を集め、水のサンプルを採取し、航路標識の役割も果たす（水中にＧＰＳはない）。作業が終わると音響コードで呼び戻され、重りを捨てて浮上する。

ランダーの側面には奇妙な名前が刻まれていた。スカッフ、フレーレ、クロスプと。潜水艇自体はリミッティング・ファクター号と呼ばれていた。ＳＦファンのベスコボは母船や潜水艇、ランダー、支援船の名を、故イアン・Ｍ・バンクスの小説『カルチャー』シリーズに登場する早熟な超知性マシンから命名していた。

マッカラムから、ベスコボの到着は翌朝になり、彼が到着したあと大きな嵐を避けるタイミングを見計らって出発する、と説明があった。海溝の上への航海には二十時間が見込まれ、潜水地点で四日滞在、天候による不測の事態があった場合のために一日、ヌクアロファへ戻るのに一日が予定され、四十三人の乗客にとっては一週間の旅となる。マッカラムは私の船室への案内を甲板員に託し、私にこう指示した。「よし、じゃあ、四時に艦橋へ上がって安全説明を受けてください。五時にスカイ・バーで飲みましょう。用があったら、私は自分の小さなオフィスにいるか、でなければ狂ったように走りまわっている」

ベスコボは翌日正午に乗船し、髑髏《どくろ》と交差した骨の旗が壁から吹き飛ぶのではないかと思うくらい元気よくマッカラムの部屋へ入ってきた。隣接するドライ・ラボは広々とした部屋で、ミッション管制区域であり、人が集まる中心的な場所でもあって、十五人近い人が動きまわっていた。ベスコボがみんなに熱の込もった挨拶をした。彼の身ぶり手ぶりがこう言っていた。さあ、冒険を始めよう。

ベスコボの存在感は際立っていた。それまで会った誰とも似ていなかった。細身でよく動き、身長一八〇センチ、アイスブルーの瞳、ブロンドの髪をポニーテールにまとめ、短く整えた銀色の髭をたくわえていた。ワシのような精悍な顔立ちは猛禽類を連想させるが、礼儀正しい猛禽類だ。笑うときは歯が全部見える感じで、好奇心旺盛な十歳の子どもを思わせた。しかし、どこか年齢を感じさせないところがあり、別の時代、あるいは別の惑星から瞬間移動してきたかのようだ（「007シリーズの悪役みたいだ」と、あるときマッカラムが言った。「はたまた、ホワイト・ウォーカーか」とベスコボは返し、『ゲーム・オブ・スローンズ』に自分を重ねていた）。

「そうだな、私は深海の底で自分のチタン製潜水艇に乗っている」ご機嫌いかがですかと私が訊いたとき、彼は笑いながら言った。「自分の好きなことが何でもできる。周囲を見まわせば、海の生き物が見える。そりゃ、最高に楽しいさ！」

ベスコボの経歴をひと目見れば、彼の言う「楽しい」時間のオクタン価が高いことは歴然だ。全七大陸の最高峰に登頂して北極点と南極点へスキーで到達するという探検家グランドスラムを達成している（エベレストのクンブ氷瀑では彼が言う「小さな雪崩」から生還を果たした）。七カ国語を操れる。極秘任務を負ったアメリカ海軍予備役情報士官として過ごした二十年間、特に九・一一の直後はアラビア語に堪能なことが役に立った。所有するユーロコプターEC120とエンブラエル フェノム製小型ジェット機をみずから操縦し、救助犬を新しい家へ送り届けるのにもそれを使っている。軍事史の研究が息抜きだ。

ベスコボによれば、「やるからには思いっきりやれ」という彼の哲学のルーツは、三歳の彼が家族のセダンに忍び込んでサイドブレーキを解除し、猛スピードで車寄せの私道を走らせて木に衝突したときにさかのぼる。この事故で彼は頭蓋骨を三カ所骨折し、あごを粉砕骨折し、片方の脚と肋骨数本を折って、幼少期から〝人はいつ死ぬかわからない〟という考えを抱いた。「一日一日が貴重で、次の日は来ないかもしれないと自覚した。一日一日をフル活用するのがいちばん大事なことさ」

彼が自分の忠告に耳を貸さなかったと言える人間はどこにもいない。スタンフォード大学では四年制の政治学と経済学の学位を三年で取得し、マサチューセッツ工科大学では国防と軍備管理学の修士号を十カ月で取得した。ハーバード大学でMBA取得中に海軍にスカウトされ、現役としてペルシャ湾、イタリアのNATO連合統合軍司令部、真珠湾の太平洋統合情報センターに勤務した。

これだけ聞けば、公務に忙殺されていたにちがいないと思うだろうが、さにあらず。これと並行してベスコボはビジネスキャリアを築いていた。ウォール街で成功しているドットコム新興企業で経営コンサルタントを務めた。そして五十一歳のいまはプライベート・エクイティ会社の創業パートナーだ。〈ファイブ・ディープス〉のようなアドレナリンを分泌させる習慣と夢の追求に資金を提供する実業であり、そこには五〇〇〇万ドル（たえず変化しているが）の値札が付いていた。

ベスコボはドライ・ラボの画面に映し出されているトンガ海溝の海底地形図に歩み寄った。ホライゾン海淵は水深一万八二〇メートル地点に黄色い点で示されていた。この地図は船体に溶接されている探検隊のマルチビームソナーアレイで作製された。ベスコボはソナー・システムが必要なことを知らなかったという。彼は当初、世界最深部の座標はわかっていると思っていた（じつはわかっていなかった）。マリアナ海溝のようないくつかの海域では、改善の余地はあったにせよ深部は地図化されていた。しかしインド洋では誰も最深部を特定できていなかったし、南極海では、サウスサンドウィッチ海溝の海底地形はほとんど知られていなかった。ベスコボが五大深海《ファイブ・ディープス》へ潜るには、まずそれを見つける必要があった。

これは単純な課題ではなかった。グーグルアースをスクロールすればわかるというものでもない。世界地図では、海溝は海底の暗い裂け目として描かれ、おおよそ正しい位置にある。だがこれらのデータの大半は衛星測高法によってもたらされたもので、よく言って曖昧なものだった。

母船があり最新鋭のソナー・システムがあったとしても、水深一万メートル前後を正確に測定するのは容易なことではない。ソナーは海域上を通過する際、音波を下方へ発射し、その音波が戻ってくる速度を測定することで、海底地形の三次元プロフィールを作製する。しかし、正確な深さを求めたいときには、厄介な問題がある。音波が伝わる速度は水温や塩分濃度によって異なり、海は均一でないためそこにばらつきがある。どちらかと言えば、たえず変化し動き続ける層状のカクテルに近い（水温躍層と呼ばれるこれらの層はかならずしも微妙なものではない。トリエステ号での降下中、ウォルシュとピカールは冷たい層にぶつかって身動きが取れなくなり、そこを突破するために深海探査艇《バチスカーフ》のバラストを調整しなければならなかった）。こうした変動をあらかじめ考慮に入れるには、そこの水柱を海底まで丹念にサンプリングするしかない。深海最深部まで行ける潜水艇とランダーを持つ〈ファイブ・ディープス〉チームは、どんな広い海域のどんな深いところでも、完全な音速プロフィールを得られる特異な立場にあった。つまり、黄泉の国のあるがままの状態を測定できるのだ。

どこへ潜ればいいかはたびたび持ち上がる問題だったが、この探検に携わるようになった素晴らしい科学者たちがその疑問に答えてくれた。首席科学者のアラン・ジェイミソン（当時は英ニューカッスル大学を拠点にしていた）は、超深海帯をテーマに独創的な本を著した有名な深海生物学者だった。その本を読んだラーヒィはこの探検に参加する気がないかとジェイミソンに打診した。

「私がアルをこの探検に巻き込んだわけだが、最初は、こいつは頭が錯乱した狂人ではないかという疑いがあっただろうね」前夜、ラーヒィがスカイ・バーでビールを飲みながら、ジェイミソンの裏話を聞かせてくれた。ジェイミソンが船上で何週間か過ごしたあと地上のヌクアロファで過ごしていたときのことだ。ラーヒィが話しているうちにジェイミソンがやってきて、私たちと同席し、逸話の続きを聞かせてくれた。

「フロリダにいるクレイジーな男から電話がかかってきて、別のクレイジーな男のことをあれこれ言ってきた」とジェイミソンは回想した。「しかし、『何百万、何千万、何億万ドルもする潜水艇を持つ元海軍情報部員と、その人の私費で世界じゅうを探検して回りたくないか』と問われたら、自動的にイエスと答えるしかない」

ジェイミソンは長身で四十代の前半、青い瞳に茶色い髪、冗談を飛ばしているときにさえ人をにらみつける癖があった。黒いTシャツに黒いカーゴショーツ、黒いサングラス、鋼製の爪先キャップを付けた黒いブーツといういでたちだ。「いいやつだよ。いっしょに過ごしたくなるやつさ。悪ふざけして面白いことを言う」とドン・ウォルシュは私に教え、こう付け加えた。「彼はスコットランド人だ。言っていることはほとんど理解できない」

たしかに、ジェイミソンはスコットランドのイースト・ロージアンにあるロングニドリーという村の出身だ。海の中で最も近づきにくい水域をなぜ研究するようになったのかと私が尋ねたとき、彼はこう答えた。「ある晩、バーで酔っ払っちまっただけさ」本当は、大学で工業デザインを学んでいたとき深海用無人探査機《ランダー》に興味を持ったのだ。ランダーは海洋科学者に不可欠な道具で、遠隔無人探査機（ROV）に比べれば、特別な製造物というほどではなく、市販もされていた。しかし高価で扱いにくく、機能が限られていて、誰かが寄せ集めで作った実験機のようだった。ジェイミソンはもっと賢く、もっと小さく、もっとコストが低いもの、つまりもっといいものができると考えた。だから、最終学年のプロジェクトでランダーを設計した。

彼のランダーは機能した。この成功で扉が開かれた。卒業後、彼はアバディーン大学の海洋科学と工学の専門集団〈海洋研究所《オーシャンラボ》〉に採用された。その数カ月後には北大西洋で船に乗って、さらに精巧な水中装置造りに取り組んでいた。仕事が進むにつれ、餌を付けたランダーの多くが深海魚のおびき寄せに失敗していることにジェイミソンは気がついた。「技術の問題ではなく、魚の行動を理解していなかったからだ」海の深いところにいる狡猾な生き物をおびき寄せるには、彼らと同じように考える必要があった。

『深海魚ヨロイダラが海底の構造物に起こす行動的反応——餌を付けたランダーへの影響』という論文を発表したとき、「海洋生物学者を目指したことはなかった」と言うジェイミソンの、並々ならぬ深海生物学の才能が明らかになった。彼は上司の勧めで論文を書いて博士号を取得した。やがてジェイミソンは自分の専門分野のもうひとつの欠点に気がついた。深海の最深部で仕事をしている人はほとんどいない。科学的な野心は深海平原〔海底の平らな、もしくは勾配がゆるい領域〕止まりのようだ。「なぜ誰も海溝に入ろうとしないのか？」

費用がかかるから？　困難だから？　遠いから？　それらは乗り越えられない問題でない気がしたので、ジェイミソンはもっと深いところを目指した。彼は革新的な低コスト超深海ランダー（カメラとセンサーと二種類の餌《えさ》が付いた罠を搭載した三脚型プラットフォーム）を造り、それを使う機会をつくり出した。何年かジェイミソンは、ドイツの脳外科医グループから船旅の時間を捻出してもらった。深海魚の奇妙な眼球を研究するために資金を提供している人たちで、彼らの活動とジェイミソンの道具がぴったり合致したのだ。脳外科医たちが両眼立体視を持つ目や、全方向に回る目、超強力な網膜を備えた目を持つ魚を底引き網で捕ろうとしているあいだ、ジェイミソンはランダーを海底へ下ろした。超深海帯へ行ける調査クルーズには優先的に参加した。

当時はまだ、水深六〇〇〇メートル以深の海底に生息する魚を記録したと確信を持って言える人がいなかった。標本は網で捕獲されていたが、網が閉じなかったため、その動物が海底にいたことを確実に証明する術《すべ》がなかったのだ。ランダーならその現場を映像記録することでこの問題を解決できる。二〇〇七年、ジェイミソンはそれに成功した。水深六八九〇メートルで彼のランダーの一台がクサウオ科の魚一匹を撮影した。天使のような姿をした半透明のピンク色の生き物で、広い頭とひらひら動く胸びれを持ち、胴体はだんだん細くなって尖《とが》っていく。これは超深海帯の魚と確認された最初の記録であり、その行動や動き、どう餌を捕り、何を食べているかを垣間見ることができた。そのすべてが驚きだった。

海溝は食物の砂漠で、表層水から降ってくる有機粒子は降下中にほとんど消費されてしまう、と考えられていた。したがって、この圧力に適応できる生物は、そっと這《は》いまわることでエネルギーを節約する、飢えて痩せこけた生き物、浮遊する骸骨、実質幽霊のような生き物にちがいないと。しかし、ジェイミソンのクサウオはもっと浅いところの魚のように勢いよく泳ぐ、太った小さな捕食者だった。その獲物は端脚類だった。昆虫に似た甲殻類で、ランダーの餌に群がり、カクテルピーナツのように貪り食っていた（超深海帯は端脚類に事欠かない）。

これは下へ下へと探求していく超深海生物学者にとって幸先の良いスタートだった。いちばん深いところにいる魚を見つけられるのは誰か？　魚に限らず、最深の何かを見つけられるのは誰か？　海溝の国勢調査に成功するのは誰か？　水深六〇〇〇メートル以深にはどんな動物が繁栄していて、彼らはその環境をどう乗り切っているのか？　生物種にとって深すぎる深さとはどのくらいの深さなのか？

超深海への関心のスポットが当たることで、自然とジェイミソンは不安定な「沈み込み帯」にたえず向かうことになった。そこが起こす癇癪の爆発を、彼は身をもって体験した。日本が巨大地震に見舞われた二〇一一年、彼は東京の港で船にランダーを積み込み、のちに震源地として特定される日本海溝の一帯へ向かう準備を整えていた。ニュージーランドでも、ケルマデック海溝の急激な揺れが引き起こした大地震に遭遇し、ホテルの部屋で揺り起こされた。

黄泉の国の調査が彼により多くの危険、海で過ごすより多くの時間、秘密を解明するより多くの努力を求めるのであれば、喜んで提供するつもりでいた。机に向かう時間より冒険のほうが好きだったし、発見のペースは払った代償に見合うものだった。妻のレイチェルとの間に十歳未満の息子が三人いて、家庭生活も魅力的だったが、レイチェル・ジェイミソンも海洋科学者だった。二人の出会いはインド洋での調査クルーズのときだ。レイチェルはこの仕事の使命を理解していたが、ジェイミソンがニュージーランド沖で巨大端脚類を探していて次男の出産に立ち会えなかったときは面白くなかったようだ（「息子は予定の時間に生まれてこなかった。遅れて来たんだ。あいつのせいだよ」と、ジェイミソンは冗談めかした）。〈ファイブ・ディープス〉から招待状が届いたとき、彼は迷わずサインしたが、家を数カ月離れることになる。彼はひとつ約束してきた。「潜水艇には乗り込まないと、妻に固く誓ってきた」

いずれにしても、その選択肢はなさそうだった。この探検ではベスコボが単独潜水での最深記録を狙っていたからだ。ジェイミソンはランダーに集中した。ベスコボが所有する深海最深部用の三台のほかに、自分のランダーも二台持参していた。複数の海溝にランダー五台を連ねて配備するチャンスは乗船する理由として充分だった。

ところが、ジャワ海溝への潜水を達成〔二〇一九年四月〕したあと、ベスコボはジェイミソンと向き合い、「君を潜水艇に乗せたとしたら、どこへ行きたい？」と尋ねた。これは好奇心を刺激する問いだった。ジャワ海溝は予想以上に手に負えない場所だった。ジェイミソンはその海底地形図を見たとき衝撃を受けた。海溝の壁に沿って大きな地すべりが起きているのがわかったからだ。地震が引き起こした巨大な崩壊だ。過去に津波を引き起こしたはずの大きな地質学的事件でありながら、誰もその存在を知らなかった。「よし、どうせ潜るなら、いかれたことをやってやろう」ジェイミソンはそう思ったと回想した。「柔《やわ》なやり方はしない。いちばん深い場所で、ばかばかしくて笑っちまうような構造を見つけて、そこへまっしぐらだ」

二日後、ジェイミソンは自分の研究領域を訪れた最初の超深海帯科学者になろうと、リミッティング・ファクター号のハッチに体を押し込んだ。パイロットはラーヒィが務めた。目的地は水深七〇〇〇メートルの垂直に近い傾斜地で、有人潜水艇による探検史で最も過酷な地形と思われた。ジェイミソンは閉所恐怖症ではなかったが、一・五メートルの球体の中ではリラックスできるはずもない。「ハッチからずっと水が漏れていて、気が気じゃなかった」

だが、潜水自体は驚くべきものだった。彼らは気がつくと海底に近い洞窟の中にいて、壁と天井はコウモリに似た海綿動物に覆われていた。潜水艇が張り出し部分《オーバーハング》の下から出て、斜面を上っていくあいだ、ジェイミソンは驚きに目をみはった。明るい黄色《カナリアイエロー》、濃いオレンジ色、トワイライトブルーといった虹色の化学合成細菌マット（マットは分厚い敷物状の意）が荒涼とした岩に織り込まれていた。水晶のように白いイソギンチャクや紫色のナマコもいた。クサウオがゆっくりそばを通り過ぎるところを彼は夢中で見た（ジェイミソンはとらえどころのない研究対象と対面しただけでなく、これは人間と生きたシンカイクサウオとの初遭遇でもあった）。ビデオカメラやROVは深海を正しく伝えていないことに彼は気がついた。この輝きはまったく伝わっていない。この壮大さも。

これが転機となった。探検の最初の数カ月でジェイミソンはいらだちを覚え、探検脱落を考えていた。遅延や問題が相次ぐ中、科学が二の次にされていると感じたのだ。自分が持ってきたランダーは二台とも南極海で遭難の憂き目に遭った。インフルエンザにもかかった。

いま、ジェイミソンはおもちゃ屋に解き放たれた子どものように大きく目を見開いて改心していた。母船の衛星電話から家に電話をかけた。「潜水艇で潜らないと言ったのを覚えているか？」彼はレイチェルに尋ねた。

「絶対潜ると思ってた」と彼女は返し、夫が無事戻ってきてからその話を聞けることを喜んでいた。彼は太平洋へ向かう船に残ると伝えたが、水深一万メートル級の海溝をその目で見ることはしないと請け合った。「ばかみたいに深いのはやらない。潜水者リストにも載っていない。アポロ計画には参加しないよ」と、ジェイミソンはそのときの会話を物語り、思わせぶりにひとつ間を置いたあと、思いがけない結末を語った。「その十日後、我々はマリアナ海溝に到着した」

まずベスコボが単独でチャレンジャー海淵に二度潜った。そのあとラーヒィがDNV・GLから来たドイツ人エンジニアのヨナタン・シュトルーベと潜った。DNV‐GLはリミッティング・ファクター号が深海まで無制限に潜水できることを正式認定した船級協会だ。チャレンジャー海淵への四度目の潜水にはトライトンの首席技師で潜水艇の設計者でもあるジョン・ラムジーが加わった。そのあと、ふたたびジェイミソンが助手席に乗り込み、ベスコボとともにマリアナ海溝で二番目に深い水深一万七一四メートルのシレナ海淵への潜水を敢行した。

　またしても魔法の国だった。シレナ海淵には、うねる絨毯《じゅうたん》のように金色の細かな堆積物が広がり、鋭い岩が点在していた。ベスコボとジェイミソンはゆるやかな丘や小さな崖を上下しながら進んでいった。レモンイエローの硫黄塚やラッパスイセンのようなウミユリも見た。海溝の底には生物の巣穴やくぼみや穴が無数に開いていた。藍色や黄土色の「微生物マット」が苔のように岩を覆っていた。無数の生物が棲《す》むコンドミニアムといった趣で。シレナ海淵は「謎」という独自のキーで歌い、その調べを知るのは地球上で彼ら二人だけだった。

　トンガ海溝ホライゾン海淵への航海に備えているいま、ジェイミソンは、ベスコボと〈英国地質調査所〉の海洋地質学者ヘザー・スチュアート、〈ファイブ・ディープス〉の海洋地図作製《マッピング》首席科学者キャシー・ボンジョバンニといっしょにトンガ海溝の地図を調べていた。海溝は殺伐とした感じで、険しい岩壁やギザギザの露頭部があり、その中央部には海山が頭をもたげているように見えた。実際、スチュアートの説明によればそれは巨大な海嶺だった。沈み込みによって歪《ゆが》められた地殻の褶曲《しゅうきょく》構造だ。

「トンガはとにかくいかしている」ジェイミソンが感想を述べた。「トンガの底を見てみろ。息をのまずにいられない。本当にものすごく面白いことが起こっているんだ」

「この海溝はクレイジーだ」ベスコボもうれしそうに同意した。

ボンジョバンニがうなずいた。「とてもダイナミックな水域よ。つまり、とても攻撃的《アグレッシブ》なの」

「ここの断層崖と大絶壁の大きさときたら……」スチュアートが声をひそめて言った。彼女にとってこの地図は机上の理論ではない。彼女はベスコボの二度目の潜水に同行することになっていた。目に見えて興奮していて、かなり緊張もしていたが、それは七〇〇〇メートル以深へ潜る史上初の女性になるからだけでなく、この海溝の過酷さもあった。「誰もこんな深くにあるこういう壁を横断したことはない。誰一人」と、彼女は自分に言い聞かせるかのように言った。

超深海帯への潜水はどれも（チャレンジャー海淵を除いて）私たちがまだ見ぬ場所への潜水だった。どの潜水も初めてのことだった。どの海溝も私たちが知るどこより複雑で、同じ海溝はふたつとなかった。前にジェイミソンが冗談まじりに言っていた。自分は海溝をふたつのグループに分けていると。「我々のことを好きな海溝と、我々のことを嫌いな海溝だ」ジャワ海溝は寛大だった。マリアナ海溝は慈悲深かった。トンガ海溝は訪問者を歓迎してくれるのか、してくれないのか。それは四十八時間後にわかる。

第五章

黄泉の国に滞在

すべてを経験せよ。美も恐怖も。ただひたすら進み続けよ。
——ライナー・マリア・リルケ

南西太平洋、ホライゾン海淵
南緯二三・三度　西経一七四・七度

船がトンガの首都ヌクアロファからぐんぐん離れていったところで、ロブ・マッカラムから全員会議の招集がかかった。事前に潜水計画を確認し、疑問点や懸念点を洗い出す場だ。海洋予報が心配だった。いまは風も波もおだやかだが、今夜から海洋状況が悪化する。そのあと一時的に回復するが、その後は最初以上に悪化する。海が荒れると潜水艇は発進できない。「ビューフォート風力階級」の階級は0（水面は鏡のようになめらか）から12（大気は泡としぶきに満たされ、海面は完全に白くなる。視界は非常に悪くなる）まであり、この階級が5を超えると発進できない。しかし、天候の神様が優しければ、嵐の合間に両方の潜水を完了できるくらい（比較的）おだやかな時間を提供してくれるだろう。

ドライ・ラボは立ち見のみで、椅子にはすべて誰かが座っていて、人々は後ろの壁に寄りかかっていた。探検隊隊長のマッカラムの隣に船長のスチュアート・バックルが座っていた。なめし革のような肌に頬髭《ほおひげ》という経験豊富な船乗りの特徴は、このバックルにはない。温厚な赤毛の三十八歳だ。スコットランドのハイランド地方にある小村の出身で、十代から海へ出て、北海《ほっかい》油田で経験を積んだ。ベスコボにとってバックルとの契約はきわめて喜ばしいことだった。なぜならバックルは（ジェームズ・キャメロンの）チャレンジャー海淵《かいえん》への有人潜水を支援した船長で、ただ一人の生き残りだったからだ。甲板から発進する潜水艇がマリアナ海溝の最も深いくぼみに着底するよう母船の位置を定めるのは容易なことでない。垂直距離と目標区域の相対的な大きさがどんな感じかと言えば、航空会社のパイロットが高度一万七〇〇〇メートルから特定の駐車場に車を落とそうとするところを想像してほしい。バックルがこの仕事を引き受ける条件は、乗組員全員の人選を彼にゆだねることだった。

マッカラムが部屋を落ち着かせた。「よし、ということで、私たちは地球上で二番目に深い海溝にあるホライゾン海淵へ向かっている。最深部を特定してそこへ潜ることを目指している」

近くに立っていたベスコボが付け加えた。「史上初の有人潜水だ」

「第一潜水《ダイブ・ワン》では、ビクターがホライゾン海淵へ潜行する」とマッカラムは続けた。「第二潜水《ダイブ・ツー》では、ビクターとヘザーが水深一万メートルで七六〇メートルの壁を目指す。好天の期間が短いため、保守点検日は設けず、二度続けて潜る予定だ」彼はひとつ間を取ってそのことをみんなの頭に染み込ませた。各ダイブの潜水時間は十二時間。潜水後の保守点検にはそれ以上の時間がかかるため、ほかに選択肢があるわけではない。一万メートル級の潜水を連続で行うのはストレスマラソンで、前例のない試みだった。

マッカラムが慎重な声で続けた。「今週は天候に左右される。ニュージーランドの北を大きな低気圧が移動中だ。天気は荒れる。今週はずっと波がうねり、波の高さは五メートルほどで、風速は二〇ノットから二五ノットとかなり強い」

「こっぴどい目に遭うぞ」とジェイミソンがコメントした。

「手ごわい潜水になる」と、ラーヒィも同意した。

「明日、潜水のための全面ブリーフィングを行い、タイミングとランダーを置く位置を検討する」とマッカラムが通知した。「しかし、いまひとつ言っておきたいことがある。我々はチャレンジャー海淵での高揚感から抜け出しているところで、あとは全部下り坂だと君たちは思っているかもしれない。だが、これは重大な任務だ。荒天の中、二人の人間を水深一〇・八キロメートルへ送り込むことになる。そのためにはAゲーム〔ポーカー用語で、能力を一〇〇パーセントに近い水準で発揮すること〕が必要だ。潜水艇による潜水として、考えられるかぎりの厄介な試みであることに変わりはない」

彼は老眼鏡越しに部屋を見渡した。「さて、今回は新しい顔がいくつかある」

　ゲストの顔ぶれは多士済々だった。私のほかにも英国人アーティスト、トンガの地質学者、日本の海洋地図作製専門家、カナダの深海の象徴的人物がいた。ベスコボは潜水期間にウォルシュをはじめ著名な海洋探検家を船に招待してきた。今回の行程ではカナダのオンタリオ州トロントから来た八十二歳の医師、ジョー・マキニス博士がその探検家だ。

　マキニスは著名な水中飛行士《アクアノート》であり、作家であり、講演家であり、潜水医学分野の草分け的存在だった。深海にさらされたとき人はどのように対処するか（あるいは対処しないか）という、生理学と心理学のパイオニアだ。彼はそのキャリアの中で、人間の能力の限界を探るべく大胆な潜水を次々と監督し、みずからも多くの潜水を行った。圧縮空気を吸うと窒素酔いや酸素中毒を起こす深度で、マキニスはネオンやアルゴンを吸う実験をした。もちろん家庭で試してはいけない。飽和潜水士、つまり水深数百メートルで長時間作業できるよう不活性ガスを体に取り込んだ人たちが、肺が破裂したり、皮や肉がヘルメットに吸い込まれたりといった悲惨な死に方をしないようにするのが彼の仕事だった。

マキニスは北極点の氷の下に潜った最初の人物で（そこにカナダ国旗を立てた）、北西航路の海底にタイムカプセルのように保存されている世界最北の難破船、HMSブレッダルベイン号を発見した（この三本マスト船は一八五三年、ジョン・フランクリン卿が〔一八四五年の〕遠征で失ったエレバス号とテラー号の捜索中、流氷で身動きが取れなくなった）。ジャック・クストーら二十世紀半ばの水中夢想家たちと同様、マキニスはハイテクを駆使した居住環境で海中に人が暮らすという展望に興味をかき立てられた。「この惑星の大部分との調和を見いだすチャンス」と、彼は一九七四年の著書『アンダーウォーター・マン〔水中人〕』に書いている。

一九六九年、彼はひとつの実験として〈サブリムノス〉という調査基地をヒューロン湖の水深一〇メートル地点に設置した。窓とドーム形の天窓が付いていて、四人が入れる広さがあった。圧縮空気と温水を備え、岸から一二ボルトの電力が送られてくる。マキニスが後日教えてくれたところによると、同年七月のある夜、彼は〈サブリムノス〉に座って水面から月を見上げたという。まさにその瞬間、友人のニール・アームストロングが月面を歩いていることを彼は知っていた。

サブリムノスは若き日のラーヒィを魅了し、同じオンタリオ州の十代だったジェームズ・キャメロンも同様だった。キャメロンはマキニスに手紙を書き、自分の水中ラボを建設するための助言を求めた。最近もマキニスはキャメロンの海中探査に助言を行っている。「ジョーは深海潜水界の有名人だ」マッカラムは集まった人たちに言った。「彼は医者でもあるから、具合が悪くなったとき頼りになる。ひどい発疹が出たら、ジョーに診てもらうといい」

テーブルを挟んだマキニスの向かいに、もう一人の伝説的水中飛行士で元フランス海軍司令官のポール＝アンリ・ナルジョレがいた。ベスコボは早くから七十三歳のナルジョレを技術顧問として雇っていた。ナルジョレは熱血漢で、水深六〇〇〇メートルまで潜水可能なフランスの潜水調査艇「ノーティル」を率いたこともあった。また、第二次世界大戦時の機雷を海底から何千と除去した海底機雷除去の専門家でもあった。その中にはヒトラーの部隊のブービートラップ爆弾も多数含まれていた。「何トンも何トンもあった」と、彼はフランス訛りの甘い響きの英語で説明した。「軽いものじゃなかった。小さなものじゃなかったんだ」

ナルジョレは深海から歴史的遺物や、軍事兵器、墜落したヘリコプターや飛行機、ブラックボックス、遺体など、緊急性の高いさまざまなものを回収したが、最もよく知られるのはタイタニック号に関する専門知識だ。彼は一九八七年に有人潜水パイロットとして初めてあの沈没船へ潜水し、その後三十回以上潜水した（その一回にマキニスが同行して、悲劇に見舞われた遠洋定期船のＩＭＡＸフィルム映像を制作し、タイタニック号の不気味な美しさを友人のジェームズ・キャメロンに語った。そこからキャメロンは自身のタイタニック映画を製作することになったという）。

会議の終わりにバックルがひとこと付け加えた。「初めて乗船するみなさん、この船はとても活発です。よく揺れますよ」

マッカラムはうなずいた。船酔い止めのミニバーといった風情で置かれているトレイを彼は指さした。「どうぞ自由に飲んでください。ひどい状況になるとわかったら、私はスチュゲロンを飲む」

「飲んでも弱虫じゃないし、飲まないと愚か者だ」と、バックルは助言した。

「どこかに陸の塊はあるんですか？」誰かが部屋の後ろから質問を投げた。

バックルは首を振った。「何もない。隠れる場所はどこにもない」

救命艇の訓練を受けたあと、私はウェット・ラボと呼ばれる狭い部屋でジェイミソンに会った。そこには金属製のカウンターとシンクが並んでいた。彼は極低温冷凍庫ふたつに黄泉の国《ハデス》（超深海帯）の動物たちをストックしていた。私が見たかったホルムアルデヒド漬け深海魚のコレクションだ。この探検のこの時点でジェイミソンが行ったランダーの潜水は六十三度を数え、一〇テラバイトの映像を撮影し、科学にDNAを提供する獣の宝庫を捕獲した。「浅い端から深い端まで海溝の個体数を調べている」と彼は言い、分厚いゴム手袋をはめた。

外の甲板に化学保存庫があった。ジェイミソンは扉のラッチを外し、厳重に固定されたプラスチックの樽《カスク》を取り出した。「吸い込まないで」と彼は注意し、ふたをこじ開けた。ホルムアルデヒド溶液に手を浸してタラくらいの大きさの魚を取り出す。「これはソコダラの中でもいちばん浅いところにいる、典型的なソコダラだ」

　私は身を乗り出した。とんがった大きな頭、悲しげに垂れ下がった口、頑丈そうなプラムグレイ色の体、長く尖《とが》った尾。減圧で目がふくらみ、ショックを受けているような顔だった。「ソコダラは好奇心が旺盛でね」ジェイミソンがコメントした。「ひげでランダーを調べてくるんだ。どこかにソーセージがあるのを知っている犬みたいに」彼はそのひげを指さす。魚のあごの下に太いひげがあった。「彼らの味蕾《みらい》はそこにあるんだ」

　ジェイミソンによれば、この標本は水深二五〇〇メートルで捕獲されたものだが、水深七九〇〇メートルで発見されたソコダラ種もあるという。「彼らは海で最も一般的な魚のひとつだ。カリスマ性に欠けるから、テレビには出ないけどね」彼はソコダラをひっくり返して状態をチェックした。「皮膚は驚きだよ。すごく丈夫なんだ」と彼は言い、液体の遺体安置所に戻して、手袋をタオルで拭いた。「これは保存が利く。クサウオは保存が利かない。溶けてしまってね」

　シンカイクサウオは浮き袋も空気孔も持たず、内臓は浮力を持つ透明なゲルに包まれている。骨が脱灰しているため、骨格はペラペラで、頭蓋骨も完全に閉じてはいない。「彼らは体形を維持するために圧力を必要とする」とジェイミソンは言う。「持ち上げたときは、それはそれは繊細で。水で満たしたコンドームを扱う感じかな。手の中ですべってしまう」

　彼は保存庫からプラスチック製の保存容器を取り出した。中にはどろりとした透明なピーチ色の液体が入った小さな袋がひとつと、アスピック〔煮こごり〕の塊のようなものが入っていた。「いま見るとそれほどじゃない」とジェイミソンは言った。「でも、生きている姿は本当に美しいんだ」

彼は黒っぽい塊を指さした。「これは肝臓。胃。腸。そして、これが目だよ、ふたつの黒い部分が」

この時点でジェイミソンら超深海生物学者はクサウオがどのくらい深くまで潜れるかを突き止めていた。その理由も突き止めた。シンカイクサウオは細胞内で足場のような働きをするトリメチルアミン‐N‐オキシド（TMAO）という有機分子が飽和状態になっていて、ほかの魚より深水部で均衡を取りやすい。しかしTMAOにも限界がある。充分な圧力がかかれば、クサウオの細胞でさえ崩壊してしまうのだ。進化がその方程式を変えるまで、水深九〇〇〇メートルの海溝底にいる多種多様な生命体の中に魚類が見つかることはないだろう。

クサウオのことを知れば知るほど、私は彼らに魅了された。地球上最も過酷な環境で捕食者の頂点に立ったのは、ピンク色のクマ型グミですって？「彼らが偉大なのは、世界の最深部にいる魚でありながら深海魚ですらないからだ」とジェイミソンは説明する。「浅いところに生息する魚なのに、恐れを知らないがゆえに深海魚を追い越してしまった」いまでも、水面近くに生息するクサウオは何百種にも及ぶ。しかし二千万年前、彼らの一部が下への冒険を開始した。潮だまりや河口域で日光浴をしていた彼らが超深海帯の海溝で端脚類を狩るようになるとは、その進化はワープ並みのスピードだ。そしていままでは、競争相手がほとんどいない、一日じゅうおやつを食べられる領域を彼らは支配している。さらに素晴らしいことに、彼らを食べる天敵はいない。

ただし、彼らにもひとつ弱点がある。シンカイクサウオの寿命は比較的短く、六年から十二年といったところなのだ（深海魚の中には八十年生きるものもいるが）。しかし、これも進化論的にはうなずける。海溝は非常に不安定な場所なので、その住民の長寿を期待できない。二〇一一年の東日本大震災後、科学者たちが日本海溝にカメラを沈め、海底のポンペイを発見した。「彼らはすぐ産卵できるよう適応していた」とジェイミソンは言った。「ばかばかしいくらい危険な場所で個体群を維持する、それだけのために」

彼はクサウオを箱に戻し、パチンと閉じて保存庫に戻した。「何かびっくりするようなものに遭遇しました?」と私は尋ねた。「予想もしていなかったものとか?」彼はしばらく考え込んだ。「いつもの顔ぶれが多かったが」と彼は言い、そのあとパッと顔を輝かせた。「いや、ジャワ海溝であったな。犬の頭と触手を持つ透明なでっかい代物の映像を見たことがあるかい?」

「ええっ?」

「よし、見せてあげよう」

私たちはジェイミソンのオフィスに戻った。ドライ・ラボから少し離れた、机がひとつと椅子が二脚置けるだけの小さな片隅だ。そのちっぽけな部屋は科学論文やコーヒーカップ、カメラ、書物、深海の記念品であふれていた。彼は椅子から書類をどけてパソコンに向かい、ランダーで撮った映像のハイライトリールを出した。サウスサンドウィッチ海溝の海底が画面に映し出された。「世界で唯一、氷点下の超深海帯だ」とジェイミソンは言った。「美しくも複雑な海溝に、さまざまな異なる生息地がある」前景の褐色の液体の床に岩の破片が散らばっていた。「これは水深六〇〇〇メートルの火山から流れ出た火砕流《かさいりゅう》だ。噴出した火山性の小さな塊がたくさんある。見てくれ。新種のクサウオがいる」

そのクサウオはゆっくりそばを泳いでいった。まるでホログラムのように、リボン状の尾が透けて見える。ランダーの照明光が魚に反射して真珠のような輝きを放った。アイスキャンディくらいの大きさで、オタマジャクシのような形、体格の大半は前に位置している。シンカイクサウオの頭にはふたつの口がある、とジェイミソンは言った。ひとつ目の口で端脚類を吸い込む。「しかし、端脚類を口に入れた場合、最初は丸のみしてしまう」その問題を解決するため、第二の口は獲物をすりつぶす二枚の板でできている。

映像は続き、場所がジャワ海溝に変わった。ランダーから金属棒が二本伸び、舞台装置のようにスポットライトを浴びた沈泥の広がりの上で死んでいるサバをつかんだ。サバの皮膚が銀色に輝いているのは、海底に着いたばかりであるしるしだ。すでにこの魚には海溝の清掃動物《スカベンジャー》、端脚類が群がっていた。

端脚類が死骸を食い荒らすところを見たら、海には埋葬されたくないと思うだろう。しかし、彼らの機敏さには感心せざるを得ない。一片の死肉が晩餐のベルを鳴らしたかのように、一、二キロメートル離れたところから彼らを引き寄せる。端脚類の食は細くない。自分の体重の三倍を食べることができる。「この魚の骨格が戻ってきたときは、完全にきれいになっている」ジェイミソンは言った。「顕微鏡で見ても何も見つからない。ただ消えてなくなっている」

端脚類にとっては不運なことだが、この世にタダ飯というものはない。まもなくフレームに一匹のクサウオが現れ、巧みに身をひそめた。そのあと、長く太い体にくっついている茶色い丸頭が横から突き出てきた。針穴のような目と大きな口を持つ、生き物版のヒンデンブルク号〔ドイツの巨大硬式飛行船〕といった趣だ。ジェイミソンはそれをソコボウズの仲間、頑丈なくそ魚《ローバスト・アスフィッシュ》〔和名イシフクメンイタチウオ〕という詩的でない呼ばれ方をする種と特定した。クサウオと同じく、アスフィッシュの興味はランダーの餌そのものではなく、餌《えさ》を狙ってやってくる甲殻類にあった。誰にも気づかれないことを望んでいるかのように、動かずそこにじっとしている。そのあと、大きな赤いエビが通りかかるや、アスフィッシュは襲いかかり、洞窟のような口をパカッと開けて、エビと十二匹の端脚類を掃除機のように吸い込んでしまった。

次の場面はそれほど暴力的ではなかった。「水深六〇〇〇メートルにジュウモンジダコ〔英名ダンボオクトパス〕がいるなんて、誰が想像できただろう？」白色とピンクを帯びたポケモンのキャラクターのようなきわめて優美な生き物がカメラの前を通り過ぎたとき、ジェイミソンは言った。ジュウモンジダコは珍しい原始的動物で、漫画に出てくるゾウの耳のような頭にひれがふたつ付いていて、それをパタパタさせて推進する。釣り鐘形の外套膜《マントル》、黒いボタンのような目、そして傘のように広げて水中を飛行するウェブ状の腕。これまでのタコの水深記録は五一四五メートルだったので、九〇〇〇メートルも深い場所で発見されたのは驚くべきことだった〔ジェイミソンはのちに水深七〇〇〇メートル近くで別のジュウモンジダコを発見する〕。

ジュウモンジダコが離れていくと、映像が先へ飛び、新たな時系列が表示された。「見ろ」とジェイミソンがうながした。暗闇から幽霊のような影が現れ、すーっと餌に向かってくる。それが近づいてくるところを、私たちは無言で見つめた。幻影か、幽霊か、はたまたサイロシビン〔マジックマッシュルームの成分〕摂取時の幻覚か。しかし、ジェイミソンが言ったようにゼラチン質の犬の頭に似てもいて、白い巻きひげをたなびかせていた。頭は発光していて、泡のように透明だ。スミレ色とトパーズ色の淡い色合いに輝き、アクアマリン色と白色にきらめき、内部にはリドリー・スコットが夢想したサイボーグの脳の電極のような、光る球体が吊り下がっていた。この生き物はランダーにたどり着くと、九〇度回転して犬のような横顔を見せつけ、舞台右手からフレームを出ていった。「これまでに我々が発見した中で最も奇妙なものだ」とジェイミソンは断言し、それはホヤの一種だったが、これまで誰も目にしたことのない種だったことを付け加えた。

映像はまるで海溝の巨大動物がクラス写真の撮影に集まったかのように、クサウオとローバスト・アスフィッシュ、ジュウモンジダコ、そしてもう一匹の不運な赤いエビがサバの周りに集まってくる、信じられないショットで終わった。ジェイミソンはファイルを閉じると、椅子を後ろへ押しやり、乾いた笑みを浮かべた。「見てのとおり、たくさんのことが起こっている」と彼は言った。「深海が生命のない不毛な場所だという考えは、まったくのでたらめだ」

マッカラムの天気予報は当たった。夜間、船の動きが変わって私はハッと揺り起こされた。前への揺れからうねるような揺れに変わったのだ。私がビスコッティ〔イタリア伝統の焼き菓子〕とコカ・コーラ ゼロと酔い止めのドラマミンで軽い朝食を取ったあと、ピンボールのように廊下を進み、気を引き締めて梯子《はしご》状の階段を上り、甲板を横切って格納庫に入ると、ラーヒィと彼のチームが潜水艇の潜水前安全点検を行っていた。空は太鼓腹のような雲に覆われ、海は膂力《りょりょく》に満ちた感じがした。この日のうちに海溝の上に到着する予定だった。状況が許せばベスコボは翌朝八時から単独潜行を開始する。

船尾の格納庫が開いていて、中の空間のほとんどをリミッティング・ファクター号が占めていた。重量一二・五トンの潜水艇は高さ三・七メートル、幅一・九メートル、長さ四・六メートル。白いボディに流線形のライン。なめらかな皮膚の下には迷路のような回路があり、一一〇〇気圧の重さを受けながら乗客を生かし続けるための重複性〔バックアップ用の回路〕を備えたシステムが幾重にも重なっていた。

私はしばらく、立ったまま男たちの作業をながめていた。ラーヒィは球体内部で制御パネルを試験中のマクドナルドと無線で話していた。マギーとロンバルドはマニピュレーターアームを調整しながら、彼らだけに通じる言語らしきもので話していた。「配置をやり直したい」とマギーが言い、潜水艇の後ろに姿を消した。「HPU〔油圧ユニット〕は？」とロンバルドが尋ねた。「積み込んだのか？」

ラーヒィが作業を終え、格納庫の前へ来た。「この野獣を見に来たのかい」と彼は言い、私を迎えてくれた。私は潜水艇を見上げ、独特の外観を頭に取り込んだ。ポルシェとUPS〔アメリカの貨物運送会社〕の配送バンくらい、パイシーズやアルビンとは異なる見かけだ。リミッティング・ファクター号は速度、特に垂直方向の速度を重視して造られた。アップダウンがおもな進行方向だからだ。水深数キロメートルのトースターに食パンを入れるところを想像してほしい。そんな感じで潜水艇は水中を下りていく。

ベスコボの話によれば、彼は最初、ウィリアム・ビービの潜水球《バチスフィア》を改良したような、余分な装飾をいっさい排除した実質本位の潜水艇をトライトンに依頼した。いまとなっては笑い話だと彼は言うが、当時は潜水艇が「ロケット科学プロジェクト」に似たものになって複雑さとコストの負のスパイラルに陥るのではないかと心配していたのだ。過大な野心によって泥沼化する、ムーンショット〔非常に難しいが、実現すれば多大な効果を期待できる計画〕になってしまうのではないかと。「私を入れて、鉄球をボルトで固定して上下させる。それで充分だ」とラーヒィに言ったという。「のぞき窓さえあればかまわない、と彼は言ったんだ」ラーヒィはそう回想して、面白そうに鼻を鳴らした。「私はこう言った。『そんなことはしない。のぞき窓が付いた二人乗りの潜水艇を造ってみせる。科学調査に使えるまっとうな道具であるためには、油圧アームが必要だ。品質保証を受ける必要がある。一度だけ潜ってどこかの博物館に収蔵されるような一発屋ではなく、超深海帯まで何千回も潜って、深海と私たちの関係を変えるような潜水艇だ。煎じ詰めれば、大事なのは潜ることだけじゃない。潜ったときに何ができるかが大切なんだ』ってね」黄泉《よみ》の国への道のりは想像を絶するくらい険しかったが、私たちの目の前には、彼がそれをやり遂げた証拠があった。「潜水艇のあらゆる部分を一から開発しなければならなかったと言っても過言じゃない」とラーヒィは言った。「なぜって、棚から買えるもので深海まで行けるようなものは何ひとつ、文字どおり何ひとつなかったからね」

ラーヒィは海中事業に何十年か携わってきた経験を生かして、世界じゅうを回り、製品を超深海帯に適応させる能力と恐れを知らないチャレンジ精神を兼ね備えた供給業者を探した。スペインで、とりわけ茨の道だったバッテリーに取り組んでくれる会社が見つかった。イギリスである技術者グループが、超深度《ウルトラディープ》に耐える軽量・高強度のシンタクチックフォームを作る試みに同意してくれた。部品の例を挙げるなら、潜水艇の厚さ二五センチのアクリル製のぞき窓はドイツから、ソナー・システムはカナダから、海底モデムはオーストラリアからという具合だ。

潜水艇の最も基本的な要素（中空の金属球体）までが、三大陸にまたがる合わせ業だった。それはイギリスにある複数のコンピュータから始まった。トライトンの首席設計技師ジョン・ラムジーと首席電気技師のトム・ブレイズは故郷の英デヴォンからこの仕事を担った。彼らの立てた設計計画がフロリダとテキサスへ中継され、球体の製造に鋼鉄を使うか、チタンを使うか、ニッケルとクロムの混合物を使うかをラムジーとラーヒィとベスコボで検討していった。アルミニウムとバナジウムを少量混ぜたグレード五チタンに素材が決定し、合金の延性を最適化する方法については、オーストラリアの冶金《やきん》学者トレント・マッケンジーを雇ってウィスコンシン州にある「ATIメタルズ」社の鍛造工場に助言をもらった。球体は厚さ一〇センチのチタン板から成形された同じ半球ふたつを合わせて造られる――ラーヒィが「ほとんど原始的」と形容した激烈なプロセスを経て。

大事な要件がひとつあった。球体は完璧でなければならない。ほぼ完璧とか完璧に近いとかではなく、完全に完璧である必要があった。球体の半分と半分が正確に一致しなければならない。ロサンゼルスとバルセロナで機械加工され、のぞき窓とハッチが宝石のように正確に切り出され、その後ボルトで固定された。「ほとんどの耐圧殻は溶接でつながれている」ラーヒィが説明してくれた。「しかし、溶接を用いると材料に不連続性が生じ、高いストレスを受ける箇所ができる。

どんな些細《ささい》なものであっても弱い箇所が存在すれば、場所が海溝だけに危険性は高まる。マキニスが生々しく指摘したように、製造上のわずかな過失が潜水艇乗組員を『ピンク色のハッシュに変えて』しまいかねない」

球体の旅の次なる目的地はロシアのサンクトペテルブルクだった。ロシア帝国時代からの歴史ある海洋工学施設、〈クルィロフ国立研究所〉へ運ばれた。かけがえのない重さ四トンの「ファベルジェの卵」を地球の裏側へ運ぶのは、誰にとっても楽しい作業ではなかったし、ロシアは落ち着いて仕事ができる場所でもなかったが、これは必要不可欠な旅だった。潜水艇を組み立てる前に、すべての部品が水深一万三〇〇〇メートルクラスの圧力を生き延びられる必要があった。クルィロフ研究所はこの球体が収められるくらい大きな（それでもぎりぎりだったが）高出力圧力室を持つ、世界でただひとつの施設だった。

技術者たちが球体を圧力室に下ろし、圧壊した場合に生じる衝撃波を緩衝するための水が注入されるところを、ラーヒィは心配そうに見守っていた（球体が圧壊したときは、爆弾が爆発するに等しい）。このあと彼らは圧力を強めていった。球体は二日間この坩堝《るつぼ》の中に置かれ、地球最深の海溝へ繰り返し行う潜水をシミュレートした。歪《ゆが》みやひび割れ、金属疲労の痕跡が少しでもあったら、プロジェクトはおしまいだ。だが、それはなかった。球体は拷問試験に合格し、クルィロフ研究所は拍手喝采に包まれ、制御室を行きつ戻りつしていたラーヒィはようやく息をつくことができた——とりあえず、何分かは。

球体が無事フロリダへ戻ってきて潜水艇の製造作業を始められるようになり、何キロメートルにも及ぶ配線と何千もの部品を取り付けていったが、組み立てが終わってもまだ完成にはほど遠い。まったく新しい潜水艇を造ることと、それをマリアナ海溝に投下できる確信を得ることには大きな隔たりがある。トライトンの新しい潜水艇はオーナーが足を踏み入れる前に、海で何カ月か試運転するのが通例だ。そのオーナーが初の単独潜水で水深八二三〇メートルへ下りるつもりなら、なおさらだ。

しかし、〈ファイブ・ディープス〉のスケジュールがそれを許さなかった。極地に氷が侵入してくる時期を避けるため、厳しい期限が課せられたのだ。北極での潜水は八月、南極での潜水は二月に行わなければならない。いずれの極地も、そのわずかな期間を逃せば探検はまるまる一年遅れることになり、深刻な打撃を被る。このために雇われ、ほかの仕事を辞めて、海に出る準備をしている人が何十人もいた。マッカラムと彼のチームが世界じゅうで、腰の重い担当官庁から何カ月もかけて許可を取り付けてきたのに、潜水日程に大幅な変更があればその許可は無効になる。ベスコボは予定を空けていた。ロシアの圧力室にもこれ以上のプレッシャーはなかっただろう。

徹夜の作業と緊張と不具合。トライトンの作業場には大粒散弾銃のように数々の問題が襲ってきた。密閉されるべきところが密閉できない。ケーブルが合わない。揮発性の問題でリチウムポリマー電池が空輸できず、バッテリーは宙ぶらりんの状態だった。完全ではなくてもどうにか動けるようになった潜水艇バージョン1・0がようやく海中に沈められたときは、数々のシステムが不具合を起こし、いったんトライトン社へ戻され、分解したうえで組み立て直された。立て直した潜水艇が母船プレッシャー・ドロップ号に搭載されるまで、必要最小限の試験潜水しかできなかった。

ベスコボは彼のガレージにトライトンが設置したシミュレーター球体で訓練をしていたが、海溝との初遭遇の前に本番用の艇と海で経験を積む必要があるのは明らかだった。潜水艇内で起こりうる不測の事態すべてを速習講座で学ぶことでその経験は得られた。

ラーヒィと行った試験潜水は次から次へとトラブルに見舞われた。アラームが鳴り、警告灯が点滅した。ハッチから水が噴き出して潜水が中止された。水深五一七〇メートルでカプセル内に煙の渦が巻いた。応急処置に取りかかったが、水面から二時間半かかる深度でのことだった（さいわい火災ではなく、ワイヤーの絶縁体が溶けただけだった）。ランダーが再浮上に失敗して五〇〇万ドルの機械を失った。マニピュレーターのボルトが折れてアームが深海へ転落し、これは三五万ドルの損失だった。発進と回収にも問題を抱え、生命の危険を招く恐れがあった。Aフレームクレーンの長さが充分でなかったためだ。潜水艇を海中に沈めるにも海中から引き抜くにも、母船の船尾に不穏なくらい近づけなければならなかった。一度ならず母船とぶつかって、船体に損傷を負った。

リミッティング・ファクター号がその専門領域で試される前、トライトンチームは毎晩、予測不能な問題の解決に取り組んだ。トラブルシューティングは海中試運転の標準的業務だが、この潜水艇ではほるかに難度が高く、依頼主が肩越しに見守っていることもあり、緊迫した状況で時間と闘いながら仕事をしなければならず、神経をすり減らさずにおかなかった。当時のことを思い出してラーヒィは顔をしかめた。「飛行機を飛ばしながら修理していたようなものだな」

ベスコボがプエルトリコ海溝へ単独潜水を敢行する前の日に現場を観察した賭け屋《ブックメーカー》がいたら、成功の可能性はきわめて低いと判断しただろう。潜水艇は期待どおりに動かなかった。士気が落ちていた。癇癪が爆発した。まだハッチから水が漏れていたからだ。ベスコボは予定の遅延と潜水の中止、大西洋に広げられた高価な部品の不用品販売会《ヤードセール》にうんざりしていた。「嫌というほどボディブローを食らっていた」とラーヒィは言い、頭を振った。「数多くの挫折があった」

しかし、誰もがヘイルメアリー、つまりゲーム終盤での一か八かの賭けと認めた三十六時間に及ぶ配線のやり直しと修理のあと、予想外のことが起こった。何ひとつ問題がなくなったのだ。ベスコボは神経をいらだたせる警告音をいちども聞くことなく、海溝の底まで八・四キロメートルを落下して、海藻の塊が倒れた跡が目じるしの柔らかな一面の茶色い軟泥に着底し、一時間ほど目を見開いてあちこち巡ったところで、命の危険に鑑《かんが》みてバラストの重りを捨て、何事もなく海表面へ向かった。彼は得意満面で人差し指を立ててハッチから出てきた。〈ファイブ・ディープス〉第一弾、完了。

「船内の雰囲気が一変した」ラーヒィは私に言った。「たちどころに、何があっても大丈夫というムードになった」

それから六カ月と四つの海溝を経たいま、そうした初期の苦闘は、傷跡こそ残したものの過去のものとなった。いまみんなが懸念しているのは、次の潜水で起こるかもしれない問題だけだった。もちろん、深海探検の難しさは常につきまとう。「自分自身を奮い立たせ、体の埃《ほこり》を払わなくてはいけない」ラーヒィは結論づけた。「それがこのタイプの努力の本質だ」彼がそう語ったとき、一羽のグンカンドリが頭上へ舞い上がり、翼を広げて気流に乗り、鋭く尖った尾羽を風になびかせた。

ロンバルドが煙草を一服しに船尾へ出てきた。そのあとマギーが甲板から油膜を拭き取るためのタオルを手に、工具室から出てきた。リミッティング・ファクター号には厳しいスタートが待ち受けていたが、彼らは気に留めていなかった。これまでもそんな状況を切り抜けてきたからだ。「ああ、ひどい目に遭ってきたよ」とマギーは言い、小さく肩をすくめた。ロンバルドが手すりに手を伸ばして煙草の灰を落とす。「この潜水艇は二十五回潜ってきた。それでも、毎回ゼロからのスタートさ」

「まだ試作機だしな」とマギーも同意した。

ラーヒィがうなずいた。「そのとおり。つまりビクターは体《てい》よくテストパイロットにされたわけさ。ふつうならこんなやり方はできないからね」

マギーは私を見てにやりとし、歯をのぞかせた。「ドラマが欲しいかい？」彼は言った。「ドラマならあるぞ」

朝の風速は二〇ノット、海は三角波が立ち、日の出は奇妙な暗い緋色《ひいろ》だったが、発進に向けてすべて順調だった。私は早く甲板に出たくて、急いで着替えてきた。夜明け前には、ランダーが舷側からクレーンで下ろされる音が聞こえていた。ベスコボが海底に着いたとき配置に就いているよう、前もって出発したのだ。

朝食はくつろぎの時間ではなかった。みんな、食堂に飛び込んでひと口食べてコーヒーを飲み干し、急いで出てくるという感じだった。Ｔシャツとカーゴショーツと野球帽は姿を消し、難燃性のつなぎの作業服とヘルメットとアドレナリンに取って代わられていた。私は廊下でマッカラムに出くわした。彼は支援船の一隻の操縦に向かうところだった。彼のオフィスの外に掲げられたホワイトボードに、その日の危険事項が書かれていた。「極限の深度。熱帯の太陽。夜間の回収」と。いちばん下に赤い字で「油断」と強調されていた。「気をつけていないと宿業《カルマ》に見舞われる」と、彼は最後の潜水会議で強調していた。

私は外へ出て、重機から離れた手すりのそばに立った。前日の午後、マッカラムとマギーとロンバルドの三人が、私を含めたこの船に初めて乗る人たちに、クレーンやウインチの稼働中は絶対に近づかないよう厳重に注意した。簡単に目を失ったり、足をつぶされたり、腕を引きちぎられたりするらしい。もっとひどい目に遭うこともあるという。試運転中、ケーブルが張力を受けて切断されたとき、ラーヒィは危うく首を切り落とされかけたという。

「潜水艇の発進は大きなストレスに満ちている」と、私たちはマギーから聞かされていた。「言っておくと、こいつを発進させるとき、私のストレスは天井知らずになる」

ロンバルドもつっけんどんな口調で警告した。「何か問題が起きるとしたら、そのときだ。一トンものチタンとシンタクチックフォームが空中で振り回されるんだから、のっぴきならない状況だ」

「ひどい目に遭うことでそれを理解した」とマギーは言い添え、陰気な含み笑いを見せた。学習曲線の途上にいた彼は南極海にいるときストレスから来る偏頭痛で甲板に倒れ、進水作業中ずっと体の左側の感覚がなかったという。背骨を折って飛行機に乗り込み、座ったまま七時間のフライトに耐えたことがある男にしてそうなのだ。

朝八時、秒読みが始まって、母船の乗組員がマッカラムの支援船を縦揺れする海面へ下ろし、トライトンのスタッフがそれぞれの持ち場に就くと、私はアドレナリンが湧いてくる感じがした。船内は緊張の渦に包まれていたが、まったく動じていない人が一人だけいた。ベスコボだ。彼がパイロットのチェックリストを確認し、装備を潜水艇に積み入れてオートミールを食べるところを私は見ていた。静かな集中力を保っていて、いつもとちがうことをしようとしている様子は微塵もない。地下鉄に乗ろうとしている通勤客さながらだった。

この淡々とした姿勢は否定がもたらした結果ではない。自制心の賜物だった。ベスコボは自分がどこへ行くか知っていて、開発途上の潜水艇でそこへ行くこともわかっていた。ドン・ウォルシュとテリー・カービーの両名が指摘したように、最悪のシナリオが感情の爆発に救われたためしはない。自分を消耗させるいらいらはハッチの外に置いてこなければいけない。ベスコボは生死のかかった活動のベテランで、感情の暴走が自分の味方でないことを心得ていた。「パトリック〔・ラーヒィ〕と私はいつも『明日は退屈な潜水をしよう』と言っているんだ」と、ベスコボは自分の哲学の要点を語ってくれた。「探検中に劇的な行動があったとしたら、それは誰かがドジを踏んだということだ」

退屈な潜水が始まろうとしていたので、オーケストラの指揮者マギーが全員を所定の位置に就けるあいだ、ベスコボは甲板に立っていた。艦橋ではバックルが船を風下へ向けて、進水エリアを風から守った。海上に出た二隻の支援船が波のうねりに揺れていた。ウインチがうなりをあげ、格納庫が後退し、リミッティング・ファクター号が鋼鉄の軌道を移動し、クレーンで持ち上げられて、海面から数センチ上に下げられ、船尾に渡されたバンパーに固定された。ウェットスーツに安全ベストを着けてヘルメットをかぶりネオプレン製の短ブーツを履いたティム・マクドナルドが潜水艇上に上がった。彼が泳者《スイマー》を務める。潜水艇の発進時と回収時にフックとストラップに取り組んで潜水艇の安全を確保し、ベスコボが出入りできるようにする、危険な仕事だ。「いちばんの消耗品は僕さ」彼は冗談まじりに言った。「だから彼らは僕をチームに入れたんだ」

マクドナルドはリミッティング・ファクター号が海上に吊り下げられている状態で、ベスコボをハッチから中へ入らせ、ハッチを閉めた。潜水艇は何本ものロープでクレーンにつながれ、慎重に海中へ下ろされていく。同時にバックルがプレッシャー・ドロップ号を前進させ、潜水艇との距離を広げる。「このふたつの浮遊物が隣り合っているときが、いちばん危ない」と、私は彼から事前に説明を受けていた。「波に揉《も》まれてぶつかることがあるからね」

マクドナルドは野生馬《ブロンコ》のごとき潜水艇に乗ったまま、素早くラインを外した。彼はサーファーでもあり、私の目から見てもバランス感覚が抜群だった。「ティムがスイマーになったおかげで、潜水艇を母船から切り離して離れさせるスピードに大きな差が出た」とバックルは言う。「うちのスイマーを務めた最初の二人も優秀だったが、彼よりかなり年上だったし、彼ほど自由自在じゃなかった」

潜水艇は水面でシーソーのように揺れていた。ゆるやかな揺れではない。海は潜水艇をパンチングバッグのように揺らしていた（「シートベルトを着けなければいけない初の潜水艇だった」と、ラーヒィはコメントした）。マクドナルドが作業を終えて海中へ飛び込み、マッカラムに拾われた。これでリミッティング・ファクター号の降下準備は整った。青い宇宙の白い星となって波を上下している同号を私たちは見守った。まもなく潜水艇は水中へ消えた。

私はドライ・ラボでラーヒィを見つけた。彼はトライトンの首席電気技師トム・ブレイズといっしょにノートパソコンに向かっていた。ブレイズはおだやかな話し方をする背の高い三十代のイギリス人だった。このあと二人はここに十時間へばりついて、ブレイズが開発したソフトで潜水艇の動きをモニターしていく。いまベスコポは平均的なエレベーターと同じ毎秒一メートルの割合で下りていた。彼は十五分ごとに音響モデムで深度と方位を知らせてきて、静電気の不気味な音がしていたが、彼の声はかすかでも聞き取ることができた。超深海帯に入ると水圧が万力のように締め上げてきて、潜水艇の降下速度は落ちる。

潜水中、母船内は静かだった。徹夜明けの人たちは船室で睡眠を取った。私は気持ちが落ち着かず、ベスコポの進捗状況を示す画面を見つめる以外何もできなかった。自分より何キロメートルも下の世界に誰かがいると知りながら一日を過ごすのは奇妙な感じだった。黄泉の世界の静寂と暗闇と驚異を目撃している唯一の温血動物としてそこを動きまわるのがどういう感じかは、想像するしかない。自分とは何者かと考えさせられるくらい大きな体験、移り変わる幻影のようなめくるめく体験は、その人を永遠に変えてしまいそうな気がした。現実感が変わるだろう。海や地球や人生や生命そのものを、それまでと同じようには認識できなくなるだろう。この宇宙において自分が精妙な、しかしちっぽけな存在であることを、永遠に思い知らされるだろう。ベスコボが孤独を愛するのは、だからかもしれない。彼は一人で潜るのが好きだった。

科学的に重要な潜水に空席をつくったことで、彼は非難を浴びた。この探検に参加していない深海の専門家たちがその点をツイッターで酷評した。「IMO（イン・マイ・オピニオン＝私が思うに）〈ファイブ・ディープス〉は（十九世紀の〝紳士的冒険家〟の流れをくむ）研究ではなく、独り善《よ》がりのプロジェクトだ」と、カリフォルニアのある海洋地質学者は典型的な苦言のひとつをつぶやいた。「このプロジェクトに注ぎ込まれた莫大な金額で、どれだけの研究助成金がまかなえたか考えてみてほしい」ベスコボは利己的で、目立ちたがり屋で、白人の特権と男性優位主義の権化であると非難を浴びた。しかし、彼を批判した人たちが彼といっしょに潜る機会を提供されたら拒んだとは思えない。

こういう中傷をしたくなる気持ちもわかる気がした。こういう現場を次に訪ねる機会を誰かが手にするまで、どれだけの時間がかかるのか？　数十年か？　数世紀か？　次はないのか？　それでも、八桁の私財を投じて潜水艇を購入した人が、それで自分が何をしたいか、明確な意見を持っていても理不尽とは思えない。一日だけネモ船長になりたいと思わない人がいるだろうか？私がトンガ海溝でベスコボと入れ替わることも可能という話を持ちかけられたら、その代価として小さめの臓器を売ったかもしれない。

「どんな経験も、誰かと分かち合うことでより豊かなものになる」あるときラーヒィが言った。トライトンの潜水艇には少なくともふたつの座席がある理由を説明したときのことだ。私はぼんやりうなずいたが、心の中では「ちがう」と言っていた。そんなふうにできていない人もいる。魂の探求者、熱心な読書家、いろんな意味で内向きの人。たしかに、仲間がいるのは楽しいかもしれないが、そんな快適さは「もう一人」を認めない精神世界の荒野に比べれば刺激的でない。そう感じる人もいるのだ。

ベスコボが南極で水深七四三三メートルへ下りたときは、水深三二〇〇メートルで通信システムが故障し、地表との接続が断たれた。その新たな孤独感の高まりにはさすがの彼も狼狽した。だが、それは一瞬のことだった。通信システムが機能を停止しても潜水の性能には影響がないので、彼はそのまま続行することにした。「完全な乗り物があるのだから、このまま潜っていこう」と考えた、と彼は回想している。しかし、母船上の人たちはそうは考えない。彼の無線連絡がとつぜん途絶えたのには悲惨な理由があったのだと思ったことだろう（ベスコボと連絡が途絶えたとき、ラーヒィが取り乱してマントラのように「ファック」という言葉を繰り返し、彼の銀髪が一分ごとに白くなっていったと船上の人たちは語っている）。

みんなパニックに陥っているだろうとベスコボは考え、海底の滞在を三時間ではなく一時間で切り上げた。しかし大事なことがある。このような状況でも彼は満ち足りていた。彼にとって孤独は魂の糧《かて》だ。孤独の絶え間ない摂取は欲求のみならず必要であり、彼はそういう魂の求めに従って自分の生活様式を整えていた。「私は一度も結婚したことがなく、子をもうけたこともないと聞いても、誰も驚きはしないだろう」

朝が過ぎ、人々は働き、昼食が提供された。ベスコボはまだトンガ海溝に向かってどんどん降下を続けていた。ジョー・マキニスはラーヒィ、ブレイズといっしょに座って無言の応援を送っていた。マラソントレーニング中のヘザー・スチュアートは船内にあるクローゼット大のジムで、トレッドミルを使って何キロメートルも走っていた。ジェイミソンは自分のオフィスでランダーから送られてくる映像を精査していた。P・H・ナルジョレはチャレンジャー海淵との往復の旅を生き延びた卵をひとつ持って主甲板を巡っていた。潜水艇のハッチの外に置かれてめいっぱい水圧を受けながらもつぶれなかった卵で、黒のマジックマーカーで「世界最深の卵」と記されていた。

マッカラムはコンピュータと向き合って後方支援に奮闘していた。これから三カ月、探検チームはトンガ、プエルトリコ、ニューファンドランド、ノルウェーと移動を続けていく。船はサモアで燃料を補給し、パナマ運河を通り、大西洋へ出たところで左折して北極海へ北上する。〈ファイブ・ディープス〉のフィナーレはロンドンで飾られる。アーネスト・シャクルトンやロアール・アムンセン、ロバート・ファルコン・スコットの探検を支援した由緒ある機関、〈王立地理学会〉でのプレゼンテーションだ。

午前一時前、ベスコボが水深一万七〇〇〇メートルを通過し、その少しあとにホライゾン海淵へ着底するところがスクリーンに見えた。「生命維持装置良好」と、彼は通信機で伝えてきた。声は細く遠く、とても長い糸でつながれたブリキ缶から聞こえてくるかのようだった。「着底。繰り返す、着底した」

「了解、L・F〔リミッティング・ファクター号〕」とラーヒィは答え、すべての音節を大きな声でゆっくり発音した。「了解。水深一《ワン》・〇《ゼロ》・八《エイト》・一《ワン》・七《セブン》メートル。生命維持装置良好。着底。おめでとう」

歓声があがり、全員が肩の力を抜いた。しかし、まだ潜水が終わったわけでないこともわかっていた。「彼が甲板に戻り、潜水艇が甲板に戻るまで、私は興奮しない」と、ラーヒィはこれに先立って打ち明けていた。「何があるかわからないからだ。迷信かもしれないけどね。そこで運が尽きることだってある」安全対策には万全を期していたが、黄泉の国への旅に一〇〇パーセント安全の保証はない。トンガ海溝でトラブルが発生する余地はまだあった。十五分後、それが現実になる。

その瞬間、あなたがホライゾン海淵に自身を投影できたとしたら、降り積もったばかりの雪のようになめらかな淡い金色の軟泥に、ベスコボが着地するところが見えただろう。あらゆる生き物が、端脚類までもが逃げ出したかのような、ゴーストタウンの不気味な雰囲気を感じ取っただろう。リミッティング・ファクター号が海溝の底を横断し始め、スラスタがきめ細かな堆積物をかき混ぜて、それが煙草の煙のように渦を巻くところが見えただろう。

ベスコボは海底に着くと、先に海溝最深部に着いていたランダー〈スカッフ〉にソナー・システムで探信音《ピン》を発射した。計器によればスカッフは三〇〇メートルほど離れたところにいた。ランダーの位置を特定するのにかかった四十五分のあいだ、彼は周囲のひっそりとした環境を意識して緊張していた。前へ進んでいても、その場から動いていないような感覚だった。ベスコボは二十代のころ、短期間だがサウジアラビアで暮らしたことがあり、のぞき窓の外に広がる地形はルブアルハリという砂漠を想起させた。「空虚な一角」を意味する、茫漠とした砂漠の広がりだ。この不安に加えて、潜水艇の後方から奇妙な音が聞こえてきた。外から見れば、潜水は計画どおり進んでいるように思われただろう。しかし、球体の中にいたら、ベスコボが見ていたものが見えたはずだ。システムの多くが故障し始めていた。

それは右舷側の蓄電池群《バッテリーバンク》の警告音から始まった。リミッティング・ファクター号は重さ一二五キロの外部バッテリー六個で駆動しているが、そのうち三個の電流が遮断されていた。トリップという現象だ。頭の後ろにある制御パネルでカチッと音がしてブレーカーが落ち始めた。潜水艇のスラスタ十基のうち二基が停止した。ベスコボのフロント制御パネルに赤い警告灯がともり、異常な電圧値が表示され、内部電源が消耗していった。すべてのバッテリーの充電量が低下していく。マニピュレーターアームを動かそうとしたが、動かない。

ベスコボは問題の原因に薄々気づいていた。その推測は後刻確認される。第一バッテリーで電気火災が起きたのだ。炎も燃焼もない、冷たい高圧火災。深海の特殊な火災だった。猛烈なサージ電流が接続箱《ジャンクションボックス》を焦がし、中の電気回路を溶かしたのだ。電気系統の一部を収納する油で満たされた区画に海水が浸入し、ヒューズをショートさせた。右舷側で電気系統の機能が次々停止した。

水深一万八二〇メートルにいるとき、これはうれしいニュースではない。最悪のニュースでもなかった。潜水艇のシステムは分散・区画化されていて、左舷側には影響がない。ベスコボは以前、チャレンジャー海淵でも電源切れに陥ったことがあった。生命維持装置に問題がないかぎり、電力がなくても重りを捨てることで安全に上昇できることを彼は知っていた。電力を節約し、被害を食い止めるため、彼は可能なかぎりのスイッチを切って、さらに九十分間トンガ海溝の探検を続けた。バッテリーが残り少なくなったところで、帰るときが来たと判断した。


五時間後の午後六時ごろ、私はヘルメットとつなぎの作業服を着用して船尾に立ち、回収作業を見るときを待っていた。ナルジョレとマキニスも同じ格好で横に立っていた。マギーとロンバルドはそれぞれの持ち場で待機し、潜水艇の照明光を探していた。ベスコボが少し早めに浮上してくるのはわかっていたが、私たちにはその理由はわかっていなかった。彼が送ってくる短い通信で詳しい説明はできない。潜水が短縮された原因が何であれ、致命的な緊急事態ではなさそうだ。私たちは心配より好奇心のほうが強かった。

太陽は水平線の下に沈んでいたが、空にはまだ光が残っていた。暗くなりかけた海の上空に鋼のような灰色の雲が集まり、アプリコット色の夕暮れがそれを和らげていた。風も波の勢いも少し和らいでいた。マクドナルドは乗組員数人とゾディアックに乗り込み、ふたたび危険な水泳を行うときに備えていた。黄昏《たそがれ》が薄暗さを増すにつれて彼らの姿も薄れていき、マクドナルドのへッドライトと男たちが着ているつなぎ作業服の反射ストライプだけが、スレートのような黒い海に彼らがいることを示していた。

「来た！」と誰かが叫んだ。母船の船尾から三〇〇メートルくらい離れた水域にリミッティング・ファクター号が飛び出してきて、LEDライトが煌々《こうこう》ときらめいた。ゾディアックが急いで駆け寄り、マクドナルドが水中に飛び込んで潜水艇まで泳ぎ、母船から出ている引き綱を引っ掛けた。潜水艇に上がってハッチのそばにしゃがみ込んだとき、潜水艇から電子機器の焼けるような臭いがすることに、彼は気がついた。プレッシャー・ドロップ号から二〇メートルほど離れた地点で、マクドナルドはハッチの上部を開け、クレーンの怪物級の大きなフックに取り付ける太いハーネスを取り出した。頭上で振り回されているフックをマクドナルドがキャッチし、手際よくハーネスにつなぐ。リミッティング・ファクター号、帰還せり。

潜水艇が水面から持ち上げられてバンパーに固定されたところでマクドナルドが内部ハッチの封鎖を解き、ベスコボが外へ出てきた。いつになく顔が青ざめ、憔悴した様子だ。彼は弱々しく微笑んで手を振った。甲板に上がってラーヒィと握手を交わし、「大変だった」と報告してから自分の船室へまっすぐ向かった。バッテリー切れでヒーターが作動していなかったのだ。ベスコボの体は急速冷凍されていた。

潜水後の保守点検がすぐに始まり、少ししてラーヒィと電気技師のトム・ブレイズがドライ・ラボで焼け焦げた接続箱を抱えて首をひねっていた。プラスチック工場で火災が起きたような異臭を放っていて、戦争をくぐってきたかのようだ。「難解だ」とブレイズは言い、顔をしかめた。

「誰もそれを果たしたことがなかったから」歴史的潜水シリーズの期間、トンガで自分の潜水艇に乗り込もうとしているビクター・ベスコボ

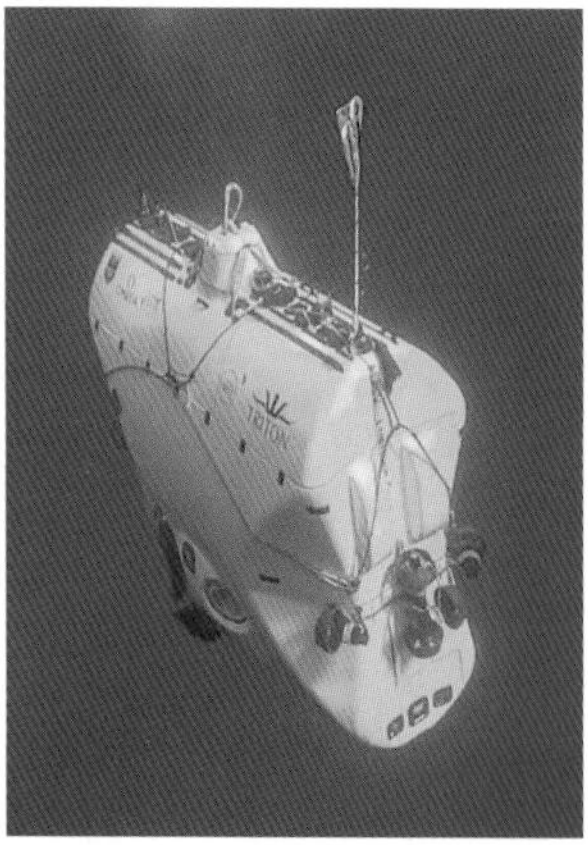

最大深度へ繰り返し潜水できる革命的深海潜水艇リミッティング・ファクター号

初めてチャレンジャー海淵に到達したベスコボを祝福するドン・ウォルシュ大尉と科学者のパトリシア・フライヤー

リミッティング・ファクター号の全深度潜水認証ダイブ後にハッチから出てきたパトリック・ラーヒィ。後ろに立つのはスイマーを務めたティム・マクドナルド

「私たちが見つけた中で最も奇怪な代物」ジャワ海溝で撮影されたストークト・アシディアン（茎のあるホヤ）の新種

ランダーに取り組んでいる〈ファイブ・ディープス〉の首席科学者アラン・ジェイミソン

ダイオウグソクムシ

ランダーの餌《えさ》を調べているソコダラの群れと二匹の通称アスフィッシュ（くそ魚）

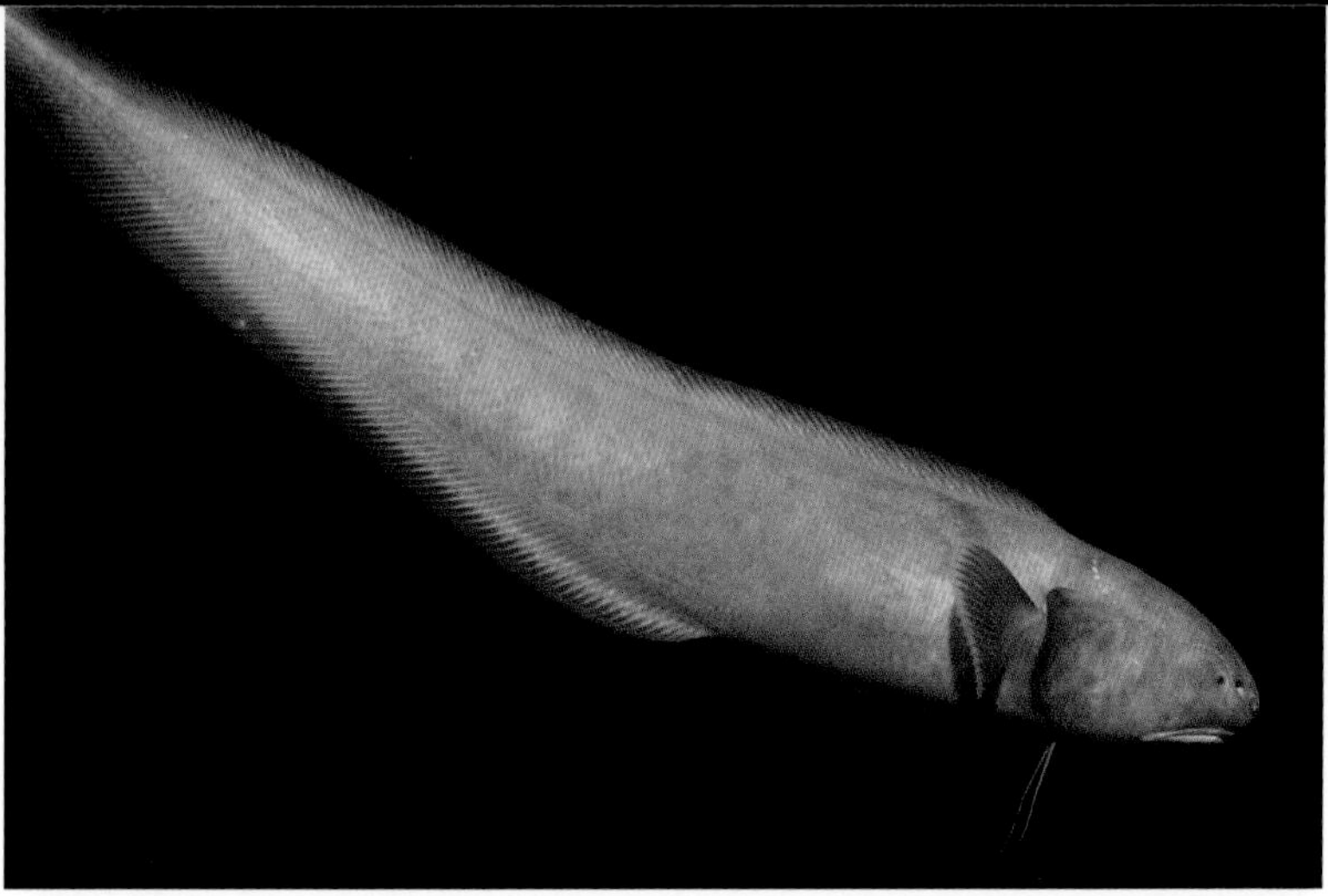

ローバスト・アスフィッシュ（頑丈なくそ魚、和名イシフクメンイタチウオ）という詩的でない名前で知られる種

超深海帯のランダーにやってきた端脚類の動物たちとアスフィッシュ、白いダイダラボッチ

ジャワ海溝で餌の付いたランダーに近づくジュウモンジダコ、ローバスト・アスフィッシュ、赤い体色のエビ

世界最深部の魚シンカイクサウオ（上・右）

リミッティング・ファクター号に乗ったアラン・ジェイミソンとティム・マクドナルド

探検隊隊長のロブ・マッカラム

トライトンチームのフランク・ロンバルド、ケルビン・マギー、スティーブ・チャペル

プレッシャー・ドロップ号の船長スチュアート・バックル

（上から）ヘザー・スチュアート、シェーン・アイグラー、キャシー・ボンジョバンニ、P・H・ナルジョレ

超深海への旅から帰還し浮上したリミッティング・ファクター号

プロジェクト〈ファイブ・ディープス〉で北極海モロイ海淵への潜水を完遂したビクター・ベスコボ

ランダー〈スカッフ〉

母船のウェット・ラボに置かれたゲンゲ科マユカジ属の一種グレイシャル・イールパウト（氷のゲンゲ）

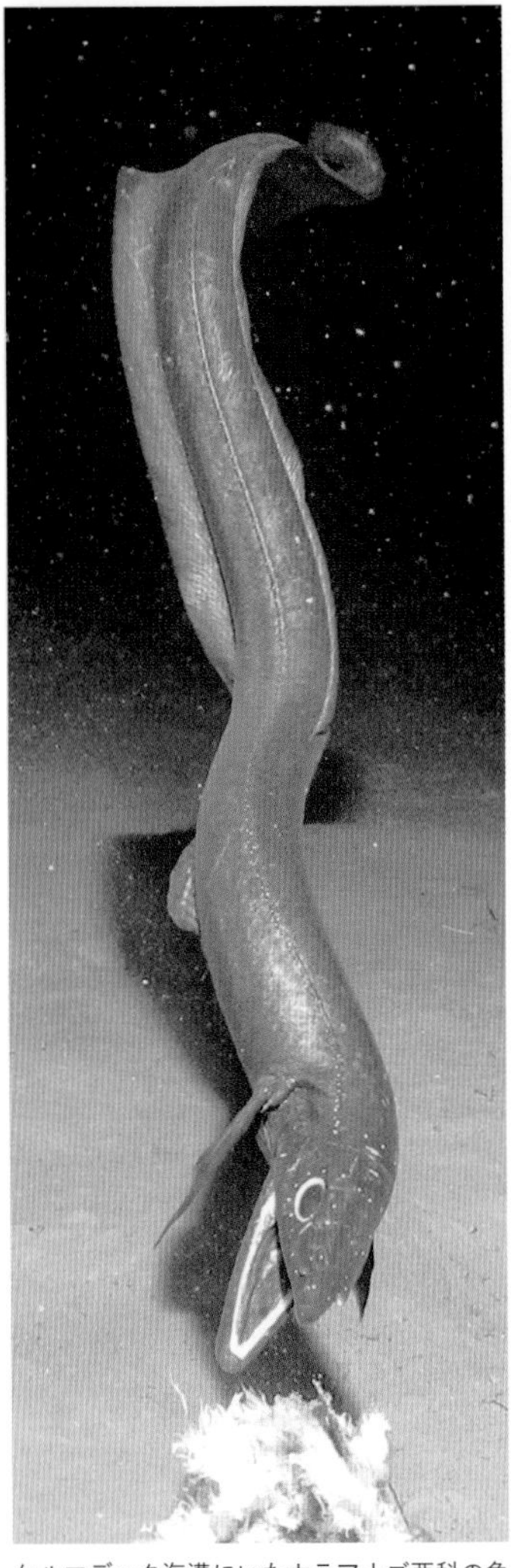

ケルマデック海溝にいたホラアナゴ亜科の魚
カットスロート・イール（喉《のど》裂きウナギ）

潜水艇ののぞき窓から撮影されたチャレンジャー海淵の
東プール西側にあるギザギザの断崖

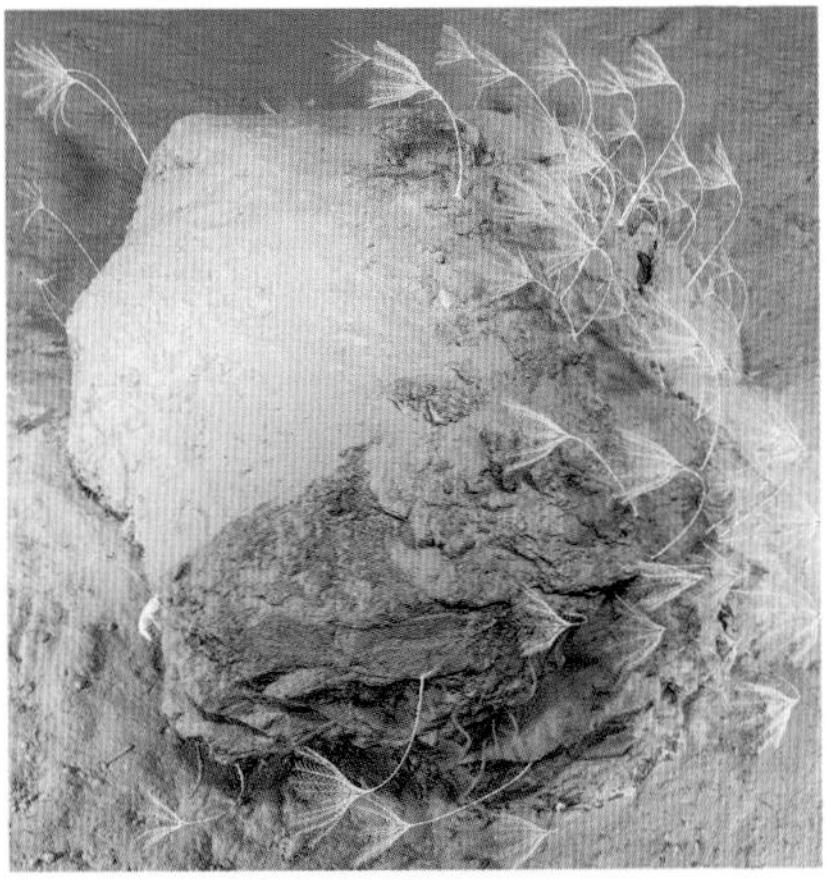

海底の岩にへばりつく有茎ウミユリ

「損傷が激しすぎて、元の原因が何だったのかわからない。いずれにしても造り直す必要がある」

「トムは物事に動じない」とラーヒィが言った。「私とちがってね」

ブレイズが訂正した。「心の中で悲鳴をあげているよ」

ひとつ確かなことがあった。翌日の潜水は中止になる。修理には少なくとも四十八時間かかり、細心の注意が必要なバッテリーの抜本的処置もあるから、それは陸上で行ったほうが安全だ、とラーヒィが説明した。スチュアートにとっては悲報だ。彼女の潜水予定は組み直され、その場所は地質学者の夢であるトンガ海溝ではない。ここで待っていたら、ニュージーランドの嵐が襲いかかってくる。天候の窓は閉ざされていた。


ベスコボは船内の食堂で一人、厚手のセーターにくるまって紅茶を飲み、スパゲッティ・ボロネーゼを食べて体温の回復に努めていた。背後の壁には『北極の基地／潜航大作戦』という冷戦期スリラーの映画ポスターが貼ってあり、いまの状況にぴったりだと私は思った。彼にごいっしょしていいかと尋ねて、席に着いた。潜水からの回復中に体験を思い出したいかどうかわからなかったが、彼は喜んで話してくれた。

「あそこは非友好的だった」と、彼は強調した。「私はその言葉を使いたい。生命がない。冷たい。歓迎していなかった。私がそこにいることを望んでいなかった」

「つまり、ほかの場所とはちがっていた、ということですか？」

「うん、そう」ベスコボは言った。「マリアナ海溝ではイソギンチャクを見た。海底に着いて十分もしないうちにナマコが離れていくところを見た。オレンジ色や赤色や黄色の微生物マットがあった。あそこは生命に満ちあふれていた。ジャワ海溝にもおびただしい数の生物がいた。南氷洋はまるで食料品店のようだった」彼は首を横に振った。「ここはちがう。ここがいちばん異質だった」

彼はポケットからiPhoneを取り出した。「ホライゾン海淵を見たいかい？」

ホライゾン海淵を見た二番目の人間になりたいか？　イエスに決まっている。彼の手から携帯電話をひっつかみたい衝動を抑えなければならなかった。ベスコボはのぞき窓越しに撮影した映像をタップして、私のほうに画面を向けた。光が当たったことのない場所を潜水艇の投光器が照らし出したとき、そこは鮮やかなセルリアンブルーに輝いていた。水は突き抜けるように澄んでいた。背景でスラスタがキーンとかん高い音を発していて、遠く離れた惑星から聞こえてくるクジラの歌のようだった。岩は見えず、小石も見えず、溶岩も見えない。赤ちゃんのように柔らかな堆積物の肌を破るものは何ひとつない。底は平らで、わずかに起伏があるが、大きな岩が現れたときもトラック程度の大きさだった。ベスコボが言ったとおりだ。ホライゾン海淵に長居は無用。その静けさには超現実的《シュール》な、眠気を催させるところがあり、無言の脅迫を受けているかのようだった。私は彼に映像の再生を求めた。

三度、四度と見ているうちにマキニスが入ってきて、椅子を引いた。身を乗り出して映像を見る。この一週間、彼はポッドキャストのために船上で人々に海との関係をインタビューし、真摯な答えを引き出そうとしていた。彼がトンガ海溝の暗い壮大さを承知していることを、私は知っていた。ベスコボも解凍がすんだら改めてその思いに打たれるだろう（後日、スチュアートとジェイミソンは、ホライゾン海淵の異様なくらいなめらかな海底は「最近の海底地すべりで堆積したもの」と結論づけた）。

「だから、ジョー」とベスコボは言い、マキニスにうなずきを送った。「いまスーザンに言っていたんだ、これは私が見た中で最も人を寄せつけない海溝だって。それに、恐ろしく寒かった。冷凍庫の中に十時間いたようだった」

北極の氷の下、「サブ・イグルー」と呼ばれる海底居住施設で過ごしたことがあるマキニスは慰めの言葉をかけた。ここで彼はベスコボに、バッテリー火災について質問した。「私たちが婉曲的に『熱《サーマル》イベント』と呼ぶ出来事が起きている兆候がいくつかあった」ベスコボは車のパンク程度の些細《ささい》な出来事であるかのように、事もなげに言った。「バッテリーが消耗していくのが見えたので、節電モードに入った。電気系統に問題が起こったときは、システムの通電を止めるのが最善だ」彼はマグカップで手を温めながら、紅茶をひと口飲んだ。「神経過敏な人なら計画を中止しただろうが、私はちがう」潜水艇は完全ではないにしろ稼働していた、と彼は言った。「行儀の悪いヘリコプターを飛ばそうとしていた感じかな」

ヘリのエンジンが燃えていたらどうするのだろう、と私は思った。

「自分のいるのが水深一一キロメートルなのにかい」とマキニスは言い、縮み上がったような顔をして見せた。「おうちから遠く離れた場所だ」

ベスコボはため息をついた。「私が深海の底にいるときに限って、こういうことが起こる。下降中や上昇中には全然起こらないのに」彼は目をきらりとさせ、刺激的な考えが浮かんだかのように言った。「史上最も深いところで起こった潜水火災だぞ！」

私は訊きたいと思っていたことがあったので、ここでそれを口にした。ベスコボがこれほどの時間とエネルギーと資金をかけ、あれだけのリスクを賭して深海を探検しようとするのはなぜなのだろう、と私は思っていた。なにしろ、これは並の探検ではない。平均的な億万長者は租税回避策やゴルフに向ける関心のほうが高い。称賛を得たいだけなら、もっと簡単で、もっと派手で、もっと安価な選択肢があったはずだ。「やっぱり、冒険だね」とベスコボは答えた。「何の冒険もせずに生きていくなら、それは生煮えの人生だと思う」この惑星で最も深い場所を地図化して探検するというミッションは長いあいだ放置されていて、自分ならやり遂げられるのではないかと思ったから単純に実行することにした、という。「たしかに多少のエゴはあった。最初の人間になるのがとても好きだから」と彼は言うが、彼の心をつかんで離さない報酬は体験そのもの、つまりまったく未知の領域を訪れる機会だった。

「探検を始める前から海が大好き《ラブ》だったんですか？」

ベスコボはためらった。「海は好き《ライク》だった。そう表現したほうが正しいだろうね。いまは海をより深く理解できるようになった。自分の目に見えるもの……いかにそこが謎に包まれているかを見ているただそれだけで、どんどん愛着が湧いてくる」

マキニスは微笑んだ。「海に魔法をかけられたな」

「そう、まさしくそれだよ」ベスコボは笑った。「あん畜生め」

その夜、私は寝台に体を横たえて舷窓から太平洋を見つめていた。上下する波のうねり、白波を立てて押し寄せてくる波、月が銀色に照らす船の航跡。このころにはプレッシャー・ドロップ号の揺れもほとんど心地よく感じられるようになっていたが、すぐには寝つけなかった。考えることがたくさんありすぎたからだ。

「物事の表面に注意をとどめていてはいけない」と、サイケデリックの聖者テレンス・マッケナは説いたが、海についてはまさしく正鵠《せいこく》を射《い》ている。しかし、その深さをどれだけの人が知っているだろう？　現時点でそれを知る人はきわめて少数であり、だからこそ、トンガ海溝をちらっと見ただけでも魅了されたのだ。ベスコボの映像を見て怖いと思ったり、不吉な胸騒ぎを起こしたりする人もいるだろう。私が読んだ記事では書き手がマリアナ海溝を、「恐ろしい虫食い穴《ワームホール》」と表現していた。あたかもそれが周知の事実であるかのように。しかし、超深海帯とその太古の美と荒々しさ、その真実に魅了されて、あるがままにそれを見る人もいるだろう。私たちの世界にもまだ発見されていない世界がある証しだと。

私たちはなぜこれほど長いあいだ、深海の多くに知らぬ顔をしてきたのだろう？　それはまるで、宝物や美術品や素晴らしい動物がぎっしり詰まった大邸宅に住んでいながら、ほとんどの部屋を見ようとしないようなものだ。控えめに言っても好奇心の欠如、近視眼的な姿勢であり、その結果私たちは自分の家をよく知らずにいる。創造力と想像力に長けた種族にしてはめずらしく、私たちは自分たちの行動範囲を限定し、あたかもただひとつの重要な次元であるかのように「外と上」へ注意を向けてきた。一一キロメートル下には私たちの支配権が及ばないからかもしれない。深海では、そこを掌握しているような顔すらできない。もちろん、私たちは宇宙を支配しているわけでもない。しかし、上へ向かって探検することで領土を征服しているような錯覚に陥る。際限なく貪欲に、自分たちの領域を広げているかのような錯覚に。こういう視点に立つと、内へ向かうこと、深淵へ入っていくことは、すでに自分たちが持っているものにはまり込むという感覚だろう。

リミッティング・ファクター号は征服せず、服従する。潜水艇は超深海帯への接近を可能にしてくれるが、黄泉の国という圧倒的な条件を受け入れたうえで近づくしかない。誰が潜水艇を操縦しようと、主導権はかならず海のほうが握っている。私個人はこれを魅惑的と感じ、船上のみんなもそう思い、ほかにも多くの人がそう思っていたが、概して私たちは、意識的、無意識的を問わず、深海には支配権を争ったり手間をかけたりする値打ちがない、という誤った考えを長きにわたって抱いてきた。地球最大の領域が陸上世界の土台ではないかのように振る舞ってきた。その考え方は少しずつ変わり始めているが、あくまでゆっくりとで、それも、生き延びるためにはそうするしかなかったからだ。

「私たちが惑星地球と呼ぶこの有人宇宙船の住民の九九パーセントは、火星や月へ行くわけではない」と、ドン・ウォルシュはオレゴン州の自宅でつぶやくように私に言った。「私たちは何らかのかたちで、自分たちが住んでいる場所を理解し、それがどのように機能し、あるいは機能しないのか、そこに自分たちがどのような影響を及ぼしているかを理解する必要がある」

無類の潜水艇とランダーとソナーを備えた母船プレッシャー・ドロップ号は海の上、深海除幕式の最前列に浮かんでいる。オラウス・マグヌス、エドワード・フォーブス、チャールズ・ワイビル・トムソン、ウィリアム・ビービ――彼らだったら、そこを見るためにどんな犠牲を払っただろう？　ラーヒィが口を開いたとき、その声は興奮にうわずっていた。「我々は海の広大な領域に光をともそうとしている。君も知ってのとおり、海底には途方もない地形がある。ピナクル、海山、壁、さまざまな形……」すべてを列挙するのは不可能という思いからか、彼の言葉は尻切れとんぼになった。しかし、彼の言葉が途切れたところから私の想像は続いた。ヌクアロファに戻ったら予定どおりこの船を離れるが、私はこの一団の近くにいようと思っていた。半世紀ものあいだ、深海に何があるか知りたいと切に願ってきた私にとって、これはそこを見るチャンスだった。

第六章

「これはすべての沈没船の母なんだ」

こうして彼は知った。北へ四海里離れたところで（中略）
十八世紀に沈められたスペインのガレオン船には
五〇〇〇億ペソを超える純金と宝石が積み込まれていて、
いまだに引き揚げられていないことを。それを聞き彼はびっくりしたが、
しばらくこの話を思い出すことはなかった。しかし二、三カ月、
恋に目覚めた彼は、その財宝を引き揚げてフェルミーナ・ダーサに
浴びるほどの金《きん》をもたらしてやりたいと夢見るようになった。
――ガブリエル・ガルシア＝マルケス『コレラの時代の愛』

コロンビア——カルタヘナ・デ・インディアス
米国——フロリダ州アベンチュラ

カルタヘナ港から五〇キロメートル離れたカリブ海の水深六〇〇メートルで、REMUS《レイマス》6000と呼ばれる自律型水中環境モニタリングロボットが碁盤目を描きながら飛行し、行方不明になって三百七年が経つスペインのガレオン船を探していた。REMUSは全長三・九九メートル、葉巻にひれを付けたような形状で、チタン製の背骨と人工知能の神経系を持ち、複数のセンサーとカメラを備え、堆積物の下をX線のように見透すことができる一台を含めた四種類のソナーを搭載していた。どこかに埋もれていようと、このロボットの音響眼《アコースティック・アイ》を逃れられる沈没船はない。

しかし、そもそもそのガレオン船はここにあるのか？　この水域のどこかにあるのか？　何十年ものあいだ人々はそれを探し続けてきた。二〇一五年十一月に行われたこの調査はそのシリーズ最新版に過ぎず、これまでの調査と同じく思うにまかせなかった。二三三平方キロメートルにわたる捜索区域は六つのセクターに区分されていたが、そのうち五つはすでに空振りに終わり、ソナーの映像には岩と砂しか映っていなかった。REMUSは周回を終えて浮上し、自分の位置を知らせてきた。引っかけフックで回収され、ウッズホール海洋研究所のエンジニア・チームが待つコロンビア海軍船ＡＲＣマルペロ号に収容された。このロボットの旅には、そのいとこに当たるジェイソンのときと同じく取り巻きの一団が付き添っていた。

ＲＥＭＵＳは光ファイバーのケーブルを使わず自律的に泳ぐため、深海で何を発見してきたかはまだ誰も知らない。情報はロボットの内部コンピュータに記録されている。そのデータがすみやかにハードドライブに転送され、沿岸警備隊の船に引き渡された。船が上陸して、コロンビア海軍の士官が港近くのアパートにドライブを届け、その部屋ではコンピュータと海底地形図に覆われた長いテーブルで二人の男が仕事に取り組んでいた。

その一人、水中考古学者のロジャー・ドゥーリーは大胆な賭けに出ていた。ガレオン船が永遠の眠りに就いた場所を示す、忘れられて久しい手がかりを見つけたと彼は信じ、そこに自分のキャリアと名声を懸けていた。捜索海域を特定したのも、ハイテク捜索を行うために何百万ドルもの資金を集めたのも、コロンビアの大統領に捜索支援を説得したのも、公文書館にこもって古文書を研究し、細部を詰めていったのもドゥーリーだった。その生涯をかけた執念が彼をこの瞬間に導いた。彼は自信満々だったが、深海の底は何の保証も与えてくれていなかった。

いっしょにいるのはカナダのソナー専門家、ギャリー・コザックだ。素人目には、マルチビームや側方走査《サイドスキャン》、地層探査装置《サブボトム》でとらえた海底断面は視覚のホワイトノイズに等しい。膨大な音響データの中から信号を識別することは、芸術であり科学でもあった。コザックは海洋サイズの干し草の山から一本の針を見つける魔術師だった。かつて彼はマイクロソフトの共同創業者である故ポール・アレンが資金を提供したチームの一員として、深海に沈んだ第二次世界大戦時の重要な沈船を何十隻も発見した。その一隻USSインディアナポリスは日本の潜水艦の魚雷攻撃を受け、十二分間で五五〇〇メートル下へ沈んだ不運な船だった（アメリカ人水兵九百人が漂流し、サメをかわしながら救助隊が到着するまで四日間、海上に取り残された。生き残ったのはわずか三百十六人だった）。しかし、コザックには軍艦よりはるかに小さな物体を発見する能力があった。溺死者の遺体を発見したことも一度や二度ではない。

ガレオン船捜索中の何週間か、コザックはREMUSのデータを精査しては落胆して椅子に背をあずけた。しかしこの前日、ソナー技術者が「ソナー異常《アノマリー》」と呼ぶ、海底に点字のように浮き出た明るい隆起の集まりを発見した。「地質学的な形状でない何かがここにある」コザックはドゥーリーに言った。「散乱パターンが見えますか？」ドゥーリーはマルペロ号に無線連絡を取り、REMUSに近接写真を撮りに戻らせるよう要請した。その写真を見れば、このアノマリーはガレオン船が沈んでいる場所なのか、それとも、錆びた石油用ドラム缶の山のようなありきたりのものなのかを判断できる。その写真はいま、陸に運ばれたハードドライブに保存されていた。

ドゥーリーが身を乗り出して見守る中、コザックは彼のコンピュータにドライブをつないで最初の画像を呼び出した。海底の瓦礫を俯瞰した写真が画面いっぱいに広がる。興味深いが、決定的なものではない。このあと二枚目の画像が現れた。フレームの左側にソコダラが静止し、REMUSの明るい照明光を浴びて影を投げていた。右側にはっきり見えるもの、堆積物を突き破っているものがあった。青銅製の堂々たる大砲が三門。海底に散らばった金貨の間に、のちに康熙《こうき》帝《てい》〔清朝の第四代皇帝〕時代の中国製磁器と判明するカップが散らばっていた。「ああ、神様」ドゥーリーは感極まって額に手を当てた。コザックは呆然と画面を見つめた。

本当にあった、スペインのガレオン船サンホセ号が。ティエラフィルメ艦隊〔財宝艦隊のひとつ〕の雄大な旗艦で、当時最強の船のひとつだった。一七〇八年五月二十八日にパナマのポルトベロから出航したとき、この船は金、銀、エメラルドなどの財宝を満載していた。スペイン・ブルボン朝初代の王フェリペ五世がスペイン継承戦争（スペインとフランスがイギリス、オランダ共和国などヨーロッパの事実上すべての国と戦った戦争）の資金源として、新大陸から必死で持ち帰らせようとしていたものだ。スペインにとっては激動の時代だった。その状況はすぐに悪化する。

サンホセ号が最後の航海に出たときも楽な状況ではなかった。カリブ海には海賊がひしめき、コロンビアの沖合には大砲七十門を備えた巨大船HMSエクスペディションが率いるイギリス軍艦隊がうろついていた。艦隊指揮官チャールズ・ウェイジャーは、このガレオン船が海に浮かぶブリンクス〔貴重品専門輸送会社〕の運搬トラックであることをよく知っていた。一七〇八年六月八日の夕刻、サンホセ号と無敵艦隊の十六隻がカルタヘナ港の安全な場所へ到着する前に、イギリス軍は前進をかけ、戦闘が始まった。夜の闇が海上を覆い隠すころ、両軍の船が大砲を撃ち合い、煙と混沌と暗闇の中、サンホセ号の船首前部の火薬庫がとつぜん爆発した。それから数分でガレオン船は姿を消した。

サンホセ号の艦長ドン・ホセ・フェルナンデス・デ・サンティリャンは船とともに水没した。およそ六百人の士官、貴族、官僚、商人、兵士、水兵も運命を共にし、それ以外に太鼓奏者が三人、旗手が一人、司祭が一人か二人、そしてヤギやニワトリも水没した。浮遊するマストの残骸にしがみついた乗組員十四人が生き延び、イギリス軍の捕虜となった。ウェイジャーは戦いには勝ったが、財宝は深海に奪われた。

水中考古学者とトレジャーハンターはたがいへの憎しみしか共通点のない種族だが、サンホセ号を発見する技術が確立されて以来、どちらもこのガレオン船の発見を熱望していた。莫大な歴史的価値とそれに匹敵する富が理由だ。それぞれの見方によるが、サンホセ号は貴重な文化遺産で、釘の一本一本までが丹念な研究に値すると考える人たち（考古学者）もいれば、ただちに吸い上げるべき戦利品の山と考える人たち（トレジャーハンター）もいた。誰にとってもこの船は垂涎の的だった。しかし海は広く、イギリスとスペインの記録は曖昧で、どこで戦闘があったのかについても矛盾があった。いま、私たちは真実を知った。しかし、カルタヘナで乾杯のシャンパンの栓が抜かれているとき、深海考古学のある苦い事実が明らかになろうとしていた。沈没船を見つけるよりはるかに難しいことがあったのだ。

深海に関する膨大なアーカイブには、想像可能な限りの船舶の骨格が収められている。フェニキアのガレー船、バイキングのドラゴン船、ローマの軍艦、中国のジャンク船、ポルトガルのカラベル船――ユネスコの推定によれば、海底には三百万隻もの船が眠っていて、ごく一部を除けば無名の船ばかりだという。

沈没船の大半は沿岸海域に沈んで岩礁に叩きつけられ、嵐に洗われて砕け散ったり裂けたりしている。しかし、冷たい深淵に沈んだ場合は驚くほど保存状態がいいこともある。堆積物の中にあって、時の洗礼、激しく打ちつける波と潮流、木材を食い荒らすフナクイムシの食欲、漁師の網、そして人間の手から守られている。深海の沈没船は過去からやってきた密航者のようなものだ。不在と存在の狭間の煉獄に潜み、姿は消したが、まだここにいる。小さな確率をくつがえして発見されるまでは、ずっと失われたままだ。

ＲＥＭＵＳの写真から沈船サンホセ号の保存状態が素晴らしいことは明らかだった。船体は直立した状態で着底し、沈泥の中に沈んでいた。泥の中に密閉され、軟体動物の餌食にならずにすんだ。船首は消えていたが、ガレオン船の構造を研究していたドゥーリーには、そこ以外の構造は健全なままで積荷も無傷であることがすぐにわかった。これを発掘すれば、十七世紀に直結する扉が開かれる。

そのために必要なことは何か？　水深九五〇メートルの海底に沈んでいる船を慎重かつ厳密に解剖することか？　財宝といっしょにその物語を引き上げ、遺跡の隅々から知識を搾り取ることか？　必要な道具は四つ。専門知識、忍耐力、ロボット、資金。特に資金だ。海底に沈んだ船のうち徹底的な調査を受けたものがひと握りしかないのは、費用がたちまち数百万ドル規模にふくれ上がるからだ。そうした資金を持たない集団があるとすれば、それは水中考古学者たちだった。

漁師や、海に潜って天然の海綿《スポンジ》を捕るスポンジダイバーは、古来、海から古代の遺物を引き揚げてきたが、科学としての水中考古学が始まったのはスキューバダイビングが広く普及した一九五〇年代後半からだ。その当時でさえ水中の仕事に興味を抱く人はほとんどいなかった。二十世紀前半はマチュピチュやラスコー洞窟、ツタンカーメン王の墓などが発見され、陸上考古学の名声を高めたが、海底の軟泥を掘ることにそれと同じ価値はなかった。水中考古学は余興と考えられていた。当初から資金は皆無に等しかった。

一九六〇年、考古学を学ぶ大学院生たちがトルコの南岸沖に沈んだ沈没船の調査に乗り出した。彼らは機材を集め、浜辺で苦しい生活を送っていた。テントを買うお金さえなかったからだ。彼らが水深三三メートルで青銅器時代の商船の残骸を回収することに成功し、紀元前十三世紀の海上交易は想像よりはるかに洗練されていたことを明らかにしたとき、考古学界は嘲笑した。遺跡を調査し、地図の作製と計測を行い、あらゆる遺物のあった場所と深度を記録し、壊れやすい遺物を傷つけずに取り出すという綿密かつ時間のかかる作業は、タンクとフィンとゴムマスクを着けて潜ったり浮き上がったりしている人間にできるものではないと、陸上考古学者たちは断言した。

「本当に苦しい闘いだった」と学生の一人、ペンシルベニア大学のジョージ・バスは五十年後のインタビューで振り返った。「つまり、私たちは本当に嘲笑されていたんです。豆と米とトマトだけで食いつなぎ、食べるものがまったくない日もありました。何も食べられなかった。何ひとつ」

しかしなぜか、その苦難に満ちた水上生活は、のちに「水中考古学の父」と呼ばれるバスの性に合っていた。バスと彼のグループは好奇心をそそる沈船が散らばっているエーゲ海で、他人の力を借りずにひたすら探検を続けた。潜水病の危険を冒しながら、毎日のように潜水深度を深めていった。彼らはおんぼろの「はしけ」を潜水プラットフォームに使い、悪臭漂う漁船の船倉で眠り、サシバエの大発生に耐えた。当時、バスはこう書いている。「私たちはいつも濡れていて、寒い思いをし、いつも疲れていて、少しおびえていることが多かった」しかし、彼らは即席で新しい道具を作り、海中での新しい発掘方法を考案し、驚くべき発見を次々と重ねていった。バスは海底を世界最大の博物館と見ていた。「精巧な宝飾品から、エジプトのピラミッド用の巨大な建築ブロックまで、これまで人類が作ったもののほとんどは、一度や二度は船で運ばれてきた」のだから。

紀元七世紀の東ローマ帝国の船から陶器の宝庫が発見され、ヘラクレイオス王朝時代の暮らしをうかがわせた。考古学を学ぶある学生が何年かかけて木造船体の断片をつなぎ合わせ、並外れて洗練された設計を明らかにした。またこの船の中身を調べて、船長が司祭だったこと、ペルシャとの聖戦中に東ローマ帝国軍にワインを供給するため、教会が後援した使命を帯びて航海していたことを突き止めた人たちもいた。紀元一〇二五年ごろに商船が沈没した別の現場では、スキューバダイビングで水中に潜った考古学者たちが海底から三トンに及ぶ色とりどりのガラスの破片をデンタルピック（三角楊枝）とピンセットでこじ開け、彼らの手から破片をひったくろうとする縄張り意識の強いタコをかわしながら、二十年をかけて中世イスラムのガラス工芸品としては世界最大のコレクションへと再構築した。なるほど。やはり決め手は忍耐だ。

一九六〇年代、バスと彼の腹を空かせた乗組員たちは、自分たちのしたことが二十世紀最高の考古学的発見のひとつとして三十年後に称賛されるとは思いもしなかっただろう。エジプトの王《ファラオ》アクエンアテンとその王妃ネフェルティティの時代にさかのぼる、三千三百年前の王室船を、彼らは発見したのだ。いま現在、「ウルブルン沈没船」として知られるこの船には、古代世界の隅々から集められた豪華な品々が収められていた。古代ギリシャの都市国家ミュケナイの杯、カナンのランプ、メソポタミアの石印、キプロスの銅、アフリカの黒檀、アジアの象牙、エジプトの金《きん》。アヒルの形に彫られた化粧品入れや、カバの歯から彫られたトロンボーン、ネフェルティティの名が刻まれた金のスカラベもあった。彼らは十一年間で水深六〇メートルという限界ぎりぎりの深度へ二万二千五百回も潜り、一万五千点の遺物とレバノン杉でできた船体の一部を回収した。彼らは不可解な知識のギャップを埋め、古来の謎を解き、歴史書に新しい章を加え、否定派は最後にばかを見る。それが未来だった。しかし、そこへ到達するにはもっと多くのものをかき集め、倹約し、奮闘しなければならなかった。

水深九〇メートルで網を引きずっていたトルコのスポンジダイバーがギリシャの古典的な像を二体発見したとき、バスはその由来を知りたいと思った。このような珠玉の数々を運んでいた船には大きな意味があるにちがいない。しかし、六〇年代のスキューバダイビングの装備では、思いとどまるのが賢明だった。自分が沈没船の一部になってしまう。水深六〇メートルより下では別の道具が必要だった。「私は潜水艦を使うことに決めた」バスは回想録『アーケオロジー・ビニース・ザ・シー（海の下の考古学）』で語っている。「しかし、どうやって？」

幸運にも、〈ゼネラル・ダイナミクス〉社の電気ボート部門が二人乗り潜水艇を提供し、費用を引き受けてくれることになった。同社は個人用潜水艇の市場をつくり出すことに熱心で、自社の潜水艇が文明黎明期の遺物を狩るというのは広告の文言にうってつけだ。一九六四年、この潜水艇はトルコへ運ばれた。より深い地点で沈没船を探すことはもとより、ダイバーたちが何週間かかかるところを何時間かで探せるから、浅い場所での費用削減にもつながるという確信がバスにはあった。彼の考えは正しかったが、その恩恵は長続きしなかった。考古学者には賠償責任保険に加入する経済的な余裕がなかったため、この潜水艇を手放さなければならなくなったのだ。

それでも、失われた船を発見するカギとして科学技術がスポンジダイバーに取って代わるのは時間の問題だった。一九八五年、海洋学者のボブ・バラード率いる探検隊が有索カメラシステム「アルゴ」とともに、有名な深海沈没船RMSタイタニック号を発見したとき、突破口は開かれた。タイタニック号は大西洋で水深およそ三八〇〇メートルの暗黒の海底に沈んでおり、巨大な船体は鉛筆のように折れていたが、アルゴのカメラはそれを鮮明、詳細にとらえることに成功した。「タイタニック号の周囲には、海底に漂着したり何らかの形でそのまま無傷のまま流出したりした物体が何千、何万と見えた」と、バラードはのちに書いている。まっすぐ立った磁器のティーカップ、銀の配膳トレイ、数多くのワインボトル、そして何より悲しいことに、古めかしいボタンがついた何組もの靴が、持ち主が履いていたと思われる角度と距離で海底に散らばっていて、持ち主が底までそれを履いていたことを暗示した。

バラードはロボットを使って深海を探査する手法を熱心に説いた。彼はロボットを、どんな場所でも歩きまわり、どんな沈没船でも見つけられる「無人有索眼球」として思い描いていた。彼は遠隔操作型無人潜水機（ROV）ジェイソンの初期バージョンを試験しながら、歴史的な交易路の下の海底を探索し始めた。広い開放水域の横断は予期せぬ嵐に遭遇する危険と常に隣り合わせだ。一九八九年、彼はシチリア海峡の水深七五〇メートルにローマの船数隻を発見した。ジェイソンはその場所を地図化したのち、マニピュレーターに取り付けたトングで粘土製アンフォラなどの遺物をそっと回収した。これは飛躍的な進歩であり、適切な道具があれば大きな深度でも正確な発掘ができることの証明でもあった。もちろん、安価ではできないだろうが。

二〇〇五年、ノルウェーの考古学者たちがある信じがたい後援者から資金援助を受けることになって、その好機を得た。海底に全長一二〇〇キロメートルに及ぶパイプラインを敷設しようとしていたノルスク・ハイドロ社という同国の石油会社だ。このパイプラインが完成すれば、ノルウェーの深海天然ガス田オーメン・ランゲからイングランド北東部をつなぎ、英国の天然ガスの二〇パーセントをまかなうことができる。石油会社が大好きなビッグスケールのプロジェクトで、ノルウェー海の水深九〇〇メートルに一一〇億ドルをかけて沈めた大規模複合施設でそれを上回るドルを稼ごうというものだ。ひとつ厄介な問題があった。提案された敷設ルートのど真ん中に歴史的な沈没船が横たわっていたのだ。

ノルウェーには強制力を持つ文化遺産保護法があるため、ノルスク・ハイドロ社はやりたかっただろうが、この船をブルドーザーで破壊して忘却の彼方《かなた》へ追いやるわけにはいかなかった。ルートを変更しても問題は解決できない。それ以外にもいたるところに歴史的な沈没船が沈んでいたからだ。また海底の地形も複雑だった。オーメン・ランゲ周辺の海底は、いまから八千二百年前に発生した「ストレッガ海底地すべり」と呼ばれる大きな地すべりでギザギザの傷跡がついていた（この地すべりの原因については地質学者の間に議論があるが、ノルウェーの大陸棚のスラブが崩落して大きな津波が生じ、北欧を打ちのめしたことはわかっている）。この状況を回避する方法はない。じゃまな沈没船を外科手術的に取り除く必要があった。

このプロジェクトを率いたノルウェー科学技術大学のフレドリック・スールアイデは、その著書『シップス・フロム・ザ・デプス（深海から引き揚げられた沈没船）』でオーメン・ランゲの沈没船のことを書いている。正直、世界初のロボットによる深海の考古学的発掘物語を読むのは、私にはとても楽しい時間だった。先駆的手法、最先端の機器、カスタマイズされたソフトウェア、この仕事のために造られた特別なＲＯＶには、壊れやすいものを拾うソフトタッチのマニピュレーターと精密な測定を行えるレーザーが完備されていた。高解像度映像の撮影に使われるＲＯＶも一台あった。これも石油会社が一千万ドルの費用を負担するとわかっているからできたことだ。では、沈んでいた船は？　まあ、それは宝物を満載したスペインのガレオン船ではなかったとだけ言っておこう。

考古学者たちはそれを、満載した酒瓶をロシアへ運んでいた十八世紀末の船名不詳の商船と特定した。現場の海底には、酔っ払った怒れる巨人が投げつけたかのように千本以上の瓶が散乱していた。「この船は商売上うまみのある蒸留酒を運んでいたようです」スールアイデは屈託のない様子でコメントしている。「穀物や塩、あるいは同じように腐りやすい荷物も積まれていたかもしれないが、それは生き残れなかったのでしょう」瓶のほかに陶器の樽、ロシアの硬貨、石の平皿などが発見された。

オーメン・ランゲで発見された船は派手さとは無縁だったが、深海の沈没船を科学的に解剖したいと願う人たちに最良実施例という遺産を残した。そしてドゥーリーはサンホセ号でも同じ手法を用いようと誓っていた。いっさい手を抜かず、費用を惜しまない。考古学者、ロボット工学エンジニア、海洋生物学者、歴史学者、保存修復家の軍団を集める。自律型ロボットや遠隔操作型ロボットを使い、ひょっとしたら有人潜水艇も使うかもしれない。彼はガレオン船の発掘費用を五〇〇〇万ドルと見積もった。

沈没船には本質的に人の心を揺さぶるところがある。運命に打ちのめされ、水中でまどろんでいるそれは、本来いるべき場所と時代にいない。いるべきでない場所に閉じ込められた人類の進歩の象徴なのだ。かつては頑丈で航海に適していた船が、いまでは深みへ落ちた創造物の死骸と化している。肋骨は沈泥でゴースト化し、鉄は酸化して繊維状の錆と化し、ロウソクの蠟《ろう》のように側面を滴り落ちていく。このベールに覆われた腐敗からは、自分が死を免れない存在であることを感じ取らずにいられない。

こういうあの世感がサンホセ号のたまらない魅力なのだ。この船の回収は伝説を現実に、死を生に変えることに似ている。この船の武勇伝と悲劇と失われた財宝の物語は、それを耳にしたあらゆる人のドーパミン受容体を刺激する。デスクワーク、通勤ラッシュ、スマホのスクロール、クリーニング屋への急ぎ足――そんな日々に不思議はなく、畏敬の念もない。サンホセ号はその両方を提供してくれる。しかし、地下世界に巧みに隠されているこのガレオン船を見つけられるのは、最も熱心な探求者だけだ。それがドゥーリーであり、そんな存在にふさわしく、私が彼を見つけるのは容易なことではなかった。

私が初めてサンホセ号のことを知ったのは、その発見がニュースになった二〇一五年十二月のことだった。いつものように深海に関する記事を探していた私は当然のように、「潜水ロボットが海に沈んだ二二〇億ドル相当の金《きん》を発見」「何世紀も前に海に沈んだ財宝船の『聖杯』がついに発見されたとコロンビアが発表」といった見出しに引きつけられた。すべての記事を読んだが、クリップ記事は短くて繰り返しが多く、特に財宝の価値については事実に薄く誇張に厚かった。金額は一〇億ドルから三〇〇〇億ドルまで幅があり、ほとんどのメディアは一七〇億ドルに落ち着いたが、どのようにしてその数字がはじき出されたかという説明はなかった。報道は水中考古学チームに言及していたが、具体的なチーム名は挙がらなかった。ウッズホール海洋研究所が関与していたが、業務を請け負っただけでチーム本体ではなかった。略奪者の出現を恐れて、コロンビア海軍が護衛に当たり、沈没船の座標は国家機密となった。

それはもっともな懸念だった。深海でも違法な引き揚げ《サルベージ》は情け容赦ないくらい効率化されていた。小さな犯罪者集団が第二次世界大戦中に沈没した戦艦を解体して海底から何百メートルも持ち上げ、すべてを運び去って金属くずとして売るなんて不可能だ、少なくとも嫌になるくらい難しいはずだ、と思うかもしれない。それは間違いだ。二〇〇六年から二〇一六年にかけて、ジャワ海だけでイギリスの軍艦三隻、オランダの軍艦三隻、オーストラリアの軍艦一隻、アメリカの潜水艦一隻が海底から引っこ抜かれた。金属を対象にしたこういう海賊行為は世界じゅうで起きていた。窃盗団が銅や鋼鉄のためにそれだけの手間をかけるとすれば、金《きん》のためなら何をするか想像してほしい。

たしかに、ガレオン船の居場所をはじめとする詳細に沈黙を貫くのは道理にかなっていた。しかし、飽くなき好奇心が私の初期設定だ。必要最小限のニュースでは満足できない。疑問は山ほどあったが、その矛先を向ける場所がどこにもなく、しばらくするとサンホセ号のことは（完全にではなくても）忘れてしまった。そして二〇一九年、行方不明になったMH370便の取材中、同機の捜索でアドバイザーを務めたギャリー・コザックを紹介された。インタビューの準備をしながら彼のウェブサイトを見ると、そこには「サンホセ号捜索プロジェクトに自律型水中機（AUV）のミッションに関する計画立案とソナーデータの解析を提供」とあった。

コザックと電話がつながると、私はすぐ取材に乗り出した。彼はガレオン船の探索に複数回参加していることがわかった。「初めてガレオン船を探したのは一九八〇年代の初めだ」と彼は言い、それから含み笑いをした。「それについては面白い話があってね。ある夜、カルタヘナ港で海賊に乗り込まれた」

「本当ですか？」

「本当だとも。掛け値なし。船に海賊が乗り込んできたんだ。運よく船室には鍵がかかっていたが、甲板にあるものは全部持っていかれた。船外機、アンカー、持っていけるものはみんな奪われた。いやまったく、胸躍る体験だったね」

コザックは四十年の海底経験を持つ魅力的な語り手だった。ネス湖の怪獣狩りに数多く参加した（そのひとつで、プレシオサウルスのような大きなひれの写真を撮っている）のを含め、水中の狩りに何十回も参加していた。私はサンホセ号に話を戻した。コザックは船を見つけるまでの過程をこんなふうに語った。「あらゆることに完璧に対応できる道具はない。だから、海底面のものにはサイドスキャンソナー、埋没しているものにはサブボトムプロファイラーと磁力計を使う」しかし彼は、自分を雇った男の身元を明かすのはためらった。私が名前を尋ねると、コザックはため息をついてこう言った。「彼に連絡を取ってみる。ＯＫが出たら連絡先を送ろう」彼はしばらく黙っていた。「彼からサンホセ号を探すと言われたとき、私はちょっと鼻で笑って、『そんなことできるわけがない』と思った。でも、ロジャーは本当にすごい男だ。それに、これは彼の夢だったんだ」

「これから話すことは内緒ごとなんだ、いいかい？　誰も知る人はいない。コロンビアの大統領も、私の妻も。話の全貌を知る者は一人もいない。本当に、誰にも話していないんだ。とにかく、ご理解願いたい」ロジャー・ドゥーリーはひと呼吸おいて、私をリビングの白い革張りのソファへ誘導した。彼のコンドミニアムの床から天井まである窓からは、フロリダのメキシコ湾沿岸内水路をゆっくり進んでいくボートや、紺碧の大西洋、マイアミ・ビーチの高層ビルが見えた。

この舞台設定をゆったりした娯楽への賛歌と解釈することもできたが、ドゥーリー自身は緩慢さとは無縁だった。電話で何時間も話すうち、彼が興奮しやすいことはわかっていた。七十四歳という年齢にはまったく見えなかった。「私は一人オーケストラみたいなものだ」と彼は言った。

長身で、淡い色の癖毛に、薄青色の瞳、淡いバラ色の顔色、白髪まじりのあご髭《ひげ》と口髭が表情豊かな角張った顔を縁取っている。最大の特徴は声だ。ドゥーリーは米ニュージャージー州ニューアークに生まれ、幼少期の大半をニューヨークのブルックリンで過ごし、十三歳でキューバのハバナに移り住んだ。その結果、絹のようになめらかなスペイン語の子音とニューヨークの平坦な母音が混ざった、どこの地方かわからない訛りが生まれ、その声はウイスキーを飲んで煙草を吸ったときのようなざらついた感じがした。そうしたすべてが言葉のミキサーにかけられていた。また、彼は暴走列車のようなスピードで話をする。

私が可能な限りのスピードでノートにメモをしているあいだ、ドゥーリーは時速一〇〇万キロで部屋を歩きまわって壁に並んだ船の絵を指さしながらその説明をしていった。そもそもの最初から話を始め、歴史の教訓を交えていく。「世間の人はいろんな船をガレオン船と呼ぶ」彼は言った。「しかし、ガレオン船は特定の時代の特定の船だった。建造されたのは一五八〇年代の初頭から一七〇〇年までだ。その期間に限られる」

つまり、一六九八年にサンホセ号が命名を受けたのは、ひとつの時代が終わりを迎えようとしていたときだった。十六世紀から十七世紀にかけて、スペインは大西洋を支配し、キューバ、フロリダ、西インド諸島、メキシコ、中米を手中に収めた。エルナン・コルテスやフランシスコ・ピサロに率いられた征服者《コンキスタドール》たちは、強欲むきだしで一心不乱にアステカ文明やインカ文明から略奪をした。ガレオン船は帝国の野望を満たす船であり、金庫のように頑丈で、大砲を備え、何百人もの兵士と何トンもの銀と金を運べるだけの大きさがあった。しかし、永遠に続く帝国はなく、一七〇〇年を迎えるころには、イギリスの海軍力が台頭し、より高速で機敏な新世代の軍艦の登場とともにスペインの海洋覇権は揺らぎ始めていた。

サンホセ号は最後のガレオン船のひとつであっただけでなく、屈強な、並外れて美しい船だった。全長約四五メートル、幅一二メートル、キール〔船底に突き出た部分〕三五メートル、砲列甲板がふたつに、高々とそびえ立つマストが三本、青銅製の大砲六十二門を備え、ハンドルは跳躍するイルカの形に鋳造されていた。ドゥーリーによればサンホセ号には金めっきの彫刻と聖人たちの絵で精巧な装飾がほどこされていた。彼は私を部屋の端のアルコーブにある自分の机へ手招きした。上の壁には、歴史書を読まずガレオン船に詳しくない一般人のために彼が描いたサンホセ号のポスターが四枚貼られていた。イラストと略図と説明文がびっしり描き込まれた写実的な大作だ。「本当の姿を知ってもらいたいんだ」と、彼は怒りに満ちた口調で言った。「博物館も書物も広報物も、みんなうんざりだ。つまり、やつらはことごとく間違っている」

ドゥーリーは自分の備蓄した知識に加えるべく、美術史家や軍事史家や造船技師、十七世紀の造船や貨幣学、スペイン製陶磁器、オランダ製ガラス、宗教的図像、大砲、拳銃、錨《いかり》など、数多くの専門家の協力を仰いできた。倉庫を借りなければならないくらい膨大な研究資料を集めてきた。彼のお気に入りの場所はスペインのセビリアにある〈インディアス総合古文書館〉だ。スペイン植民地時代の目がくらみそうな文書、八千万点を所蔵している。「古文書に囲まれた中なら一カ月だって過ごすことができる。何の問題もない！」と彼は私に言い、力強くこう付け加えた。

「これなしでは生きていけないんだ」

深海の沈没船を見つけるためには、記録をくまなく探し、状態の悪い古地図を解釈し、現代の海洋学と重ね合わせるといった本格的な探偵作業が必要になる。最高の沈没船ハンターたちは直感も働かせる。捜索区域を決定するということは、海の地図にピンを刺してこの地点、つまり海底のこの一画の沈泥の山にさらにずっと小さな物体が埋もれているかもしれないから大金を投じて調べる価値がある、と宣言することだ。当然ながら成功率は低い。沈没したガレオン船はこれまで五隻しか見つかっていないと何かで読んだことがあり、私にはとても少ない数字に思えたので、それは本当かとドゥーリーに尋ねてみた。

「本当だ」と彼は答えた。「そのうち二隻は私が見つけた」

私は彼をまじまじと見た。「サンホセ号以外にもガレオン船を一隻見つけたということですか？」

ドゥーリーはうなずいた。「始まりは一九八四年だった」

なぜ彼がスペインのガレオン船を複数発掘することになったのかを理解するには、その背景としてドゥーリーの人生を少々知っておく必要がある。経緯の理解にはその話が不可分だからだ。そのふたつは南京錠とその鍵のようにぴったり組み合わさる。ドゥーリーがブルックリンにとどまっていたら、ガレオン船を発掘することはなかっただろう。しかし、キューバ人の母親がアイルランド系アメリカ人の父親と離婚してキューバのホテル経営者と再婚したとき、ティエラフィルメ艦隊と同じくドゥーリーもキューバを経由することになった。

一九五七年は、アメリカ人の子どもがキューバの首都ハバナに上陸できるような時期ではなかった。カストロ兄弟、チェ・ゲバラのキューバ革命期だ。ゲリラ戦が繰り広げられていた。フィデル・カストロはドゥーリーの義父が夜間支配人を務めていたヒルトン・ホテルによく出入りしていて、二人は友人になった。ホテルの厨房で料理をするのが好きだったカストロと夕食を共にしたことを、ドゥーリーは覚えているという。「そして革命が起こった。私もその一翼を担った」ドゥーリーは十四歳だった。銃を携帯し、民兵隊に所属していた。一九六二年のピッグス湾侵攻事件の際、彼は街の中心部にある空軍基地に駐留していた。穴を掘って中に入って指示を待て、と命じられた。爆撃目標のど真ん中に座っていることを知っていたドゥーリーは、こっそりバーへ行こうかとも考えたが、思い直した。

革命戦争より潜水やスピアフィッシング〔銛や水中銃で魚をとらえるスポーツ〕のほうがずっと好きだったため、そっちへ注意を転じた。一九六八年、海洋学を学ぼうとキューバ科学アカデミーに入学したが、たまたま水中考古学の本に出会い、ほかのことはどうでもよくなった。意外や、ドゥーリーはいい環境にいた。経済的に困窮していた共産主義のキューバでは、食料品店に行っても何もなかったが、歴史的な沈没船は数多くあった。スペインの船にとって、ハバナは植民地への玄関口だった。船はみんなハバナに寄港した。また、キューバの危険な岩礁とハリケーンは、多くの船がそこで沈没することを意味した。

「キューバ全土に考古学者は二人しかいなかった」ドゥーリーは言った。「どちらも陸上考古学者だ」海は広かった。考古学の基礎を学び、修士号を取得したのち、彼は漁師に聴き取り調査をしようと全国横断の旅に出て、遺物に出くわしたり船の錨に網が引っ掛かったりしたことはなかったかと訊いて回った。沈没船の記録については、国立公文書館を徹底的に探しまわった。「そこで得た情報は信じられないものだった」と彼は振り返る。「私の手には目標のリストがあった。しかし、キューバにはお金がなかった」

一九八四年、ドゥーリーは政府が後援する潜水会社で働いていた。失われた船を発見するという関心を彼と共有していた会社だった。長い捜索の末に、ドゥーリーはキューバで最も重要と彼が考える沈没船を発見した。一六九八年に岩礁にぶつかったスペインのガレオン船、ヌエストラ・セニョーラ・デ・ラス・メルセデス号だ。メルセデス号はサンホセ号と同じ艦隊の副旗艦だったが、少し前の時代のものだった。この船も財宝を積んでいたが、船が横たわっていたのは水深一〇メートルの浅瀬だったため、積荷の多くが沈没直後に引き揚げられていた。以来、嵐が残骸を広範囲に押し広げていった。ドゥーリーの考古学的調査により、発見現場で大きな錨と大砲二門が見つかった。ついに本格的な発掘調査のチャンスが巡ってきた。上司から発掘調査でなく略奪を命じられたとき、ドゥーリーはその場で辞表を叩きつけた。

だが、メルセデス号はただのつかみ損ねた好機ではなかった。調査中、ドゥーリーはセビリアの複数の公文書館を訪ねることができた。そこでハバナ総督がスペイン国王に宛てた書簡を調べていたとき、彼は誤ったところに綴じ込まれていたサンホセ号に関する書簡の束を偶然発見した。カルタヘナ総督が書いた書簡は戦闘とその余波、ガレオン船とその金の消失を論じていた。ドゥーリーは心を奪われた。その後の三十年間でアコーディオンのようにふくらんでいく資料の収集に、ここから着手した。

時は流れた。ドゥーリーは海洋ドキュメンタリーを制作し、カリブのサンゴ礁に棲《す》む魚について本を書き、小さめの沈没船を見つけ、故郷アメリカへ凱旋した。サンホセ号のことが頭を離れることはなかった。しかし、「どうやって？」という同じ壁が立ちふさがった。深海探査は検討するだけでもお金がかかる。さらに、もうひとつ問題があった。〈シー・サーチ・アーマダ〉というアメリカのトレジャーハンティング会社が、サンホセ号を引き揚げる契約条件をめぐりコロンビア政府を訴えていた。アーマダのトレジャーハンターたちは一九八一年に自分たちがこの船を発見したと主張し、水浸しの木片や、のちに大間違いと判明する座標など、疑わしい証拠を提出した。コロンビアは海洋サルベージ業者に船舶価値のわずか五パーセントしか与えず、そこに四五パーセントの税金を課すという法律を制定することでこれに対応した。アーマダがガレオン船を発見していなかった事実はさておき、この訴訟はひとつの教訓を残した。すなわち、貴重な沈没船は厄介な争いを引き起こす傾向がある、ということだ。

　二〇〇七年に恐ろしい一幕があった。〈オデッセイ・マリーン・エクスプロレーション〉という会社がポルトガル沖、水深一〇〇〇メートルに沈んでいた船から一七トンの銀貨と金貨をかき集め、戦利品を箱に隠してビジネスジェット機ガルフストリームＧＶとチャーターしたボーイング７５７でフロリダへ運び入れたときのことだ。オデッセイは株式上場しているトレジャーハンティング企業だったため、五億ドルの発見を大々的に報道して株価を急騰させた。ところが、宝の出所について尋ねられると、同社は不思議なくらい口が重かった。どこから来た硬貨かわからなかった。誰かが船から海に投げ捨てたのか？　一八〇四年にイギリス軍が沈めたスペインのフリゲート艦の残骸から回収されたことが判明すると、スペインはオデッセイを相手取って訴訟を起こし、アメリカの連邦最高裁まで争った末に勝利した（注目すべきは、「拾ったものは自分のもの」という原則より優先される多くの法律が存在することだ）。二〇一二年、トレジャーハンターたちは硬貨を梱包して大西洋の反対側へ送り返すはめになった。「これはお金ではなく、私たちの歴史なのだ」と、スペインの官僚は腹立たしげに言った。

問題は、深海で歴史を手に入れるためにはお金が必要になることだ。オデッセイのやり方がひどかったのは確かだし、彼らの遺物の扱いには考古学的な配慮がいっさいなかったが、あの会社が何百万ドルも投じて見つけていなければ、そもそも議論すべき硬貨は存在しなかった。水没した文化遺産についてより深く知ることが目標だとすれば、勝者がいないことが多すぎる。水中考古学者には専門知識がある。政府には権利がある。営利企業にはロボットと資金があるが、ただでは何もしない。原子を分裂させる方法を見つけ出した文明に、これらの利害のバランスを取る方法はないのだろうか？

もし私たちが訴訟合戦にかまけて深海の沈没船を調査しそこねるとしたら、金貨よりはるかに大きなものが危険にさらされる。アレクサンドリア図書館とちがい、海底は燃えていない。沈泥に埋もれているのは歴史を塗り替える力を秘めた遺物なのだ。たとえば一九〇〇年、ギリシャのスポンジダイバーがクレタ島に近い水深六〇メートル地点で船の沈没現場に遭遇し、その中には絡み合った体があった。人間の死体ではなく、大理石の彫像が。この二千年前の船をさらに調べたところ、ダイバーたちはルーブル美術館級の一群の芸術品を見つけてきた。しかし、それを上回る神々しい一品があった。青銅の塊で、何百もの複雑な歯車を備えた目まいがするくらい複雑な天文計算機であることが判明した。天体の動きを予測するアナログコンピュータだったのだ。一世紀以上経ったいまなお、研究者たちは「アンティキティラ島の機械」として知られるこの装置を研究し、X線撮影し、熟考を続けて、偉大な数学者アルキメデスが設計したものではないかと考えている。この機械に関する最近の論文で、著者たちは、「これは古代ギリシャの技術力に関する先入観を覆すものである」と結論づけている。

たしかに、深海が保有する歴史的資産を発掘するのは容易なことではない。しかし、何とかしてそれを行うべきだ。うまくいく経済的、文化的なモデルを見つけるべきだ。二〇一三年、コロンビアのフアン・マヌエル・サントス大統領が同国の法律を改正したとき、扉は開かれた。サンホセ号の発見者はその「先祖伝来的でない」財宝の五〇パーセントまで要求できることになった。金の聖杯、真珠のネックレス、船内礼拝堂の祭壇画――そんな一点ものはけっして売ることができない。しかし、カットされていないエメラルドの袋や、ほとんど同じものである何百万枚かの硬貨ならどうだろう？　サントス大統領は、それらには商品的性質が強く、一部は手放すことができると考えた。適切な相手が現れれば、コロンビアは喜んで取引するつもりでいた。

この知らせを聞いてドゥーリーも動いた。調査を重ねてラテンアメリカの投資家を探しまわったが、うまくいかず、イギリスで理想的な人物を見つけた。サンホセ号の捜索に進んで資金を提供しようという実業家だ。この投資家は匿名ながら、ドゥーリーの支援に同意した。入念な考古学的発掘調査を行うという考えを支持し、カルタヘナに最先端の保存研究所とサンホセ博物館を建設することにも前向きだった（船が見つかれば、当然、彼はその費用を回収し、先祖伝来的でない財宝の売却益も得られるだろう）。資金を手に入れたドゥーリーはコロンビア政府に許可を求めた。国のトップに直談判することにした。

いまからして思えば、ドゥーリーがサントス大統領への謁見を勝ち取ろうとしたのはいかにも無謀だった（ご想像のとおり、国家元首に売り込みの電話をかけてもすぐ取り次いでもらえるものではない）。しかしドゥーリーは何カ月も粘り、ついにマンハッタンで開かれたレセプションで売り込みの機会を得た。彼はサントスに贈り物をした。これまで知られていなかった十八世紀の地図で、サンホセ号の位置を知るための魅力的な手がかりが隠されていたうえに、ほかのみんなが見ていた場所から何キロメートルも離れていた。「船は見つけられると、私は信じています」

「提督の浅瀬《バホ・デル・アルミランテ》、一七九二年、ここだ」とドゥーリーは言い、リビングの壁に貼られた同じ地図のコピーを示した。象牙色の紙にセピア色のインクで描かれたその地図は、複製ではあったが古めかしい雰囲気を醸し出していた。地図上にはカルタヘナ周辺の海域が描かれ、ほかの地図製作者たちの目を逃れてきた小島（すなわち浅瀬）が含まれていた。「この二十年後、そこの名前はコロンビアのどの地図にもなかった。消えてしまっていた」かろうじて読める程度に万年筆で走り書きされた小さな描き込みが大きなヒントになった。「この浅瀬にこの名前がつけられたのは、ウェイジャー提督が戦った場所だからだと思う」とドゥーリーは説明した。「そして、戦いが終わって間もない、まだ記憶が新しいうちに地図に描かれた」

彼は食卓に歩み寄り、最新の海図を広げた。「見てごらん。これは誰にも見せたことがないものだ」私はその海図を観察して、そこにカルタヘナへ導くものがあるか見定めようとしたが、縮尺が大きすぎて海岸が見えなかった。ドゥーリーがいくつかの等深線に指を突きつける。「シー・サーチ・アーマダの連中はここで沈没船を見つけたと言っている。そこには何もない」ドゥーリーは海図の異なる場所を指でなぞった。「では、どこだったのか？　ここだ」

彼はいちど言葉を切って、片手で髪をかき上げた。「なぜ沈没船がそこにあると、私にはわかったのか？　うーん、これはとても複雑な話なんだ。すごく複雑なんだ、この沈没船は。こんなことがあった」とドゥーリーは言い、そこから突っ走り始めた。イギリスの航海日誌、スペインの航海日誌、生存者の証言、風向き、船の位置、戦闘の戦略、タイミング、さまざまな船の位置などについてまくしたて、霊媒師のように十七世紀の航海士の論理をひもといていった。「〝船は海の真ん中で沈んだ〟なんて、けっして彼らは言わない。いちばん近い場所の名前を挙げるよう努めていた」彼は古地図を指さした。「そこから沈没船の場所を測るとき、いちばん近いのがあそこ。バホ・デル・アルミランテだ」

ここまではよかった。ドゥーリーは賭けに勝った。サンホセ号が発見されたとき、サントス大統領は、「私たちは永遠にあなたに感謝しなければなりません」と述べた。二〇一六年、ドゥーリーはより大きな船とより多くのロボットと六十人の研究者を引き連れて沈没船へ戻り、投資家が追加した数百万ドルの資本を使って現場を調査し、十万四千枚の写真を撮って、二千ページに及ぶ報告書をまとめ、発掘計画を立てた。「出発する準備はすべて整っていた」

ところが、そこですべてが止まってしまった。その仕事が始まる前に、コロンビアで新大統領イバン・ドゥケが選出された。彼は即座に、プロジェクトの資金を調達するため「先祖伝来的でない」宝物を売却する、という考えを押しつぶした。サンホセ号のすべては「先祖伝来的な」ものであると、彼の政権は宣言した。「破片、壺、硬貨、石ひとつに至るまで、沈没船周辺にあるものはどれひとつ市場に出してはならない」しかし、ダブロン金貨の最後の一枚まで保管し、数百万枚もの硬貨に保険をかけたうえで金庫に保管する費用を永続的に負担する気なら、コロンビアは自力で発掘費用を捻出しなければならない……何らかの方法で。プロジェクトは頓挫した。REMUSがサンホセ号の位置を明らかにしてから四年以上が経過したが、深海では何の進展もなかった。

この問題に立ち向かうドゥーリーを見るのはつらかった。彼の夢はすぐそこにあり、とても近いのにいまいましいほど遠かった。「災難だ」と彼はうめくように言った。問題のひとつは、金《きん》がほかのすべてに影を落としていることだ、と彼は言い添えた。海底に何十億ドルもの財宝がある。それが人々をいらだたせた。ドゥケの宣言後、それまでガレオン船の発見を歓迎してお祭り騒ぎをしていたコロンビアのメディアが追い打ちをかけ始めた。彼らは次のように報じた。高性能ロボットで国の領海を闊歩しようと考えたこの出しゃばりは何者だ？　ヒステリックにわめきたてる批評家も何人かいた。ドゥーリーは「悪党」、「新時代の海賊」、「恥ずべき犯罪計画」の始祖、となじられた。

「私は考古学者だ！」ドゥーリーは部屋を行ったり来たりしながら声を荒らげた。「金《きん》のことなどうでもいい！　この船には金貨より大切なものが何百とある！　世界じゅうの誰も知らない唯一無二のものだ！　大事なのはそれなんだ！　サンホセ号で最も重要でないもの、それが財宝だ」

　私は彼を信じた。この人はトレジャーハンターではない。「考古学者から見れば、金《きん》それ自体に鉛や木以上の価値はない」とジョージ・バスは書いたし、ドゥーリーもその哲学に共鳴していた。彼はサンホセ号の砲架の車輪がふたつだったか四つだったかといった難解な歴史的パズルを解くことに、いちばん興奮しているようだった。ドゥーリーは沈没船の写真から、素人目には何の変哲もない塊にしか見えないが、彼にとっては刺激的な謎である品々を見つけていた。たとえば、浣腸用注射器が入った箱だ。「では、いったいあの船の人たちは何をしていたのか？」と彼は答えを求めるでもなく疑問を発し、そのあと笑った。「あれはフランス人用だ」意外にも、ルイ十四世時代のフランスでは浣腸用注射器が大流行していて、それだけでなくファッションアイテムだったのだ。「どこかの商人がこれを売ろうとヨーロッパに持ち帰ったんだろう」とドゥーリーは推測した。「巨大な闇市場があったんだ」

　薬用に使われていたジンの角瓶（「あの角瓶が博物館に何本あるか、知っているか？　一本もない！」）、サンホセ号の兵士たちが携行していたトルコの曲刀（「あれはどんな金貨より価値がある！」）、そして、何が入っていてもおかしくない密輸品を封印した何百もの箱。「回収するまで、私たちには何ひとつわからない」と、ドゥーリーは不機嫌そうに言った。

　もちろん、この一七〇億ドル相当の疑問には、それが解き明かされる日がいつ来るのか、そもそも本当に来るのか、という問題があった。ドゥーリーにとっていちばん歯がゆいのは、この膠着状態がまったく非論理的だったことだ。ガレオン船の「破片のひとつひとつまで」が貴重な遺物であると宣言しながら、それを海底にくすぶらせておくことに何の意味があるのか（それどころか、沈没船には略奪を受ける可能性もある）。コロンビアの次期大統領はプロジェクトにゴーサインを出すかもしれない。あるいは篤志家が現れて、発掘や保存研究所や博物館に資金を提供してくれるかもしれない。夢が死んだわけではないかもしれないが、ひとつだけ確かなことがあった。私たちがサンホセ号のことを知りたければ、その特権には代償を払う必要があるということだ。深海は常に犠牲を求める。

私はノートを閉じた。夕暮れが近づくにつれて窓の外の大西洋は暗くなり、打撲《だぼく》がつけたあざのような色になっていた。美しく、気まぐれで、情け容赦ない大西洋。この海には多くの気分と多くの秘密があり、やがて私の世界を傾けひっくり返すことになるのだが、私はまだそれを知らなかった。自分が飛行機に乗ってその海を渡ろうとしていること、そして、さしあたりその海には壮大なスペインのガレオン船が少なくとも一隻あることがわかっていた。「船全体がそこに埋まっているんだ」ドゥーリーは声を荒らげた。「積荷を満載したまま！　これはタイムカプセルだ。この船にあるすべては唯一無二のものだ！　それで博物館が十個は建てられるだろう！　つまり、信じられないものなんだ！　サンホセ号はふたつとない。これはすべての沈没船の母なんだ」

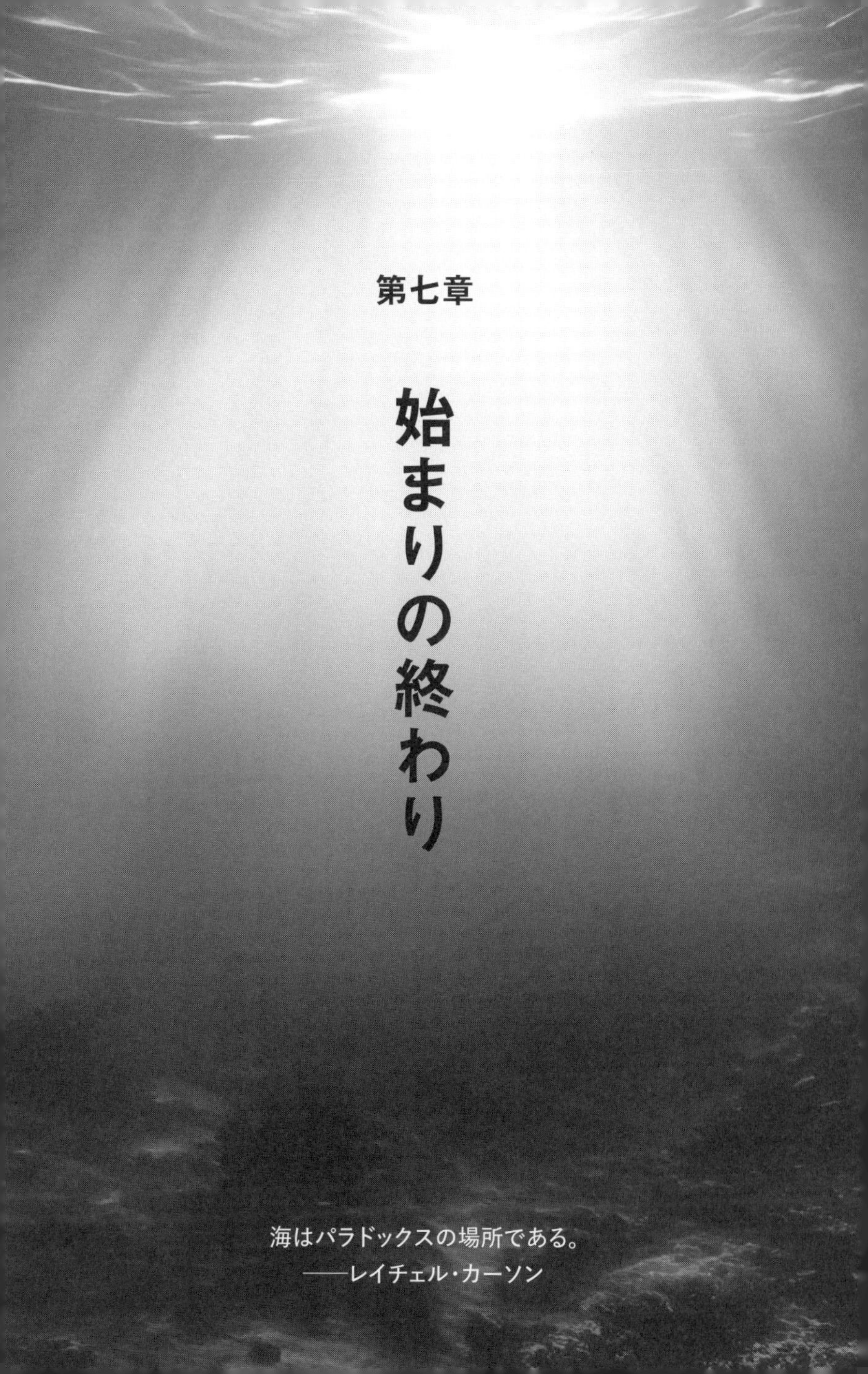

第七章

始まりの終わり

海はパラドックスの場所である。
——レイチェル・カーソン

イギリス――ロンドン

ダイオウイカとの約束に遅れていた私は、アメリカマストドンやマンテリサウルス、三十億年前の岩の前を急いで通り過ぎ、ロンドン自然史博物館の大洞窟のような中央ホールを半分駆け抜けていった。日曜の午前九時で、ベビーカーを押す群衆はまだ下りてきておらず、花崗岩《かこうがん》の床に足音が響く。頭上には、ビクトリア朝時代の植物画が並ぶカテドラル天井から、水に潜る途中で体をそらせた状態のシロナガスクジラの骨格がぶら下がっていた。百三十八年の歴史を持つこの博物館には八千万点もの標本があり、八キロメートルに及ぶ地下通路が張り巡らされ、東西の翼《よく》やギャラリー、劇場《シアター》、研究室《ラボ》、保管庫があり、何百人もの研究者がいて、骨や化石や鉱物や植物があり、昆虫や鳥類や哺乳類や魚類の展示は何エーカーにも及ぶ。これらすべてが集まってちょっとした奇跡を形作っている。サウス・ケンジントンにあるこの博物館はDNAの箱舟であり、自然界の目録づくりを目指す人類の最も壮大な試みだった。

収蔵物の中には、現存する深海生物のきわめて珍しい標本もあった。一般公開はされていなかったが、ガイドを付ければ見学できたため、私はガイドを手配し、ホールの端でその人に会った。

マークはつらつとした感じで、鼻にかかった強い訛りがあり、上から目線で解説した。科学者ではなく案内係だったが、ドアの暗証番号を知っていたし、どこに何があるかをすべて知っていた。私にとって大事なのはそれだけだ。

今回は長期の訪問ではない。ロンドンでの滞在は四日間と短く、時間の大半は二〇一九年九月に催される〈ファイブ・ディープス〉探検のフィナーレに捧げられる。今日このあと、七万五六〇〇キロメートルに及ぶ周航の最終行程、北極海での潜水ミッションを終えた母船プレッシャー・ドロップ号はテムズ川を航行してカナリー・ワーフに停泊する。複数のパーティが計画され、講演会や船内ツアーが行われ、スポンサーと報道陣と一般市民が探検隊に会ってリミッティング・ファクター号を見ることができる。あらゆる深海探査と同様、この探検も人目に触れない場所で行われてきた――今日までは。この勝利の瞬間を見逃すわけにはいかない。そしてロンドンは別のあらがいがたい機会を提供してくれた。この博物館の地下にある、世界で最も無傷なダイオウイカの標本を見るチャンスだ。

見学ツアーにつきもののちょっとした無駄話をすませるや、ガイドのマークは足早に歩きだし、私たちはすぐ〈ダーウィン・センター〉と呼ばれる近代的な翼の舞台裏に入った。研究室と各種施設が入り組む迷路のようなこの翼は鉄とガラスでできた八階建ての無菌空間で、さしあたり、死骸を食べ尽くそうと残業中の甲虫のコロニー以外に活動しているものはなさそうだった。博物館の科学者が骨格標本を作るときは、「人間が鱗《うろこ》や毛皮を取り除き、あとの仕事は甲虫がやってくれる」とマークが説明してくれた。ガラス張りの部屋には注意書きが貼られ、甲虫が逃げないよう罠《わな》が仕掛けられていた。「この小さな甲虫がいい仕事をするんだ」と彼は言い添え、感心したようにひとつうなずいた。「あまり仕事がないときは、犬用のビスケットを与えて刺激してやる」

私たちは建物の下層の曲がりくねった道を歩き続け、最後にマークが重い扉の前で立ち止まった。「気密室《エアロック》に入るよ」扉を開けると別の扉があり、その先にはコンピュータのサーバー・ファームを思わせる金属製キャビネットが並んだ長い廊下があった。コンピュータの代わりにキャビネットには、種ごとに注意深く分類された生物が保管されていた。気温が摂氏にして一〇度は下がっていた。「では、なぜここはこんなに寒いのでしょう?」マークが小学三年生の教室でクイズを出すような口調で言った。私はマークが自分で答えるまで彼を見つめた。「おもな理由は蒸発にある」標本をエチルアルコールに浸すことで劣化を防ぎ、DNAを保存し、微生物による被害を防ぐためだ。瓶がしっかり密閉されていなかったり、適切に保管されていなかったりすると、有害なガスを放出する可能性があり、アルコールが過剰に蒸発すると、どんなに頑丈な動物もジャーキーと化してしまう。

ひとつの壁に開架式の棚があり、ガラス瓶がずらりと並んで、そこに何かが……収容されていた。「僕はこれを『我らがリトル・ショップ・オブ・ホラーズ』と呼んでいる」と、マークは笑いながら言った。そして容器を指さした。「これはマッコウクジラの目玉の瓶だ。ああ、あそこにいるのはマナティー。その後ろにいるのがトラの子どもで、縞模様が見えるだろう。カモノハシ、ウォンバット、シマウマの胎児もいる。ラベルが見えるかい?　では、ラベルにラテン語が使われているのはなぜだと思う?　教えてあげよう。科学では――」

話を彼にまかせて、私はホールの奥へ進んだ。とても興味深くはあったが、私は瓶に浮かんだ目玉を見に来たのではない。私がじれったそうにしていることにマークは気がついた。彼は大股で先へ進み、別の扉を勢いよく開けた。「さあどうぞ。大きなものを見たいんだろう？」

中には化学薬品のにおいが漂っていて、マークが照明をつけた。「ここは水槽室《タンク・ルーム》だ」と彼は告げ、私は目の前に広がる光景に目をみはった。金属タンクの列が主体の広大な空間で、頭上にむきだしのダクトとスチール桁と換気ホースが走っていた。何百もの特大のガラス樽が周囲を囲むようにして頑丈な棚に天井まで積み上げられ、樽の液体には動物が浸されていた。まるでフランケンシュタイン博士の研究室のようだ。博士が魚フェチだとしたらだが。一瞥《いちべつ》しただけで、縦に吊されたサメの列や、牙をむいたウルフイール〔オオカミウオ科の魚〕、丸ごと一匹のコモドドラゴンが見えた。シーラカンスも二匹。白亜紀に絶滅したと考えられていた先史時代の魚で、インド洋で生きているのが発見された。マークはカーペット釘のような歯を持つトカゲギス〔英名ドラゴンフィッシュ〕を指さした。「映画の『エイリアン』は見た？　チェストバスターみたいだろ？」

ある一角には、施錠されたガラス扉の向こうにお宝的コレクションがあった。「タイプ」標本、つまり、ひとつの種の代表的な標本を集めたものだ。歴史に影響力を持つ生き物たちもいた。ガラス瓶の中のたおやかな小型のタコは、ビーグル号で航海に出たチャールズ・ダーウィンの船室の海水水槽で生きていたもので、変幻自在に形を変え、墨を吹いて、体の色を変える能力に、かの偉大な生物学者は驚嘆したという。棚に並んだ動物には、ＨＭＳチャレンジャー号で浚渫《しゅんせつ》されたものもあった。しかし、この部屋を二分するメインイベントは、アーチー（ダイオウイカを表すラテン名アーキテウティス・ドゥクスから）が入った長さ一二メートルのガラス水槽だった。

「すごいだろう?」と、マークが無用の質問をした。否定のしようがないからだ。アーチーの水槽の長さを歩くのに三十秒かかったが、全長八・五メートルの彼女は（そう、雌なのだ）まだ幼体だった。ダイオウイカにはアナコンダのように太い八本の腕と狩猟用の細長い触腕が二本あり、後者は鋸歯状《きょしじょう》の吸盤がちりばめられた先端が巨大なロケット形の外套膜《マントル》から突き出している（頭は外套膜と腕の間に挟まれていて、解剖学的には、私たちが臀部から顔を出している感じだ）。この十本の付属器官は輪ゴムのように伸縮自在で、そのため計測には誤差が生じるが、科学者の推定によれば、アーキテウティスの成体は全長一二メートルほどで、重さは一トンに達するという。

しかし、ダイオウイカが評判になったのはその大きさだけではない。人間の想像力の中でクラーケン（ノルウェーとアイスランド沖の深海に棲むとされる伝説上の巨大生物。ダイオウイカではないかと考えられる）がきわめて不吉な存在になったのは、その狡猾さと悪意に対する思い込みだった。バレーボールほどもある大きな目を持つぬらぬらした感じの獣が、偵察して策略をめぐらしながら次の攻撃を企てていないわけがあろうか? イカは頭足類で、タコ、イカ、オウムガイなどを含む海洋性軟体動物の一種だ。この無脊椎動物群の中には、多くの脊椎動物（哺乳類の一部を含む）をしのぐ認知能力と鋭い知覚を持つことが知られたものもいる。しかし、アーキテウティスが獰猛な捕食者なのか、内気な日和見主義者なのか、高度に進化した脳と目を用いて宿敵マッコウクジラのような巨大生物をつけ狙っているのか、それともそれらを避けているのか、科学者にはよくわかっていない。つまり、どっちがどっちを狩っているのかはわかっていないのだ。

マッコウクジラが五、六メートルもの長い触腕を口から出してゆっくり泳いでいる姿も数多く目撃されているが、ダイオウイカが水面の戦いで勝利を収めかけていたという歴史的証言もある。たとえば一八七五年、ポーリーン号というスクーナー船の船長、ジョージ・ドレバーは、「大きなマッコウクジラに怪物のような海蛇が二重に巻きついていた」と語っている。「怪物」は触腕をてこのように使って、自分自身と被害者をものすごい速度でひねり回していた。十五分後、クジラは頭から深みへ引きずり込まれていき、ドレバーは、「ぞっとした。凶暴な怪物に巻きつかれた哀れなクジラの最後の苦闘は、鷹の爪にかかった小鳥のように無力な感じがした」と語った。

つい最近の二〇〇三年のこと、世界一周のレースに出場していたフランスチームは全長三三・五メートルの三胴船《トリマラン》が大西洋のど真ん中で震えながら停止して、仰天した。船長のオリビエ・ドゥ・ケルサウソンは漁網に引っかかったものと考えた。ところが、ディディエ・ラゴー一等航海士が船体ののぞき窓から水中を調べたところ、自分の太腿と同じくらい太い触腕が見えた。「その生き物は船体に巻きついているらしく、船が激しく揺れた」とラゴーは語っている。「床板がきしみ、方向舵が曲がり始めた。そして船尾が折れそうになった瞬間、すべてが静止した。理由はわからないが、イカは彼らを放し、深みへ退却していった。「放してくれていなかったら、どうなっていたことか」と後日、ドゥ・ケルサウソンも認めている。『海底二万里』でネモ船長が巨大なタコの襲撃を斧で撃退したのとちがい、「私たちはペンナイフで攻撃する気はなかった」という（皮肉なことに、フランスの船員たちが競っていたのはジュール・ヴェルヌ杯だった）。

ダイオウイカの攻撃性を示す証拠はたっぷりありそうだが、マッコウクジラの胃の内容物は別の事実を物語っている。イカの腕がまとまる中央部には獲物を細断するオウムのようなくちばしがあり、そのクイジナート〔米国の調理用品ブランド〕の刃のような部分は消化ができない。クジラの腹の中でゴロゴロしているくちばしの数から科学者が判断するところ、アーキテウティスは善戦できるかもしれないが、誰もが認める深海へビー級王者はマッコウクジラのほうだ。

水槽室の死体からダイオウイカの行動に関する啓示は得られなかった。イギリスの哲学者アラン・ワッツは、「剝製《はくせい》にしてガラスケースに入れたところで、翼を広げた鳥のすばらしさは誰にも理解できない」と書いているが、まさしく至言。細胞の細かなところまで調べた研究者たちにとってアーチーは貴重な標本だっただろうが、彼女はリモンチェッロのような色の液体に浸され、ぼろぼろの組織の塊になっていた。ドーナツ形の脳や三つの心臓と同様、彼女の神経系のスーパーハイウェイ〔その五億個のニューロンすべて〕は無傷だったが、〔鉄が成分の赤いヘモグロビンではなく〕銅が成分のヘモシアニンを含む青い血液は失われていた。頭足類でよく知られる鮮やかな色彩や虹色の輝きはなく、彼女の皮膚はいつまでも青白いベージュ色だった。

二〇一二年にアメリカの海洋生物学者エディス・ウィダーが考案した発光ルアーが日本沖やメキシコ湾で何度もアーキテウティスをカメラの射程圏内に引き寄せ、その結果撮影された動画が何百万もの人々にオンラインで閲覧されるようになるまで、生きているアーキテウティスを見たことがある人は皆無に近かった。ときおり、うろたえた漁師が網にかかって悶《もだ》えるダイオウイカを発見することもあったが〔アーチーはそのようにして捕獲された〕、彼らはほんのわずかしか生き延びることができなかった。「ここへ来たとき、彼女は凍っていた」とガイドのマークは説明した。「解凍するのに四日かかった」アーチーを保存するあいだ科学者たちはガスマスクを装着していた、と彼は付け加えた。ダイオウイカの体には塩水より軽い化学物質アンモニアが満ちていて、これが中性浮力の維持に役立っている。「最悪のトイレ臭を想像してくれたらいい。彼女はそんな臭いがした」

アーキテウティスで最も驚くべきは、深海最大のイカではないことかもしれない。アーチーはダイオウホウズキイカの名で知られるイカをばらばらにしたものと水槽を共にしている。ダイオウホウズキイカの腕はダイオウイカより短いが、外套膜はより頑丈で、狩りをする触腕には猫の爪のような湾曲した鉤爪《かぎづめ》があり、全体的に力強い。どちらの種も隠遁生活を旨とし、水深九〇〇メートル以深で狩りをしているが、ダイオウホウズキイカについて知られていることはダイオウイカ以上に少ない。興味深いことに、研究者は超巨大ダイオウホウズキイカと思われる一体から、ダイオウイカより大きなくちばしを発見している。

「動物学の分野で深海の頭足類くらい私たちが暗中模索しているものはない」と、SF作家のH・G・ウェルズが一八九六年に書いている。それから百二十三年が経ったいまでもこの言葉は正しいが、その状況は長くは続かないだろう。五世紀前にオラウス・マグヌスが「その姿はおぞましく、頭は四角く棘《とげ》だらけで、ひっくり返った木の根のような長く鋭い角《つの》に囲まれている」と述べて以来、イカの生物学は着実に進歩してきた。深海を探検するということは、パラドックスとしてのダイオウイカを知るということだ。ヨットを捕まえるくらい強力な捕食者でありながら、マッコウクジラに飲み込まれる可能性が高い餌でもあり、熟練の技能を持ちながら用心深く、好奇心が強いが引っ込みがちで、悪魔的に狡猾とは言わないまでも、私たちを避けるくらい賢明だ。

私はアーチーの水槽の側面に手をやり、無言で彼女に敬礼した。「カラマリ〔イカフライ〕は好きかい？」と、マークが私に訊いた。

「もう好きじゃなくなった」

トラファルガー広場にある〈アドミラルティ〉というパブは、ネルソン提督が指揮したHMSビクトリー号の内装をイメージしてデザインされ、三階建てのフロアには航海に関する装飾品や記念品が飾られていて、クラフトビールを出すのに忙しくなければ、そのままナポレオン戦争に出航できそうな感じだ。建物の外にあるふたつの印象的な噴水では、ポセイドンの息子トリトンが男女の人魚やイルカとはしゃいでいる。海洋探検の打ち上げパーティにはうってつけの会場だった。

また、この一年間海底探検に明け暮れていた一団にふさわしく、〈ファイブ・ディープス〉の祝祭は地下フロアで行われた。これが船なら船倉内パーティだ。狭い階段を下りると、騒々しい声と大音量の音楽が聞こえてきた。

公式の公開イベントは前日の夜に行われた。ロンドンの王立地理学会でのカクテルパーティとプレゼンテーションで、その場所の重厚な歴史からスーツとネクタイと保守的な振る舞いが必要だった。ビクター・ベスコボは群衆の間を巡りながら祝福を受けていたが、その服装と洗練された物腰にはプライベート・エクイティ会社を経営する並行世界《パラレルワールド》の気配がうかがえた。私がヌクアロファで最後にベスコボを見たとき、彼はジーンズを穿《は》いて裸足のまま、スカイ・バーでマルガリータをぐいぐいあおり、自作の歌詞でカラオケを熱唱していた。

〈ファイブ・ディープス〉ブルース
トンガの橋の上に腰かけ
水深一万メートルでバッテリーに火がついた
家に帰ろうとしているだけなのに

カナッペが配られる中、学会のレセプションルームを見渡すと、〈ファイブ・ディープス〉の乗組員はまだ戻ってきた陸地の違和感に順応中、という印象だった。船上で見られたむさ苦しいあご髭《ひげ》はきれいに剃られ、頭髪は新しい髪形に変わっていた。ティム・マクドナルドのフー・マンチュー風の口髭も消えていた。文明復帰の準備を整える前、北極圏にさらに一週間滞在してスバールバル諸島を歩き回り、ホッキョクグマを探していた、と彼は話してくれた。海上の船という密封された泡の中で暮らしてきたあとだけに、見知らぬ人との社交には練習が必要だ。緩衝材として家族を連れてきた人もいた。

プレゼンテーションが始まり、聴衆が列をなしてウッドパネルの講堂に入っていったとき、ドン・ウォルシュが最前列へ案内されているのが見えた。紹介されるや、彼は総立ちの拍手喝采を受けた。この夜、彼は記者や海洋史ファンやサインを求める人たちに囲まれ、建物を最後に出る人たちの一人となった。「セレモニーのオブジェになった感じだよ」と彼は後刻、楽しげに語った。

司会のロブ・マッカラムが探検隊を紹介し、〈ファイブ・ディープス〉の功績を列挙した。リミッティング・ファクター号は海の最深部十三カ所に降り立ち、ベスコボは数々の記録を打ち立てた。アラン・ジェイミソンの科学チームはランダーによる百三回の潜行を監督し、十万以上の生物サンプルを収集し、四十の新種を同定した。探検隊のソナー探査の結果、三四万平方キロメートル（ドイツの国土と同じくらい）に及ぶ深海海底の高解像度地図が作製された（この地図は、二〇三〇年までに海底の完全なモデルを作製する国連のイニシアチブ「大洋水深総図」に寄贈される予定だ）。

基調講演でベスコボはこう語った。「『真の探検はまだ残っているのか？』と、よく訊かれるが、もちろん残っています。海洋の八割はまだ探査されていない。水深二〇〇〇メートルより下へ行くとき、『え、でも下には何もないのでは』と言われます。でも、私はそうは思わない」

終了前の質疑応答の時間、海賊船の髑髏《どくろ》マークが付いた旗を掲げて地球のあちこちを航海してきた団体が主張を開始した。ある質問者が十分ほど話を続けたあと、もったいぶった感じで「……そもそも、五十年後に生命に満ちた海があると思いますか？」と尋ねたとき、観衆の中でウォルシュの横に座っていたジェイミソンがパッと立ち上がり、ステージに駆け上がってマイクをつかみ、「はい《イエス》」と簡潔に答えて自分の席へ駆け戻っていった。

いまジェイミソンは〈アドミラルティ〉のバーで、同じスコットランド人のスチュアート・バックル船長、チャーリー・ファーガソン二等機関士とビールを飲んでいて、三人ともキルトを着用していた。私は彼らに挨拶し、自分も一杯注文した。バーは居心地のいいクラブのような雰囲気で、床は厚板張り、低い天井は煉瓦造りでアーチを描いていた。船の寝台のように並んだテーブルから、会話の声が響き渡っていた。ハワイアンのような華やかなシャツを着たマッカラムがそばを通りかかり、続いてワインボトルを持ったパトリック・ラーヒィがビュッフェを探しにやってきた。

部屋の反対側では、ベスコボが携帯電話で人々に何かを見せていた。私は潜水艇から撮影した映像かと思って行ってみたが、彼の愛犬たちの写真だった。ベルギー原産のスキッパーキ犬三匹で、それぞれイヴァン・ザ・テリブル〔イワン雷帝〕、リトル・ニコライ、ミシカという名前が付いていた。黒い小型オオカミといった見かけで、目に強い警戒心をたたえ、都会で生き抜くすべを心得ている感じだった。「ロシアの名前が彼らの性格にぴったりなんだ」とベスコボは説明した。「混沌《カオス》を生きる獣だよ」

彼が携帯電話をしまう前に、私は、タイタニック号への単独訪問を含めた直近の潜水の映像はないかと尋ねた。沈没船は危険をはらんだ地雷原で、潜水艇のパイロットが一人で近づくべき場所ではない、という説明を私は聞いたことがあった。

タイタニックの船体は一部がつぶれていて、いずれ構造全体を蝕むことになる鉄バクテリアに分解されて弱っていた。串刺しの刑を受けたかのように、船体から金属片が突き出ていた。ケーブル、ワイヤー、吊り柱《ダビット》、ブラケット……何かに引っかかる可能性は無数にあり、助け出される可能性はゼロだった。「たしかに」とベスコボは言い、勢いよく息を吐いた。「ロブとパトリックは何度も私のところへ来て言った。『ビクター、一人で行くのはやめたほうがいい。危険すぎる。潜水艇には二組の目が必要だ』とね。行ってみてやってみてわかったよ、彼らの言うとおりだったと。二度とあんなことはしない」

ベスコボはタイタニック号から八〇〇メートル離れたところに着底し、そこがおだやかな水域でないことにすぐ気がついた。大西洋の水深三八〇〇メートルの深淵は濁って陰鬱な感じがし、常ならぬ流れに満ちていた。彼は恐怖を振り払って方向を調整し、沈没船の方向へ進みだした。「ソナーに船首の形が見えた」と彼は回想した。「それでどんどん近づいていくと、海底の亀裂が大きくなってきて、ソナーがあと一〇メートルと教えてくれるが、窓から外をのぞいても何ひとつ見えない。ひたすら黒、黒、黒。そのあと、わかった。自分はあれの目の前にいるのだ、と。自分が見ている黒はタイタニック号の右舷側なのだ。スラスタを作動させて上昇すると、二秒もしないうちに舷窓の列が見えた。また一列、そしてまた一列……」彼は効果を狙って一歩後ろに下がった。「そして思った。なんてこった！　こいつはでかい」

ベスコボは右手でジョイスティックを握りしめて潜水艇を前進させ、現場を視察した。船から鍾乳石のように錆が流れ出ているのが見え、まだら模様の緑青《ろくしょう》といった感じだった。船には墓前の花のように白いイソギンチャクとサンゴが点在していた。船首と船尾は六〇〇メートルほど離れていて、その間に瓦礫が広がっていた——海底に打ちつけられた悲劇のピニャータ〔メキシコの祭りに使われるくす玉人形〕といった趣で。ねじれたパイプ、もつれたロープ、裂けた機械類、壊れた食器類、一着のズボン。

「海底に落下したとき船尾が破裂したのがわかる」とベスコボは言った。彼は写真を調べていき、かつて四万六〇〇〇トンの船を支えられる強度を誇った鋼鉄の円材《スパー》数本の画像を見つけた。グレンデル〔叙事詩『ベーオウルフ』に登場する怪物〕の鉤爪のように曲がっていた。「大きな断片があちこちから飛び出している。ああいうものには近寄りたくない。人がどんな罠にかかるかは、神のみぞ知るだ」彼は首を振って、携帯電話をポケットに戻した。「あれはいままで自分がした中で最高に危険な行為のひとつだった。怖かったのなんの。でも、それだけの価値はあった」


タイタニック号をあとにした探検隊は北極海の最深部、モロイ海淵《かいえん》へと北上した。水深五五五〇メートルと、〈ファイブ・ディープス〉の中では最も浅い。あとの四つと異なり、モロイ海淵は超深海帯の海溝ではない。ユーラシアプレートと北米プレートが離れていこうとしている「拡大中心」の南端にある、海底のお椀のような場所だ。

そう言うと拍子抜けするかもしれないが、じつは、北極圏の深海は複雑さに満ちている。氷に閉ざされ、骨まで凍りつきそうなくらい冷たく、ユニークな動物や微生物がところ狭しと詰め込まれ、気候変動がいかにして私たちの暮らしからテーブルクロスを引きはがすかを理解するうえで中核的な役割を果たす場所だ。主要な海流がそこに集まり、大西洋の塩分豊富な温かい海水と極域の冷たく新鮮な海水が出合うことで旋回運動、渦巻きが発生し、それが上昇と下降を繰り返して熱を循環させる。

極北で深海の活動がどのように続いているかの感覚をつかむには、グリーンランドとアイスランドの間の海中にあるデンマーク海峡瀑布《オーバーフロー》を考えてみるといい。高さ三五〇〇メートル、幅一六〇キロメートルで、毎秒五〇〇万立方メートルの水が送り込まれる、地球上で最も高く最も強力な滝だ。そのうえ、この滝があるのは海面の六〇〇メートル下なのだ。北極圏は火山地形の海底障害物コースでもある。峰、尾根、谷、断層、崖、棚、噴出孔。北極の深海を音楽に喩《たと》えるなら、ナイン・インチ・ネイルズのライブアルバムだろう。

ベスコボはそこに三度潜った。一度目は一人で、次にヘザー・スチュアートと、そして最後にジェイミソンと。「とにかくすごかった」ジェイミソンが私に言った。「最初から最後まで、しっかりと起伏に富んだキャニオンダイビングだった。一瞬たりと気を抜けない。車ほどもある大きな岩がどこからともなく現れるんだ。何かに激しくぶつかって、潜水艇が前へ四五度くらいつんのめった」

「モロイにはほかと異なる性格があった」とベスコボも同意し、ここでそのときの潜水を振り返った。「アルプスをハイキングしているようだった。それに、私たちが収集した生物学的サンプル量は驚異的だった。ランダーの罠かごが文字どおり満杯になった。全探査で最大の収穫だったよ」最終潜水の余韻に浸ったとき、初めてその意味がわかったという。「おお、なんてこった、やったぞ。我々は〈ファイブ・ディープス〉をやり遂げたんだ。全員無事で」

探検が終わってアドレナリンの禁断症状はなかったかと、彼に尋ねてみた。ロンドンでテキーラを飲んでも、地図のない深淵へ飛び込むほどの刺激《スリル》は得られない。長期にわたる冒険でエンドルフィン・ハイが続いた人は水槽が空っぽになって落ち込みを経験することもめずらしくない。「あぁ、たしかに」ベスコボは言った。「つまり、マリアナ海溝に三回続けて潜るなんてふつうの一週間じゃない。基本的にはあれが大好きだが、休息は必要だ。一種の減圧が必要になる」

だが、それも長くは続かない。ベスコボは王立地理学会で〈リング・オブ・ファイア〉という新しい探検を発表した。環太平洋における一連の超深海帯への潜水計画で、このあと半年足らずで始まる予定だという。当初は、〈ファイブ・ディープス〉後に潜水艇と母船とランダーを売却するつもりだったが、買い手が現れず、彼は海洋探査に心を奪われていたため、海へ戻らない理由はなかった。

「フィリピン海溝をやりたいんだ」と彼は言い、計画がどんどん口をついて出てきた。「あそこは水深一万五〇〇〇メートルで、まだ誰も行ったことがない。ケルマデック海溝、ニューヘブリディーズ海溝。許可が下りれば千島海溝も。そしてチャレンジャー海淵へ戻る。ただ潜るだけじゃなく、三つの塩水プール全部を実際に調査し、徹底的に地図を作製する。一九六〇年のトリエステ号以来、有人ミッションは西側のプールに到達していない。その後、マリアナ海溝の北側区域、ネロ深淵、その他いくつかの海域を調査する」私が話に追いつけるよう、彼は少し間を置いた。「たくさんの装置を使って、たくさん潜る」

私は言外の意味を理解した。これは何かの〝終わり〟ではない。始まりの終わりに過ぎないのだ。

「同じチームで？」

ベスコボはうなずいた。「みんな、また戻ってきたいと言っている」

パーティは続いた。乾杯、蒸留酒のショット、愛情のこもった悪態、笑い。この人たちは一年間肩を寄せ合って生きてきたのに、なぜかいまでもたがいの存在を楽しんでいた。私はトライトンの首席設計技師ジョン・ラムジーとしばらく話をした。ラムジーとは初対面だったが、ラーヒィから彼の評価を聞いていた。「本当にすごい男だ。潜水艇設計《デザイン》のレオナルド・ダ・ヴィンチだよ」『エコノミスト』誌も同感だった。個人用潜水艇がヨット所有者の必需品になるという記事の中で、ラムジーを、「ジェームズ・ボンドのQが素人に見えてしまう男」と評していた。

たしかに、美しい機械を思いつくラムジーの能力は一種の「秘密兵器」だった。深海で使われる道具は野暮でかさばりがち、工学的実用性が美観に優先されがちではあるが、トライトンの潜水艇は優雅なフォルムと機能の組み合わせという点で際立っていた。ジェームズ・ボンドも欲しがっただろうから、007が選んだ自動車メーカー英アストンマーティンが初の深海潜水艇の製作をトライトンに依頼したのも驚くにはあたらない。高性能スポーツカーのような操縦性を備えた、しなやかな三人乗り潜水艇だった。

私が自己紹介に行くと、ラムジーは壁際でシードルを飲んでいた。物静かなイギリス人はドライなユーモア感覚とくしゃくしゃの茶色い髪の持ち主で、年齢は四十歳の手前だった。その表情には〝ここに来てそれなりに楽しんでいるが、パーティはあまり好きじゃない〟と書かれていた。中規模都市ひとつを動かせそうな頭脳の持ち主の例に漏れず、ラムジーも自分の頭の中で時を過ごすほうが心地よさそうだった。イングランド南西部で育った少年時代、彼は発明品や存在しない製品のスケッチをしていた。もっと格好いい世界にだったら、そんなものが存在するだろうと。「海が大好きだから認めるべきじゃないんだろうけど、潜水艦にはそれほど興味がないんだ」と、彼は私に言った。「ただ、物をデザインするのが大好きだし、これはデザインにとって信じられないくらい未開拓な分野だ。ビクトリア朝時代のエンジニアみたいなもので、誰もやったことがないことだから、やりたいようにできるし、変革を起こすことができる」

こういう自由な発想の持ち主にとって、月着陸船の深海版にあたるものを創り出すチャンスは、ラムジーの言葉を借りれば「究極」のそれだった。ラムジーとラーヒィはベスコボが登場する何年も前から、三人乗り深海潜水艇の構想を練っていた。それは理想的にはどのようなものか？どう造ればいいのか？　人々の深海に対する見方を根本的に変えるにはどうしたらいいか？　その答えはガラスにある、と彼らは信じていた。直感と相容れないかもしれないが、圧力下のガラスはチタンより強くなる。海のどこへでも行けるガラスの泡の中に自分が浮かんでいるところを想像してほしい。理論的には可能だった。現実問題として、ガラス球体を最適化する方法を考え出すにはもっとはるかに多くの研究が必要だった。ベスコボの潜水艇ではチタンが現実的な選択だった（しかし、ガラスが検討すべき課題なのは間違いなかった。「意外に早く、そうなるだろう」とラーヒィは明言した。「初のガラス耐圧殻ができるまで十年もかからないと思う」）。

有人潜水艇の設計には恐ろしいほど大きな責任が伴うと考えざるを得ない。ソファや芝刈り機や歯ブラシの設計なら、欠陥があっても小さな刺激や軽い不都合が生じるだけですむ。リミッティング・ファクター号の試験潜水では神経をすり減らしたと、ラムジーも認めている。「心臓が口から飛び出しそうで、生きた心地がしなかった」と彼は言った。潜水艇がその性能を証明したあとでも、チャレンジャー海淵への旅でラーヒィと合流したときには気楽でいられたわけではない。

「まあ……アクリル製モデルでやるような娯楽潜水《プレジャーダイブ》とはちがうからね」自分の創造物といっしょに超深海帯へ行くのはどんな気分なのかと私が尋ねたとき、彼はとぎれとぎれに答えた。「まったく別種の体験だよ。十二時間もそこにいるんだから」ラムジーにわずかながら閉所恐怖症の気《け》があったこと、海底にいるあいだマニピュレーターが原因不明の暴走を起こし、くるくる回って断続的に彼ののぞき窓を引っかいたことも、ありがたい状況ではなかっただろう（「エイリアンハンド症候群と呼ばれているらしい」とラーヒィは説明した。「まあ、よくあることだ」地上に戻ったとき、故障の原因は〝電子機器に水が浸入したこと〟と診断された）。

水深一一キロメートルで、一平方センチあたり一トン以上の圧力があなたの息の根を止めようと全力を尽くし、ロボットのアームがあなたの顔をつつこうとし、そのすべてを押し返して持ちこたえているのはあなたの計算にしたがって造られたチタンの薄い皮だけだとしたら？　それはオフィスで過ごす平凡な一日ではない。パワーポイントを使ったプレゼンや株主総会での演説よりも、ちょっと張り詰めたものがある。ラムジーの職業に生かじりの素人や、不器用な人、数学で赤点を取ったことがある人は立ち入り禁止だ。私がそう口にすると、彼はにやりとした。「これくらい自分がやりたいことに近い仕事は見つからないと思うよ」

「ここはノンアルコールテーブルだ」ラーヒィがメルローのグラスを持った手で私を招いて、冗談めかした。彼は妻のティツィアーナと壁際の長椅子に座っていた。イタリアでオペラ歌手をしているティツィアーナは物腰柔らかく、砂の色を思わせる金髪の巻き毛を垂らしていた。私は二人の向かいにすべり込んだ。天井は丸みを帯びて心を和ませ、まるで潜水艦の中にいるようだった。その類似性に気づいて、ラーヒィが笑った。「私は狭い空間が好きなんだな」

彼は私のグラスに注ごうとワインボトルに手を伸ばしたところで、通り過ぎていこうとするマッカラムに気がついた。「おい、ロブ、パーティに参加しろよ、つまらなそうにしてないで！」マッカラムはからかいの声がしたほうを向き、テーブルにやってきた。「飲んでたのか、ロブ？」彼が席に座ると、ラーヒィが尋ねた。「ちょっと足がふらついてるぞ」

マッカラムは私を見た。「彼はよくこういうことを言うんだ」と言い、身ぶりでラーヒィを示した。私はそのとおりだろうと思った。この二人はキャリアを通じて断続的に仕事を共にしてきた。別の潜水艇、別の母船、別の探検、別の顧客、そして別の多くの飲み会でいっしょになった。同じ深海一族の一員であり、たいていのことでは意見が一致しながらも、激しく言い争う権利は保留し、それでも仲がよかった。清々《すがすが》しいことに、この二人はどちらも自己中心的な人間ではなかった。その特徴のおかげで二人とも自分に適した役割を果たしていた。海で要求される資質があるとしたら、それは謙虚さだからだ。

〈ファイブ・ディープス〉の盛大な祝賀会がパブの地下でひそかに行われたのは、だからかもしれない。この会はじつに内向きだった。まるで、世界の耳目《じもく》を集めることでなく、チームの一員であることの喜びこそが報酬であるかのように。「今回の探検ほど仲間を誇りに思ったことはない」私がそのことを尋ねると、ラーヒィは一瞬、真顔で言った。「断言できるけど、簡単なことじゃなかったからね」

マッカラムが顔をしかめた。「最初のころは、いやもう大変だった」

「いくつか事件が起こった」と、ラーヒィも同意した。「でも、そうでなかったら何が人生だ？興味深くて、恐ろしくて、やりがいのある経験の連続こそが人生だろう？」

「興味深い経験をいくつかしたよ」とマッカラムは返した。「心理療法を受けて影響の一部は薄れつつあるが」

その瞬間、別室から歓声があがり、拍手と足踏みと口笛が続いた。まだ誰も帰る準備はしていなかったが、一時的であれ、史上最も深いところを探検した人たちはまもなく別々の道を行くことになる。ベスコボは米ダラスの本業へ、ジェイミソンは英ニューカッスル大学の研究室へ向かう。ラムジーはカナダのコーンウォール近郊の自宅オフィスで新たな潜水艇の考案に着手する。ウォルシュはすでにロンドンを発ち、タヒチへ向かっていた。ラーヒィは午前中にバルセロナへ飛び、トライトンの最新潜水艇「ディープビュー」に試乗する予定だった。円筒形のアクリル製船体を持つ、近未来的な外観の二十四人乗り観光船だという。マッカラムはモナコ・ヨットショーへ向かい、彼の会社が設計に携わった〝探検用スーパーヨット〟を展示・販売する。これは極地級砕氷船で、ヘリポートがふたつあり、減圧室が付いた潜水センターや複数の潜水艇を収容できる格納庫を備えている。「やたらと探検の計画を立てていて、ばかみたいだよ」マッカラムはうれしい悲鳴といった表情で言った。

私はワイングラスの脚をくるくる回しながら耳を傾け、潜水艇を積んだスーパーヨット上の暮らしを空想した。行きたいと思ったときにいつでも、どんな深海でも探検できたらどんなに楽しいだろうと考えると、せつないほどだった。私の切なる思いが透けて見えたにちがいない。パーティの叫び声と音楽と喧騒の中、ラーヒィがテーブルの向こう側から身を乗り出し、小さな声でこう請け合ってくれたからだ。「君を潜水に連れていこう」

第八章

薄暮帯《トワイライトゾーン》へ突入

もし潜水をして、驚嘆し、自分が見てきたものや
自分がいた場所の素晴らしさを深く実感し、
言葉にならないまま水面に戻ってきたなら、その人には
何度でも潜る資格がある。もし感動しなかったり、
失望したりしてきたなら、その人に地上で残っているのは
死を待つ長いか短いかの期間だけである。
——ウィリアム・ビービ

バハマ――ニュープロビデンス島

　バハマの夜明けはピンク色を帯びて、柔らかく、暖かく、非の打ちどころがない。ハリケーンの季節はちがうのかもしれないが、ナッソーで迎えた最初の朝、私は綿菓子のような雲が浮かんだバラ色の日の出を見た。マリーナの桟橋で大西洋の潮の香りを嗅ぎ、期待はずれのコーヒーを飲みながら、午前六時三十分の乗船を待っていた。ゾディアックボート〔エンジン付きゴムボート〕が私を迎えに来て、MVアルシア号〔現・MVオデッセイ号〕という母船へ乗せていってくれる。母船は一キロメートルほど沖に停泊していて、私が立っている場所から見えていた。

　外から見たアルシア号は、ばりばり働く馬車馬のようだった。全長五六メートルの灰色と白色が混じったクライズデール〔スコットランド原産の馬の品種〕といった趣で、氷を切り開いて進めるくらい頑丈だ。船尾からクレーンが突き出ている。しかし、その飾り気のない外観は誤解を招きがちだ。アルシアの内部は隅から隅まで探検用スーパーヨットだった。ブロンド色の木材、ユニット式のソファ、おしゃれな電子機器に囲まれた隠れ処《が》だ。甲板の格納庫にはトライトンの潜水艇、ジェットスキー、カヤック、サーフボード、スキューバダイビング器材と、水上・水中の冒険道具がすべてそろっていた。私が乗船した二〇一九年十一月の週には潜水艇パイロットも十人乗り組んでいた。

これだけたくさんの潜水艇パイロットを雇い、こういう様式で世界を航海する人物はこの世に一人しかいない。海を愛する億万長者、レイ・ダリオだ。同業者が宇宙旅行に入れ込むのに対し、スキューバダイビングの熱烈愛好家ダリオは波の下に広がる宇宙のほうに、はるかに大きな関心を寄せていた。彼は海のことを「私たちの惑星最大の資産」と呼び、ドキュメンタリーテレビ番組『60ミニッツ』のレポーターに、深海のほうが素晴らしい景色が多く、今日的な意味を持つ知恵があって、大きな投資収益を得られるのに、ロケットに多額の資金をそそぐ「資産配分」は理解に苦しむ、と語った。二〇一一年、彼は水深一〇〇〇メートルまで下りられるアクリル製三人乗り潜水艇〈トライトン3300／3〉でラーヒィといっしょに潜り、その体験に驚嘆してすぐさま潜水艇を購入した。その後、フランスの調査潜水艇ノーティルの支援母船だったアルシアを購入し、それを大幅に改良した。

世界最大のヘッジファンド〔ブリッジウォーター・アソシエイツ〕の創業者ダリオだから、むろん、これらの乗り物を独り占めすることもできただろう。しかし、彼と熟練の水中映像作家である息子のマークにはもっと開放的な展望があった。深海をみんなと分かち合いたい。深海に関心を持つよう人々の心を鼓舞したい。なぜなら、海洋の尊厳に対する「知的認識」だけでは、人間の海洋汚染や海洋からの略奪を止められなかったからだ。「恋に落ちたものを救おうとするとき、人は大きな力を発揮するのではないでしょうか」と、ダリオはインタビューに答えている。

人の心を魅了する強い力がふたつあるとしたら、それは物語性と科学だとダリオ夫妻は考え、前者についてはジェームズ・キャメロン、後者についてはウッズホール海洋研究所と手を組んだ。彼らは〈オーシャンX〉という非営利の海洋探査プロジェクトを立ち上げ、そこに惜しみない資金を投じた。その使命はシンプルだった。畏敬の念を広めることだ。オーシャンXはNASAの水中版で、NASAに比べて規模は小さいが、時代の先端を意識し、星の代わりに海の深淵を歩き回り、メディアを駆使して大勢の観客と乗船体験を共にする。「宇宙空間で異星人《エイリアン》に会えることはない」とダリオはコメントした。「深海へ下りたら異質のもの《エイリアン》に出会える」

海洋科学者にとってアルシアへの招待は、いつにない贅沢な環境で研究ができるチャンスだ。純粋な探検に飛びつくチャンス、もはや政府機関が資金を提供してくれない「好奇心に基づくたぐいの探求」に出るチャンスだ。多くの人にとっては、いっそう素晴らしいチャンスだった。初めてじかに深海へ足を踏み入れることができる。倹約を旨とする典型的な科学クルーズでは、ロボットが潜水を行い、人間はデッキへ追いやられる。コストの観点からはそれが理にかなっているのだろうが、人の心をつかみたければ、活動の中心には心臓の鼓動が必要だ。キャメロンがオーシャンXの哲学を要約している。「ロボットになりたいと夢見る子どもはいない。しかし、探検家になりたいという夢は見る」

ダリオ夫妻がアルシアを再発注してからの九年間で、同号はBBCの『ブループラネットⅡ』シリーズをはじめ、多くのテレビ番組やドキュメンタリー番組に出演した。「レイはゲートが開いた直後から素晴らしい旅を続けてきた」とラーヒィが私に言ったのは、二〇一二年の探検で初めて生きたダイオウイカの映像を撮影し、その後パプアニューギニアの深海洞窟でシーラカンスを撮影し、グレートバリアリーフの調査でデイビッド・アッテンボロー〔イギリスの動植物学者、作家、ナレーター〕が助手席からナレーションを担当したことを指してのことだ。カメラが回る中、オーシャンXのパイロットたちは科学者を乗せて南極の氷の下へ向かい、ガラパゴス諸島の海底火山へ向かった。メキシコ湾の魅惑的な「塩水溜まり《プール》」の上に静止した。塩分濃度が高く比重が大きな、いわば「海底の湖」だ。深海の映像を撮影する際は、潜水艇が二隻いたほうが何かと便利だ。片方が照明装置の役割を果たすことができ、ときにはフレーム内にすべり込むことで人間的な尺度も提供できる。ディープ・ローバーII号と呼ばれる二人乗り潜水艇がダリオの三人乗り潜水艇ナディール号に加わった。

そしていま、オーシャンX三隻目の潜水艇ネプチューン号が登場した。これも〈トライトン３３００／３〉だ。アルシアの格納庫に収まったそのアクリル製球体はシャボン玉のように輝いていた。私がゾディアックを降りて、母船船尾の張り出し部分へ足を踏み入れたとき、最初に目に入ったのがこの船だった。ネプチューン号はできたてほやほやで、申請した潜水可能深度へ潜る資格審査の最中だった。私が到着したのはリミッティング・ファクター号にお墨付きを与えたのと同じノルウェー・ドイツ船舶協会（ＤＮＶ・ＧＬ）のエンジニアによる最終審査の日。ネプチューン号がそれに合格すれば、翌朝には初の突入が行われる。私はそれに同行することになっていた――その前に興奮のあまり死んでしまわなければだが。

私は船室に荷物を置いたあと、朝の会議のために艦橋へ向かった。スケジュールもそうだが、この空間も混雑していた。海上試運転、保守作業、防災訓練、パイロットの訓練。アルシアがバハマへ来たのは二週間の深海ブートキャンプを実施するためだった。私が訓練潜水に参加する運びになったのは、ラーヒィの仲介でレイ・ダリオの事務所とつなげてもらい、その事務所がオーシャンXの上級パイロットで潜水艇チームのリーダー、バック・テイラーに電話をかけてくれたおかげだ。「レイはあそこに何があるか、みんなに見てもらいたいと心底から思っている」テイラーは私に言った。「彼はテクノロジーが大好きだから、私たちは世界に深海を取り戻すための最新技術を試験している」

テイラーにとっては極め付きの仕事と言っていいだろう。彼には潜水艇での潜水経験が四千回あった。元イギリス海軍の潜水士で、専門は海底の爆弾除去。彼は沈められた軍用潜水艇に閉じ込められている人たちを救出するために救難潜水艇を操縦し、危険と背中合わせの職業人生を歩んできた。しかし、実際に会ってみた彼は屈託のない人物だった。四十九歳にして、安全性の追求と楽しさの追求、そのふたつのバランスを見つけたのだ。彼はよく笑っていた。私が会ったとき、彼の頬は日焼けして、夕刻に目立ってくる髭《ひげ》の下で光っていた。

「これは我々が船上に迎えた最大のチームだ」とテイラーは言い、集まった一団を私に紹介してくれた。部屋を見渡すと、見覚えのある顔があった。ティム・マクドナルドだ。五人のパイロットで構成されるテイラーのチームでオーシャンXの潜水艇操縦訓練を受ける四人の新人の一人として来ていたのだ。彼にぴったりだと思った。マクドナルドは海の経験が豊富で、性格はおおらか、潜水艇パイロットに必要な工学的技能の持ち主でもあった。彼は生まれついての遊牧民で、アルシア号もそうだった。私がテイラーと電話で話したとき、彼は自分の乗組員のことを「海洋遊民の一団」と表現していた。

会議は手短にすんだ。その日の仕事が割り振られただけだ。午前中に潜水が二本行われ、ネプチューン号が最後の海上試運転を行う。午後は修理と検査、そして「油圧のこぎり」でもう片方の潜水艇のからまりを解く方法についての講義に費やされる。

時刻は八時。船は沖合へ移動していた。「八時半に水しぶきを上げる予定だ」とテイラーが締めくくった。彼は新人たちに呼びかけた。「今日から君たちに少し冷や汗をかかせてあげよう」引きつったような笑い声が起こったあと、全員が準備に向かい、テイラーは私に訓練方法を説明した。「最初にやることのひとつは、彼らにプレッシャーを与えて反応を見ることだ」と彼は言い、薄笑いを浮かべた。「私たちが求めているのは、平静を保つことができて手際よく問題を解決できる人材だ。ジョイスティックの前で『なんてこった、なんてこった！』とパニックに陥っていたら、小さな問題をたちまち大きくしてしまう」

テイラーは潜水訓練で彼らに模擬的な緊急事態を与え、感情の揺れ幅が大きい人、自信過剰な人、おびえやすい人を排除しようとしていた。パイロットはいずれ現実の緊急事態に直面するからだ。「私は潜水艇で火災に遭遇したことがある」彼はそう言って、直面した危険の数を指折りかぞえてみせた。「艇内で腰まで水に浸かったこともある。網に引っかかって十四時間身動きが取れなかったこともある。つまり、そういうことは起こるんだ」

テイラーはガラパゴス諸島で海洋内部波にのみ込まれたことがあり、その衝撃はすさまじかった。「私たちは二時間海中にいた」と、彼はその出来事を振り返った。「とつぜん、緑色の大きな壁が迫ってくるのが目の端に見えた」潜水艇はたちまち渦にのみ込まれ、トリックヨーヨーのように上へ飛ばされ、横へ飛ばされ、猛スピードでいくつかの岩に接近した。さらにまずいことに、大渦の中では潜水艇がもう一隻転げまわっていて、その一隻がすぐ隣にいた。「たがいを見ることができず、ただ身動き取れずにいた。完全に制御不能だった」衝突すれば致命傷になりかねない。

その後、波は襲ってきたときと同じようにとつぜん去っていった。視界が開け、テイラーはこのときの同乗者で動揺冷めやらぬBBCの司会者リズ・ボニンともう一人のパイロット、トビー・ミッチェルに大丈夫かと声をかけた。一、二分かけて彼らは気を落ち着けた。「そのあと、私たちはまた襲われた」内部波は合計三度彼らを襲い、彼らを跳ね飛ばし、翻弄し、どんどん深いところへ引きずり込み、そのあとようやく潜水艇は波から抜け出すことができた。テイラーはこの話の教訓をこう締めくくった。「主導権を握っているのは誰か、海は思い出させてくれる」

水深一〇〇〇メートル。私はその深度まで下りることになっていた。私が潜るのは中深層、もっと魅力的な名称では薄暮帯《トワイライトゾーン》と呼ばれる海域で、そこは有光層が終わったところから始まる。深海のマンハッタンであり、常に動きが活発な生物の国際都市《コスモポリス》だ。このトワイライトゾーンは生物発光の信号弾に照らされた、食うか食われるかの場所だ。牙を生やした大きな口の前で光る魅惑的な罠《わな》、なまめかしい体が発する脈動と閃光、一千兆匹の魚のお腹に並ぶネオンカラーの発光器が明滅する。

　私は一千兆という言葉を使っているが、数千兆といったほうが正確かもしれない（それに比べれば、天《あま》の川銀河《がわ》にはわずか一千億個の星しかないと考えられている）。トワイライトゾーンに生息する魚の正確な数は誰も知らない。研究者はその推定値を上方修正し続けているが、私たちが知っているのは、このゾーンにはほかのすべての海域を合わせたより大きな「魚類バイオマス」が存在することだ。

特に、ヨコエソ科魚類と呼ばれる歯の生えた光り輝く捕食者に満ちあふれている。ヨコエソ科魚類は泳ぐというより身体をくねらせる感じで動き、一匹がそばを通り過ぎたとしても、クレヨンの半分ほどの大きさしかないため、見逃してしまう可能性が高い。実際、海洋学者を除けば、ヨコエソ科魚類を見たことがある人、どんな形をしているか知っている人は皆無に近い（疑似餌《ルアー》くらいの小さなバラクーダを思い浮かべるといい）。その存在を知る人すらほとんどいないが、これは驚くべきことだ。ヨコエソ科魚類は地球上で最も生息数の多い脊椎動物なのだから。人間一人に対し、ヨコエソ科魚類は十万匹いる。

　そして、ハダカイワシもいる。これも天文学的な数で存在する小さな魚だ。ぎょろっとした目に発光器が加わり、二百五十種もいるハダカイワシの仲間にそれぞれ特有のパターンで発光器が配列されているところがなんとも素敵だ。ムネエソも然《しか》り。水銀のような銀色をした丸っこい魚で、体の幅が刃のように細く、尾びれは小さく、発光器は空港の滑走路の照明のようなニュークリアブルーと呼ばれる青色。小さなムネエソになるとポーカーチップくらいの大きさで、大きなものでも手のひらに収まるくらいだ。

トワイライトゾーンの住民には、愛らしさランキングではかなり下位に置かれるものもいる。彼らはぞっとする見かけで、恐怖心すら抱かせる。悪夢の配役部門そのものだ。胴体から切り離された頭部のように見えるものもいれば、歯しかないようなものもいる。ホウライエソの牙は口から飛び出して顔を包み込みそうになるくらい長い。この妨げを相殺するため、あごの蝶番《ちょうつがい》を外して九〇度まで口を開くことができる。ワニトカゲギスの歯はホホジロザメの歯より強く、光を反射しない超微細《ナノ》結晶で強化されているため、落とし穴トラップのようなあごは獲物から見えない。オニキンメ、ミツマタヤリウオ（英名ブラックドラゴン）、ミズウオ（同ランセットフィッシュ）、ラブカ、クロアンコウといったところが代表的だが、彼らの口にはみなナイフやアイスピックがずらりと並んでいる（さいわい、彼らのほとんどは体が小さい）。

目が不思議な働きをするものも多い。真っ暗な深海では物を見るのが難しく、隠れる場所もないため、環境に巧みに適応した視覚を持つことが生き抜くための武器になる。イチゴイカには上を見る大きな黄色い目と、下を見る小さな青い目がある。フォーアイドスプークフィッシュのふたつの目は半分に割れていて、レンズというより鏡のような機能を果たす。しかし、「奇妙な目オリンピック」でデメニギスの向こうを張れる生き物はいないだろう。筒状の緑色の目は透明な頭の中に封じ込められていて、回転して真上を向き、頭のてっぺんから外をながめることができるのだ。

剽軽《ひょうきん》な生命体の多さにかけて、トワイライトゾーンは他の追随を許さない。透明なタコ、コルク栓のような触手で泳ぐ蠕虫《ぜんちゅう》、ペリカンのような口を持つウナギ、体長八センチ弱のホタルイカ。既知のクラゲの大半はＵＦＯのように海を漂っている。このゼラチン状の銀河系にはクダクラゲと呼ばれる最強級の捕食者も含まれ、個体の連なったその光り輝く鎖状の群体は体長が四五メートルにもなる。肉食性の有櫛動物で、奇抜な半透明の球体は繊毛の列で漕ぐように水中を移動する。繊毛は光を散乱させ、球体を玉虫色に波打たせる。さらに、ほとんどのクダクラゲは生物発光もする。

このような活気に満ちた中深層が長きにわたり生命不毛の領域と推定されていたと聞いても、いまは驚くこともないだろう。もちろんエドワード・フォーブスは、海の大部分には何もないと考えていた。しかし、チャレンジャー号探検隊のチャールズ・ワイビル・トムソンでさえ、深海の動物相はその表面近くを泳ぐか、水底の近くにひっそり隠れているかで、その間の「中間地帯」には何もないと考えていた。それがいかに間違っていたかをいま私たちは知っているが、トワイライトゾーンの調査にキャリアを捧げてきた科学者たちは、いまだそこについてわかっていることの少なさに落胆している。

この惑星に広がる漆黒の水域には、透明だったり、網にかけられないくらい弱すぎたり、音響センサーに記録するには短命すぎたり、発見を避けるのに長けていたりする生物が膨大な数、生息していて、やすやすと研究できる場所でないのは間違いない。そのうえ、そこは常に変化している。毎晩のようにトワイライトゾーンの住民は何百メートルか水面へ近づいていく。上が暗闇に覆われると、下からの訪問者は目立たなくなり、被害に遭いにくくなる。彼らは浅い海域で、太陽に養われた植物プランクトン（単細胞の海洋植物）を食べてくる。そして夜明けまでに深いところへ戻る。この夜間の移動〔日周鉛直移動と呼ばれる〕は世界最大の動物移動であり、一年三百六十五日発生する垂直移動でもある。

ハダカイワシやオキアミが毎日それだけの距離を泳ぐのは、朝食の食卓に着くために山頂まで山登りをしなければならないようなものだ。すべての生き物がこのトレッキングを行うわけではない。一部の生物種は疲弊した回遊魚が通りかかるのを待ち伏せ、ずっと身を潜めているという摂取戦略を取る。トワイライトゾーンの住民の半分が毎晩移動していると科学者は考えている。まるで海そのものが呼吸しているかのように、何兆匹もの魚や甲殻類などがいっせいに上下する。ある意味、海は呼吸している。表層付近でプランクトンを食べ（吸い込み）、泳いで戻って排泄する（吐き出す）ことで、動物たちは大気中の炭素を深海に運び、何世紀、場合によっては何千年にもわたってそこに隔離する。これらちっぽけな獣たちが大量の炭素を深海に沈めているのだ。毎年推定四四億トンという、アメリカの年間総排出量に匹敵する膨大な量の炭素を。

トワイライトゾーンは見るべきものだろう。それは間違いない。地球の密かなパーティ会場であり、最も壮大かつ賑やかなスペクタクルが繰り広げられる劇場なのだ。二十四時間以内に私はそこへ行く。テイラーが出合った厄介な内部波が頭の中を押し寄せてくるようで、圧倒される思いだった。早く潜りたいと思ういっぽうで、これから潜るのだ、この先に心が浮き立つような時間が待ち受けている、という一歩手前の空間にとどまっていたい気もした。訓練の一日が過ぎ、ネプチューン号は正式に承認を受けてクレーンで甲板へ戻され、二重三重のチェックと清掃が行われ、翌朝潜る準備が整った。巣立ちのときを迎えたパイロットたちが報告と感想をテイラーと交換しているあいだ、私はあちこち歩きまわっていた。彼らは素晴らしく冷静に、さまざまな模擬緊急事態に対処していた。それでも私にはバリウム〔精神安定剤〕を飲む必要があったかもしれない。

夕方になってようやく私は落ち着きを取り戻し、コーラル・オレンジ色の夕日の手招きを受けてみんなと集団水泳に出かけた。サウンドガーデン〔米ロックバンド〕の演奏をバックにアルシアの船尾から人々が飛び込んでいく。水が温かかったため、私たちは長時間水中に浮かんで、話したり笑ったりし、そうするうちに空から薄明かりが消えていった。

「私はティム、今日のパイロットを務めます。こちらはトレーナーのバックです」

カーキ色の服を着てヘッドセットを着けたティム・マクドナルドが一〇〇〇メートル潜水のデビューに向けて操縦席に座っていた。バック・テイラーと私が彼の前の座席に座る。球体の中、三人は靴を履かず靴下だけで発進を待っていた。オーシャンXのパイロット、リー・フライがこの日の水上担当で、すべての準備が整ったか確認するために甲板を駆けまわっていた。少し前にフライは私の体重を測り、テイラーが登場するオリエンテーション映像を見せてくれた。「安全カードはクッションの下」画面上のバックがさわやかな英国風の発音で指示していた。「万が一、問題が発生した場合は……」海中の緊急事態に安全カードが役立つとは思えなかったが、私はうなずいた。「はい。たしかに。わかりました」そしていま、ティム・マクドナルドが潜水前の安全に関する説明をしていた。

「ここには生命維持装置があり、それが空気を制御しています」とマクドナルドは続けた。「万が一、それに何かあったときは、左側に呼吸装置がある。スキューバのレギュレーターみたいなもので、口にくわえて呼吸を始めるだけでいい。それがまったく使えなくなった場合は、煙を吸い込まないようこの下に呼吸循環装置《リブリーザー》があります。もし何らかの理由でバックと私が意識を失った場合は、あなたに水上と交信してもらわなくてはならない」

「たしかに。そこのところをやって見せて」と私は言った。

マクドナルドは私にヘッドセットを渡した。「これを着けて、この小さなボタンを押して通話する。『X線、X線、X線』と言うと、水上に戻る方法を教えてくれます。メインバラストタンクに空気を入れる。外側の黄色い大きなやつで、このふたつのバルブが閉じていることを確認する必要がある。こっちにあるバルブは開けておく。そのあと――」

「とてもいいが、ちょっと真面目すぎるな」とテイラーが割り込んだ。「同乗者が不安で張り詰めていた場合、それだと追い詰めてしまう。シンプルにいこう。ゲストと談笑する。追い詰められて泣きべそをかいている人がいないか、よく観察する。しっかり様子をうかがうんだ」何より、閉所恐怖症を起こしている人がいないか確かめること、とテイラーは強調した。「誰かがパニックの発作を起こしていると知るのは、海中に入ったときより甲板にいるときのほうがずっといい」

マクドナルドはうなずいた。「スーザン？　閉所恐怖症はありますか？」

「いいえ」と私は答えた。だがそれは完全な真実ではなかった。ハワイでスキューバダイビングの訓練を受けたときのことだが、初めてタンクをつけて海に飛び込んだとき、過呼吸になって潜水ボートの側面にしがみつくはめになった。タンクが自分を引きずり込んで永遠に海底に固定し、二度と呼吸させてくれないセメントのブーツのように感じられ、その瞬間パニックに陥ったのだ。その後ライセンスは取ったものの、いまでもときどきあのときの恐怖が甦《よみがえ》る。でも、潜水艇ではそんなことはないだろうと思った。私たちはぎゅうぎゅう詰めにされているわけではない。それぞれに革張りの座席がある。立ち上がれるだけの空間はないが、球体内の頭上に圧迫感はない。空気は新鮮で、安全と感じられた。

私たちの目の前でナディール号が鋼鉄の軌道を前進し始めた。ナディールが先に進水して水面下で待ち受け、二隻いっしょに水深一〇〇〇メートルへ降下する。クレーンが潜水艇を吊り上げて水面に下ろし、泳者《スイマー》が係留索を外すところを私たちは見守った。黄色い潜水艇は数秒間浮かんでいたあと、右へ傾いて姿を消した。船尾からフライが私たちの様子を見に戻ってきた。

「水上へ、こちらネプチューン号、ハッチは安全、生命維持装置作動、安全に関する説明完了、潜水準備ができました」とマクドナルドがＶＨＦ無線で伝えた。いったん潜水艇が水没すると、無線チャンネルは使えなくなり、通信は音響インターホンに頼ることになる。

「ネプチューン号へ、こちら水上。安全説明完了、了解しました」とフライが確認した。「潜水許可！」

進水は簡単で、かつおだやかだった。アクリル球体を波がバシャバシャ洗い、頭上で水面が閉ざされた。冷たく青い食道に飲み込まれていく感じがした。ただの青色ではなく、ウィリアム・ビービが潜水球《バチスフィア》の中で熱狂的に語った魂を揺さぶるような青、「ほかの色のことを考えられなくなった」青だ。水深六〇メートルまで来ると、潜水艇内の赤い物体が黒く見え、黄色は常緑色、緑色は濃紺になった。最もエネルギッシュな光の波長、純粋なウルトラマリンブルーだけが残った。それが感覚に及ぼす効果をビービは表現しようとしたが、あきらめた。「通常の用語で表現するには、あまりに異質なものと向き合っている気がした」

私的には「スケジュール1区分」の麻薬の効果とでも表現しようか。座っているうちに夢のような効果が押し寄せてきて恍惚となった。境界線のアクリル球体は知覚できず、ただ青色を見ているのではなく青の中に包まれているようだ。「この光……」私と同じくこの光景に圧倒されながら、マクドナルドが言った。「こんなものは地球上のどこにもない。再現不可能だ」

「たしかに」とテイラーが言った。「私のオフィスへようこそ」

水深九〇メートル、そして一二〇メートル。私たちは海雪《マリンスノー》の猛吹雪の中を落下していたが、私たちの速度のほうが速いため、雪の粒子が上へ進んでいくみたいに見えた。さらにシュールなことに、この雪は生きていた。潜水艇の投光器が投げる光の中、とんでもなく小さな生き物がきらめきながら矢のように飛んでいき、ゼリー状のものが体を広げてはまた消えていく。動物たちがガリバー旅行記の小人国の住民みたいな錯覚を覚えた。ここは水がとても澄んでいて、とても静かで、脳に信号を送る視覚的な手がかりがなかった。いいや、これは水なのだ。生き物の動きを見て初めて、何もない空間ではなく、ひとつの媒体の中を旅していることがわかる。しかし同時に、それは単なる媒体ではない。生命の母体《マトリックス》だ。

　水深一八〇メートルを過ぎ、浅海との境界を越えた。私たちは深海にいた。トワイライトゾーンに入ったのだ。上を見ると、藍色の最後の痕跡が見えた。下を見ると、闇しか見えない。この同じ境界でビービは彼の言う「青い真夜中の暗黒」に酔いしれた。しかし不思議なことに、彼も私も、青が黒に消し去られる正確な地点を特定することはできなかった（後日、その理由を知ることになる。人間の視覚の限界にぶつかっていたのだ。実際には、青い光はまだそこにあり、水深九〇〇メートルまではわずかながら浸透しているのだが、私たちの目はもはやそれを受け止められなかった）。

　テイラーがハッと気づいた。「いまの音《ノイズ》、聞こえたか？」彼はマクドナルドに尋ねた。「初めて聞く音だ。瓶が転げまわっているか何かかもしれないが、ああいう音が聞こえたときは――」

　マクドナルドがヘッドランプを点けて警告パネルを注意深く調べたが、見たところ正常で、少ししてテイラーは肩の力を抜いた。「水圧を受けると、潜水艇が話しかけてくる」と彼は説明した。「ナディールはよくしゃべる。ピッと音をたてたり、うめき声をあげたりするうちに落ち着いていくんだ。とにかく、しっかり見て、油断せず、どこにも漏れがないことを確かめること」テイラーの警戒の声を聞いて気がついた。これがネプチューン号の認証後初めての潜水であることを私は忘れていた。しかし、当然ながらテイラーは忘れていなかった。

　私はアクリルに鼻の跡がつかないよう気をつけながら、可能なかぎり前かがみになり、生き物の繰り広げるショーを見ながらどの種か見分けようとしたが、なかなか思うにまかせない。球体に当たって跳ね返りそうなくらいそばを、ある生き物が回転しながら通り過ぎていった。ティーカップのくらいの大きさで、カップを逆さにしたような形、てっぺんにミッキーマウスを思わせる小さな頭があり、大きな目が付いていた。コウモリダコか、と私は思った。血のように赤い小さな外套膜《マントル》、耳のような形のひれ、二本の長いフィラメント状の触糸、八本の腕の間についている水かき。原始的な頭足類だ。吸血イカ《バンパイア・スクイッド》という英語名とは裏腹に、コウモリダコはイカではなく、イカとタコ両方の遠い親戚に当たる。別の種と見間違うのは難しい独特の種だが、私はこの光景に驚くあまり確信が持てなかった。

「生物発光が見え始めている」と、テイラーが指摘した。彼はマクドナルドに顔を向けた。「運転灯を消してもいいぞ」

「了解」とマクドナルドが言い、潜水艇が暗くなった。インターホンがたてる静電気のパチパチいう音とポンプがたてるブーンという低い音を除けば、球体内は静かだ。私の左側でクダクラゲが星雲のように輝き、ある発光したクラゲはダリアのような形をしていた。ウナギのような形の魚が泳いでいった。「いまのはタチモドキだ」とテイラーが指摘した。「ものすごい歯をしている」

私たちは花火の雨の中を下りていった。潜水艇が動くと周囲の動物や微生物が押しやられ、光の炸裂で応じてくる。トワイライトゾーンの住民はほとんどが生物発光する。陸上で発光する生物はごくわずかで、ホタルなどひと握りの昆虫や、蠕虫、菌類、細菌《バクテリア》だが、海の中深層において、生物発光は生命の中枢を成す生存のカギなのだ。深海では光は戦略であり、道具であり、武器でもある。光は言語、地球上で最も一般的な意思伝達手段なのだ。バクテリアまでがその言語を流暢に操っている。

生物がみずからを照らすとき、それは（特定のパターンで点滅させることで）交尾の相手を引き寄せたり、（光る疑似餌をぶら下げることで）獲物を引き寄せたりしようとしているのかもしれない。捕食者から逃れようとしているのかもしれず、ハイビームの点灯はスポットライトで犯罪現場を照らしている感じだろうか。

生物発光は攻撃にも防御にも役に立つ。たとえばニジクラゲは透明な傘の縁に触手が三十二本ついている。敵に脅かされると触手のライトを燃え立たせ、線香花火のように振ったのちに触手を放出し、きらきら光るスパゲッティの塊で襲撃者の注意をそらしているあいだに傘が逃走する（触手はあとでまた生えてくる）。オオクチホシエソ〔英名ストップライト・ルースジョー・ドラゴンフィッシュ〕は目の下の赤い発光器を巧みに点滅させる。ほとんどの深海生物は青い光しか感知できず、赤い光はまったく見えないので、オオクチホシエソは暗視ゴーグルでこっそり追跡しているようなものだ。イカは光を消した状態で狩りをし、強烈な光を放って獲物を唖然とさせることで知られる。大量の光を勢いよく浴びせて敵を識別する生物もいる。発光器の光量を調光スイッチのように変化させることで自分のシルエットを消して偽装する生物もたくさんいる。ここに挙げたのは、ほんの数例に過ぎない。トワイライトゾーンの生物にはディスコボールのファセット面の数くらい光を操る方法がある。

今回の潜水計画では、潜水艇二隻が海底までの半分にあたる水深五〇〇メートルで合流することになっていた。ナディール号は私たちの六〇メートル下にいて、そのライトが淡青色のふたつの点に見えた。中深層で合流するとき至近距離まで近づくのは想像以上に難しいらしく、テイラーがマクドナルドを指導していた。

「ではダウンライトを点けて」テイラーが言った。「降下速度を落とせ。ここには八トンの慣性が働いていることを忘れるな。八トンの潜水艇が下へ向かっているんだ」

「排水しますか？」マクドナルドが少し張り詰めた感じの声で言った。

「うん、かまわん」

「五リットル？」

「さてどうかな」テイラーがはぐらかすように言った。「フォースを使え、ルーク。ただし、彼らの上に着地しないようにな。悲惨なことになるぞ」

テイラーは私に向き直った。「自分たちが自由落下していることを、ときどき忘れてしまうことがある。君は気がついていないと思うが、私たちはゆるやかな螺旋《らせん》を描いている」（これは基本的な流体力学だ。マニピュレーターの重さが潜水艇を回転させている。参考になる静止物がないため、回転しているのがわからないだけだ）

「水深五〇〇メートル」とマクドナルドが告げた。ナディール号の照明光が明るくなってきて、私たちと同じ高さになった気がした。

「完璧だ。とにかく、リラックスしろ。彼らのほうへ近づこう」

「管制室、管制室、こちらネプチューン号」と、マクドナルドは水上に呼びかけた。「水深五《ファイブ》・〇《ゼロ》・〇《ゼロ》メートル、ナディール号と同じ深度にいます」

テイラーが笑った。「あれがナディール号だったらいいな。ロシアのスパイ潜水艦ということだってあるぞ」

最後に潜水艇二隻は水中で静止し、全員の顔が見分けられるくらい接近した。照明光の中を勢いよく進んでいく生き物の大群を無視すれば、宇宙船二隻が星間空間でドッキングしようとしている図だ。怖がりの人なら、メガトン級の塩水の下、ふたつの機械が忘却の彼方《かなた》で宙吊りになっている不気味な光景に恐怖心が湧いたかもしれない。しかし、私は記憶にないくらい幸せだった。

「ナディール号、こちらネプチューン号、バックからのメッセージです」インターホンからマクドナルドが告げた。「先に水深一〇〇〇メートルへ向かってください」

ナディール号が後ろへ離れて降下を開始したとき、下向きの光の中を巨大な影が通り抜けた。何なのかと、テイラーと私は目を凝らしたが、それはもう闇の中へ消えていた。「概してこの深度の生き物は比較的小さいが、たまに大きなものもいる」とテイラーは言い、片方の眉《まゆ》を上げた。「いつも考えるんだ。どんなものが、私たちがここにいるのを知っていて、私たちを見ているんだろうと」

私たちは自由落下を続け、周囲には生命が渦を巻いていた。水深六〇〇メートルはクラゲのファッションショーのステージとなり、みんなで華やかさを競っていた。フリルのような傘をかぶって颯爽と通り過ぎ、半透明の細い器官をたなびかせて最新版の華やかな光を披露していく。クラゲには脳も血液も骨も心臓もないため、しばしば「単純な」生き物と言われる。彼らを見ていると、その表現は笑止千万だ。彼らの体の九五パーセントは水だが、にもかかわらずその動きは複雑で、ほとんど静止していない。弱々しく思えるが、彼らは動物界で最も効率的な泳ぎ手だ。また、魚や甲殻類、クラゲどうしなど、あらゆるものを食べることができる狡猾な狩人でもある。ハコクラゲには二十四個の目があり、一部の目にはレンズや角膜、網膜が備わっている。この惑星最強の猛毒を持つ棘《とげ》も備えている。生物学的に不死身のクラゲ種もいる。ライフサイクルを逆戻りさせること、つまり若返って生まれ変わることができるのだ。私にはかなり高度なトリックのように思われた。

ゼラチン状の生き物は、恐竜が地上を歩いていた時期より二億五千万年も前のカンブリア紀初期から海を脈動している（この単純そうな生き物は、私たちが滅びたあともずっとここで繁栄しているだろう）。彼らは想像を絶する長い時間をかけて進化してきた。潜水艇から見えたように、クラゲは体の形に独自のルールをつくり上げている。あるものは鮮やかな紫色の輪のようで、流れるような白い触手の先端はネオンバイオレット色。あるものは心臓のように鼓動するくすんだ金色の王冠のよう。あるものは何本もの糸をたなびかせた風船のよう。あるものは子どもが描いた太陽のよう。あるものは房飾りがついたソンブレロのよう。あるものは幽霊のよう。

海底が近づいてきたとき、このうえなく優美なクラゲが現れた。黄色と薄紫色の縞模様がついた涙形の鐘といった風情で、鮮やかな触手が何十本も生えている。光を点滅させながら、私たちのすぐそばまで寄ってきた。岩にぶつかったり穴にはまったりしないよう、マクドナルドがゆっくり三六〇度回転しながらソナーで念入りに海底を調べていた。「おい、スラスタを通り抜けるんじゃないぞ」テイラーが座席を回し、通過しようとする生き物に呼びかけた。「よし、挽き肉にせずにすんだ」

数秒後、ぼんやりと地形が見えてきた。潜水艇の照明光が雪のように白い沈泥《シルト》の台地に反射していたが、ここでは波長が青しかないため、海底はカリブ海のスイミングプールのようなアクアマリン色に輝いていた。自分が何を予期していたのかよくわからない。茶色かベージュ色の軟泥を予期していたのかもしれないが、まさか青緑《シアン》色の後光を放射するホワイトサンズ国立公園があろうとは。私はその美しさに唖然として言葉が出てこなかった。

「この底が超シルト質になることを忘れるな」と、テイラーがマクドナルドに注意した。「重いよりは少し浮力があったほうがいい。いまの水深は？」

「九《ナイン》・九《ナイン》・七《セブン》」とマクドナルドが答えた。スラスタがうなりをあげ、彼は潜水艇を着地させた。

「真正面に見えるのは大きな岩？」と私は尋ねた。

「ひとつの岩の表面だ」とテイラーが言った。「三〇〇メートルある壁の根元なんだ」

「九《ナイン》・九《ナイン》・八《エイト》」とマクドナルドが言った。

「よし、駆動はここまで」とテイラーが言った。「あとはただ下りていこう。優しく、そっとだ。海底に着陸するぞ」

「一〇〇メートル」

底がはっきり見えた。私たちは斜面に着陸して上り坂と向き合っていた。大きな白い石灰岩と岩の破片が白い沈泥を突き破っていて、沈泥の上に何かの跡や巣穴が点々とついていた。一五メートル前方に、スキーのエキスパート用斜面のような岩肌がそそり立っていた。左手にナディール号の照明光が見え、壁の高いところから転がり落ちてきたと思われるストーンヘンジくらい大きな厚板《スラブ》の輪郭を浮かび上がらせていた。

「ちょっとした地雷原だ」とテイラーは言い、ソナーを使い続けてどこにもぶつからないようマクドナルドに注意した。私はこの潜水に陶酔するあまり、水中の岩盤すべりや衝突や水圧、海面まで一時間以上のところにいることには気が回らなかったが、周囲の重さを思い出したときはそうした考えを避けられなかった。球体が卵のように割れるところを想像した。

「消灯して、状況報告」とテイラーが指示した。マクドナルドがスイッチを操作し、私たちは真っ暗闇に突き落とされた。深緑色がパッといくつか燃え上がった。近くにいる魚が発した光だ。テイラーはいくつかの計器に目を向けた。「ガスは大丈夫か？　酸素は？　何も――」そこでけたたましい警告音が彼の言葉をさえぎった。飛び上がるような大音量ではなかったが、しつこく鳴り続けている。私に心拍数モニターがつながっていたら、何らかの変化が記録されただろう。

「よし」テイラーが淡々とした口調で言った。「何が起こっているか確かめろ。何かわかったか？」

「球体内に水」マクドナルドの声は張り詰めていた。「ヘッドランプを点けて、状況を確かめます」

一瞬、これはテイラーが仕掛けた模擬緊急事態なのかと思ったが、マクドナルドが足のそばに身をかがめると、たしかに水があった。

「まず大事なことから始めよう」とテイラーが言った。「味を見ろ。真水か、塩水か？」

私は息を殺して待った。

「真水です」

テイラーはうなずいた。「周りを見て、再確認しろ。結露なら真水。浸入して私たちを沈めようと躍起になっているあの大きな水の塊は真水じゃない」

「了解」マクドナルドが安堵の声で言った。彼は警告音をミュートにした。

「水が真水で、どこにも漏れがないなら、心配の必要はない」とテイラーは言い、私が度を失っていないかさっと横目で確かめた。「みんな、ハッピーか？　素晴らしい。ライトを点けて、何が見つかるか確かめに行こう」

私たちはナディール号のほうへ飛行し、相棒のそばに位置を定めた。彼らはマニピュレーターで堆積物のコア試料《サンプル》を採取する練習をしていた。どちらの潜水艇もライトを点けて海底を照らしており、天然色で動物を観察することができた。ＬＥＤのアシストがなければ、鮮やかな緋色や真紅を見ることができなかったはずの、赤いエビやクラゲまでもが見えた。深海に赤い色は存在しないが、赤い動物はたくさんいるのだから、本当は存在する。しかし、その彩色を示す赤色の波長がないと、夜の海のように真っ黒にしか見えない。優れた偽装法だ。深海魚の中には極限まで姿を消している種もいる。彼らは超黒色で、光を九九・五パーセントまで吸収する色素が皮膚に詰まっている。このタイプのステルス暗殺者と思われる尾が二股に分かれた痩せっぽちの魚を、私は見た。潜水艇の最も明るい光線の中でも、この魚は輪郭しかわからなかった。

ナディール号のサンプル抽出作業で堆積物が攪拌《かくはん》されて雲と化したため、私たちはその場を離れることにした。海底から離昇すると、壁の巨大さがいっそうよくわかる。「自分たちがどんなにちっぽけな存在か、とつぜん思い知らされる」テイラーはそう言って、にやりとした。「私たちが見ているのはここにあるもののほんの一部だ。ほんの一部ですらない！　それでも、私たちがそれを見た最初の人間であることは間違いない」

私たちは左へ舵を切り、きらめく吹雪の中へ戻って、岩が散らばっている白い沈泥の砂丘へ向かった。一匹のクラゲが口のように傘を開いたり閉じたりしながらかなりのスピードで通り過ぎていった。垂直に立つ豆の支柱のように細い体をした魚の横を、蝶に似た何かがビュッと通り過ぎた。クダクラゲがマーキーライトのようなJの字を披露している。「海底をかすめる感じで進め」テイラーがマクドナルドに命じた。「私たちが入り込める素敵な溝がいくつかある」

「あの下にいるのはイカですか？」と、マクドナルドが尋ねた。

私たちは前方へ潜水艇を傾けた。たしかにイカだったが、私が見たことのあるどんなイカともちがった。遠くから見ると、底をパタパタはためいていく黒い凧のようだ。体長は六〇センチほどで、優雅な菱形のひれを振りながらゆっくり動いている。胴体の上で腕と触腕が花束状に集まっていた。

「おお、格好いいな、あいつ」とテイラーが言い、それを追うようマクドナルドをうながした。「そのまま下りていけ。サイドスラスタを使え」

私たちは溝の中へ潜り込み、その生き物に後ろから近づいた。近づいてよく見ると、ビロードのような深い赤色をしていて、私たちのことは気にならないようだ（後日、この遭遇の映像を見たスミソニアン国立自然史博物館の頭足類学芸員マイク・ヴェッキオーネが、このイカをヤワライカ［*Pholidoteuthis adami*］と特定した。外套膜が魚の鱗に似た軟骨性のクッションに覆われているためウロコイカとも呼ばれる）。私はこのイカに集中するあまり、中央がショッキングピンク色で白髪の後光のように触手が伸びている大きなクラゲを、あやうく見逃すところだった。

「尋常じゃない」私は言った。「こんなのあり得ない」

テイラーはうなずいた。「楽しすぎて、敵地にいることをすぐ忘れてしまうんだ」

私たちは岩場を抜け、漂白されたサハラ砂漠のような巨大な白い砂丘の上を滑空していた。「この尾根に沿ってゆっくり進もう」とテイラーが言った。「そうすれば反対側へ下りられる」

「右へ曲がりますか？」とマクドナルドが尋ねた。

「うん」とテイラーは言い、私の膝をポンと叩いた。「運転してみるか？」

この質問を頭の中で処理し、彼は本気と判断するまで一瞬の間があった。深度一〇〇〇メートルで三人が乗った潜水艇を飛ばして回りたいかと、彼は尋ねていたのだ。

「もちろん！」と言ったが、自信があったわけではない。私がパイロットを務める潜水艇に乗るかと訊かれたら、気乗りがしなかっただろう。かつて飛行機の操縦法を学ぼうとして大失敗したし、ボートをぶつけたこともあった。しかし、断ったら自分を許せないのもわかっていた。

テイラーは嬉々としていた。「さあ、バトンタッチだ」マクドナルドと私が体をひねって席を入れ替わる。パイロットの席は少し高くなっていて、三四〇度、視界をさえぎるものがない。私は制御パネルの前へすべり込み、ジョイスティックを握りしめた。

「さあいよいよだ」テイラーが言った。「君の出番が来た。君が正船長だよ」

そうでないことを私は願った。彼の手がすぐ届くところにもうひとつの制御装置一式がありますように。すでに潜水艇は少し横へ傾いていて、私たちは鋭く尖《とが》った砂丘に向かってまっすぐ進んでいた。緊張しながらも、私はジョイスティックを前へ押した。すすり泣くような大きな音がした。

「リラックスして」とテイラーは言った。「ひねらず、そっと前へ押すんだ。この斜面、わかるな？　上へたどってみて」

「上へ？　こう？」私はスロットルを操作した。

「そうだ、それでいい。きつく握る必要はない。あとは、あの斜面を少しずつ上っていくだけだ」

いくぶんふらつき加減だったが、潜水艇は意図したとおりに前進していた。何分かすると私の運転もなめらかになってきて、尾根の背に沿って飛び、その側面を下りてまた上ってくることができた。リラックスはできなかったが、アトランティスのように幻想的で地球そのもののように素朴な自然風景を三次元で移動していく潜水艇の感触をつかみ始めていた。長きにわたり、私は現実の場所として、つまり観念ではなく確固たるひとつの場所として深海を知りたいと夢見てきた。そしていま、私は黄色い小型潜水艇に乗って、車で食料品店へ買い物に行くのと同じように深海を走りまわっていた。今回ばかりは私の想像が現実を超えることはなかった。

「いいぞ」テイラーが私の桃源郷に割り込んできた。「ただ、君は逆進している気がするんだが？」

どれだけの時間トワイライトゾーンにいたのだろう？　十時間かもしれないし、十分だったかもしれない。時間の縛りは消えてなくなっていた。特に、私たちがふだん抱いている時間の概念、人間の寿命の尺度で時計やカレンダーを使って測っていた時間の概念は消え失せていた。ここでは遅いも早いもない。深海には地球の地質学的な時計が限りなくゆっくりと刻んでいく「深い時間」だけがあった。この白い石灰岩の「不思議の国」はいつから海底に存在していたのだろう？数百万年か。数億年か。地球生物圏の九五パーセントは深海であり、その海が誕生したのは四十億年ほど前だ。こんなふうに数字を考えすぎると恐怖心が忍び込んできかねない。しかし、深海の崇高な次元にひれ伏すことには美しさがある。真の秩序の中で自分がどこに位置するのかを知ることで生まれてくる、心の平穏がある。

その謙虚さには恍惚とする感覚があった。ネプチューン号の中で私は初めて世界と出会っているような気がした。私たちが世界と出会う方法はこれしかない。つまり、慎んで世界の元へ出向くのだ。海洋地殻内の生命を研究していた地球微生物学者の故カトリーナ・エドワーズはこれを端的に表現している。「私たちは光に偏向している。しかし、その実、生物圏の大部分は暗闇の中に存在している」と。

人類で深海を初めて目撃したウィリアム・ビービはその巨大さを認識した——物理的な意味にとどまらず、霊的な意味でも。深海に出会った人は自分の信念を再調整し、自分の視点をたえず微調整することになる。「いちど目にしたら、それは人生で最も鮮烈な記憶であり続けるだろう」と、ウィリアム・ビービは書いている。「それは、その宇宙的な冷たさと孤独、永遠の絶対的な闇とそこの住民たちの筆舌に尽くしがたい美しさゆえに他ならない」あらゆる海洋生物が、海の一千兆匹もの魚の一匹一匹が、ここで地球の壮大な生産に小さな役割を果たしていた。そこにいま私たちはいる。

ほかの生命とこういう同盟を結んでいることに私たちは感謝のめまいを起こしてしかるべきだが、実際はそうでない。舞台に躍り出た時間こそ短いが、人類はけっして自分たちをわき役と見なしてこなかった。人間独自の世界を創り出してきた。その世界はトワイライトゾーンの筆舌に尽くしがたい美しさを気に留めない、ひとつの機械だ。光り輝く魚に満ちた壮大な荒野をその機械に見せると、こんな言葉が返ってくる。「中深層の資源は新たな季節漁業を生み出す可能性があるため、同じ漁船が異なる魚種資源を異なる経営状況で複合的に漁獲する場合、持続可能な漁獲能力への適応はさらに複雑になるかもしれない」換言すれば、トワイライトゾーンは壮大な生命に満ちあふれているゆえに標的になる、ということだ。ほかのあらゆる生態系と同様、そこは脅威にさらされている。直近の脅威は工業的《インダストリアル》漁業、つまり大規模漁業だ。

よからぬ考えの年代記中で名誉の殿堂入りを果たしそうなのは、水深何千メートルもの深海を巨大なトロール網でさらって親指ほどの大きさの魚やゼラチン状の組織を捕獲しようというものだ。人間は誰も食べたがらないが、ひき砕くことにより、かつて無差別的なトロール漁が行われたせいで現在養殖を余儀なくされている魚たちの餌《えさ》にできる。これは、トワイライトゾーンの生命バランスに手を加えたら、大気から炭素を除去する海洋の能力が低下し、海洋食物網を（崩壊させはしないまでも）揺るがすことになると考える以前の話だ。私たちみんなに恩恵をもたらす中深層水域の複雑なプロセスを科学者が理解しようと努めるにつれ、この水域がほかの深海域、ひいては地球全体と切っても切れない関係にあることがわかってきた（ここの炭素汲み取り機能がなかったら、地球の平均気温は摂氏にして三〜六度上昇すると推定されている）。トワイライトゾーンで商業漁業を行おうという発想は、常軌を逸した愚かしい行為だ。だからといってやらないわけでないのが人間だ。

ノルウェーとパキスタンはすでに中深層漁業のライセンスを発給していて、他国も調査中、もしくは過去に試みたことがある。こういう小さな魚を獲るには網目の細かな網が必要で、それは結果として恐ろしい量の混獲を引き起こす。つまり、たまたま周辺を泳いでいたものをすべてすくい上げることになるのだ。いま現在、この深さの漁業にかかるコストは潜在的な利益を上回っているが、大きな魚が一掃されたときその方程式が変わるのは確実だろう。しかし繰り返すが、現実問題として、引き揚げられたハダカイワシやクラゲやオキアミを私たちが食べることはない。それらはパルプ化され、魚粉や養鶏飼料、栄養補助油、農作物の肥料になる。前述した機械の自然観は、「ノルウェーにおける中深層漁業のための制度的要点」という味気ないタイトルの業界研究論文から引用したもので、著者たちはトワイライトゾーンの生物を「低価値生物種」と呼び、「採算を合わせる」ためには「大規模な漁獲量」が必要、としている。くだんの機械は彼らを「原料」と見なしているのだ。

マクドナルドが操縦席に戻り、私たちは上昇を開始した。私はジョイスティックを手放したが、渋々だった。舵を取った十五分間では物足りなかったからだ。「潜水艇のパイロットになるには、頭のネジが少し飛んでいるくらいでないとね」テイラーが冗談まじりに言った。「なりたいかい？」

今度は私たちが先に上昇していき、一〇〇メートルほど下にナディール号が続いた。この配置はテイラーが意図したものだ。彼は私たちの潜水に劇的なフィナーレを用意していた。

「現在の水深は？」と、彼はマクドナルドに尋ねた。

「七《セブン》・〇《ゼロ》・〇《ゼロ》メートル」

「よし。ゾーンに入ったな。このわずらわしい照明を全部消してしまおう。制御パネルにタオルをかけて。いいか、君たち？ 目を閉じたら、私が三つ数える。三で目を開くんだ。一……二……」

彼は二で、潜水艇のいちばん明るい照明を点けて消した。

「三！」

私は目を開けた。周囲からトワイライトゾーンの生き物たちが光を放っていた。まるで流星群の中心にいるかのようで、光の筋や光の炸裂や光の輪が視界の端まで暗闇に宝石をちりばめ、火花の十二宮図で私たちを包み込んだ。

「なんてこと」と、私は言った。それしか言えなかったからだ。

「あそこを見ろ！」と、テイラーが感嘆の声で言った。「光の深さがわかったか。彼らは辺り一面、どこにでもいる」

マクドナルドが首を振って笑い声をあげていた。「こんなの、あり得ない。プラネタリウムの中みたいだ」

ややあって、回路が切れたかのように火花が消えた。私たちはさらに六〇メートル上昇した。「よし、目を閉じろ！」テイラーが命じた。「一、二、三！」

ふたたび水が明るくなり、歓迎の光を発していた。

「うあああああああ！」私は言葉にならない声を発していた。

「クレイジー！」マクドナルドが無用のコメントをした。

「私はこれに飽きたためしがない」とテイラーが言った。

私たちは光をひらめかせながら深海を上昇し、生き物たちがウインクしたり、ひらめき返してきたりするたび熱狂した。最新の低照度〔超高感度〕カメラを使ってもこの交流は撮影できない、とテイラーは言った。これはあまりに儚《はかな》く、あまりに繊細で、それが起こった領域や瞬間とあまりに不可分だった。撮影しようとしたら見逃してしまう。挨拶の交換に参加することによってのみ経験できることだ。私たちは外側から中を見ていたわけでも、内側から外を見ていたわけでもない。内側にいて、より深い内側を見ていたのだ。


水深一二〇メートル付近で逆方向の夕暮れ、藍色への微妙な移行があった。ここでも私にはその起点が見えなかった。しかし、深海が私たちを解放し、私たちが太陽光への境界域を越えたとき、みぞおちにそれを感じた。驚いたことに、私を襲った感情は悲しみだった。最初はズキッとうずくような感覚や淡い渇望のようなものだったが、私はそれを抑え込んだ。興奮と悲嘆を同時に感じるなんて不条理だと思ったからだ。しかし、その感情は喉《のど》にこみ上げてきて止まらない。深海を体験することは二度とないかもしれないと思ったし、もはやこれまでなのか、つまり私の一度きりの出会いが終わったのかと思うと、恋に落ちた相手に二度と会えないような、痛いくらい悲しい気持ちになった。潜水艇から降りたくない。

海面に近づくにつれてヒプノティック〔催眠作用がある〕ブルーが復活し、ほとんど耐えられないくらい強度を増してきた。私たちは泡を突き抜け、水上へ出て、三角波に揺られていた。空も青かったが、トワイライトゾーンとの比較では弱々しく見えた。私はまぶしい太陽から目を守った。

マクドナルドが到着を告げた。「水上、こちらネプチューン号、バラストタンク空《から》、ブレーカー・オフ。どうぞ」

フライが答えた。「了解、ネプチューン号。お帰りなさい。泳者《スイマー》を送ります」

母船に戻るとハグとハイタッチが待っていた。私はみんなに何度もお礼を言い、未練の思いを隠していた。私たちは昼過ぎに帰港し、その日の残りの時間、私の頭の中にはずっと、新しいスクリーンセーバーが飛び出てきた。ターコイズブルーの光に浸された水深一〇〇〇メートルの海底の光景だ。夕食後、私は管制車両《コントロール・バン》(アトランティス号で私が航海情報を記録したコンテナに似た、金属製の箱)でテイラーやパイロットたちに合流し、ジントニックと語らいのひとときを過ごした。テイラーは机に腰かけ、ほかの人たちは椅子に腰かけたり壁にもたれかかったりして、潜水の興奮冷めやらぬ感じだった。マクドナルドの操縦を批評する段になったとき、テイラーはただ、「うまくいったと思う」とだけ言った。そしてマクドナルドに向き直った。「付け加えることはあるか?」

マクドナルドは微笑んだ。「ああ……くそやばかった。すごかったよ」

彼の言葉は一〇〇〇パーセント正しく、まったくの同感だった。

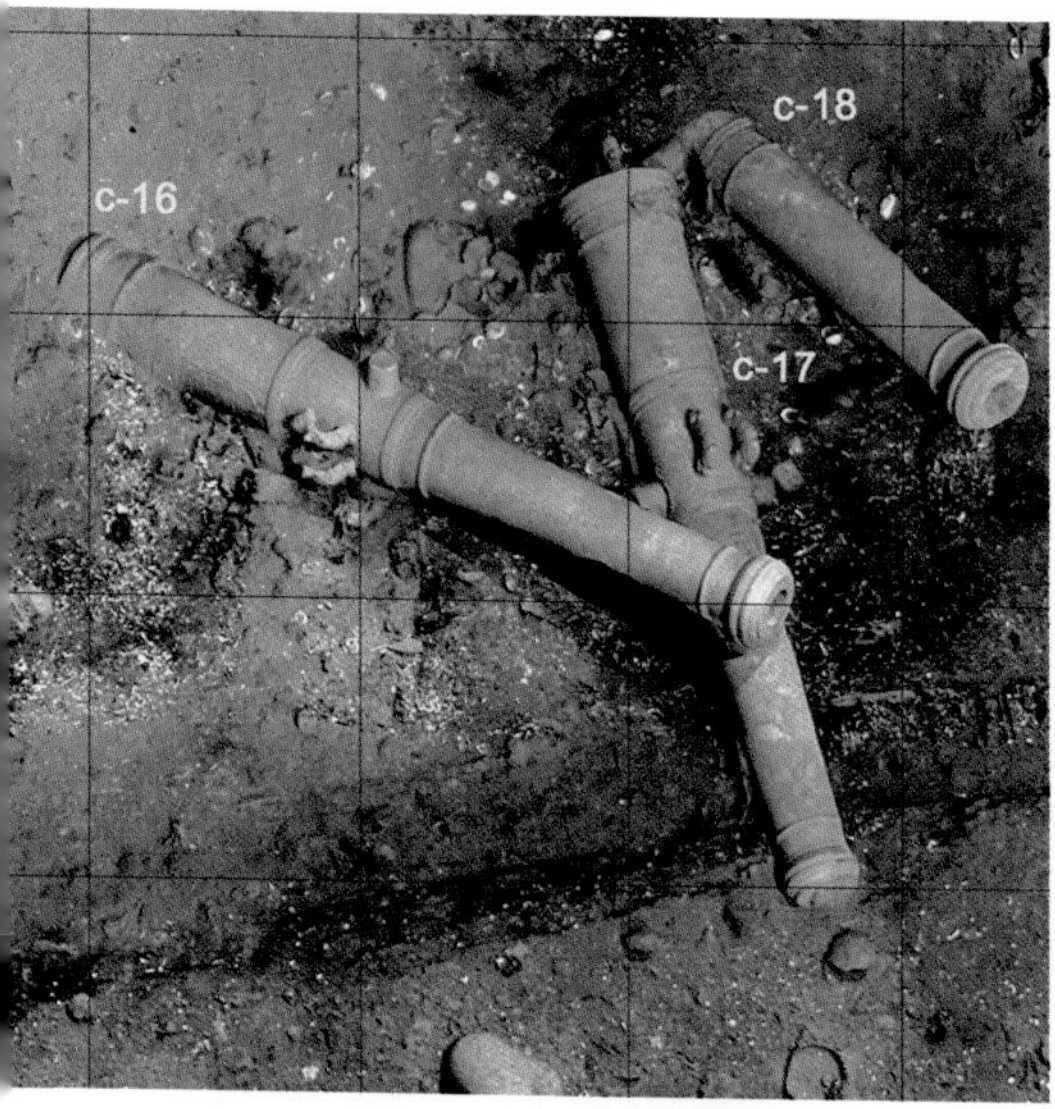

イルカ形に鋳造された取っ手が付いているサンホセ号の大砲

ロジャー・ドゥーリーとギャリー・コザック

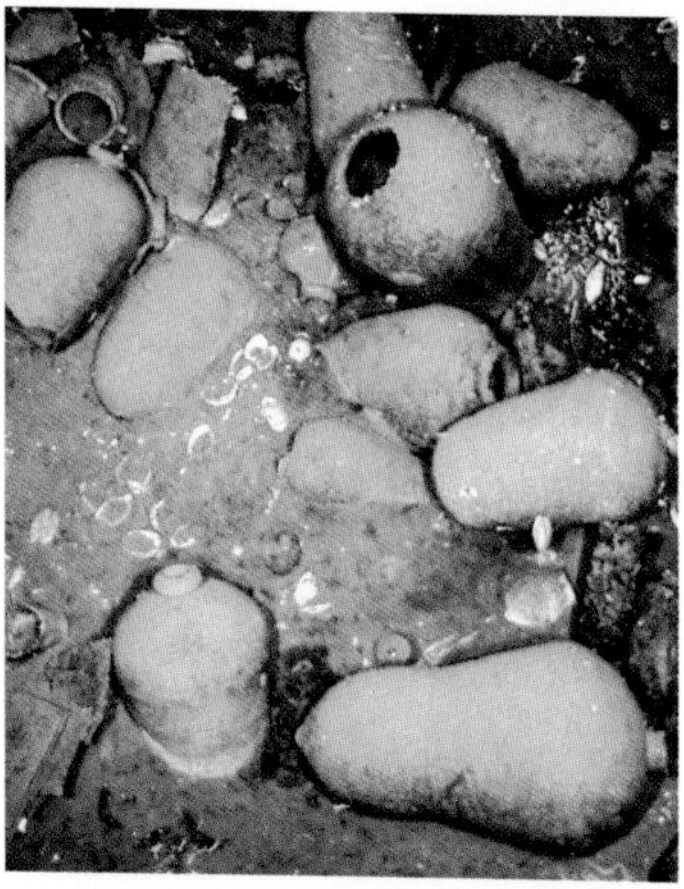

広範な歴史研究に基づきドゥーリーが依頼したサンホセ号のイラスト

海底に落ちた陶器瓶と中国製の磁器（上・下）

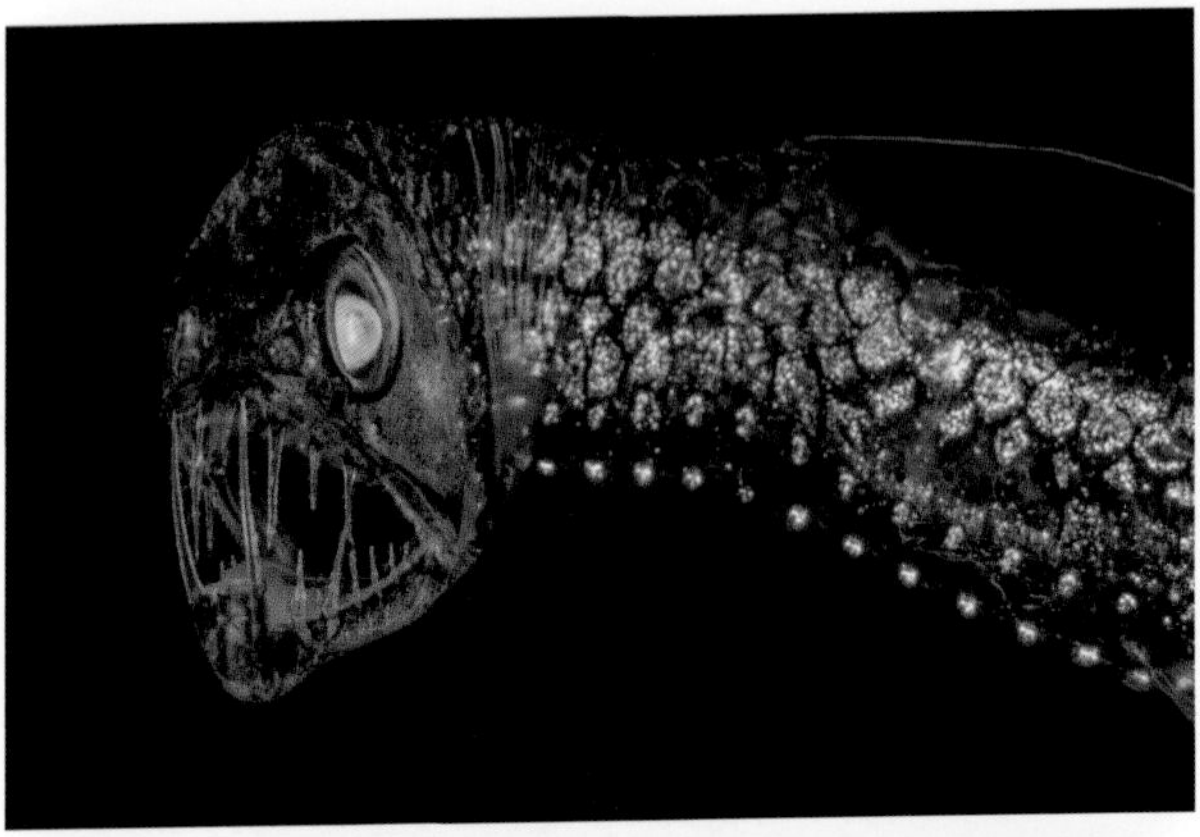

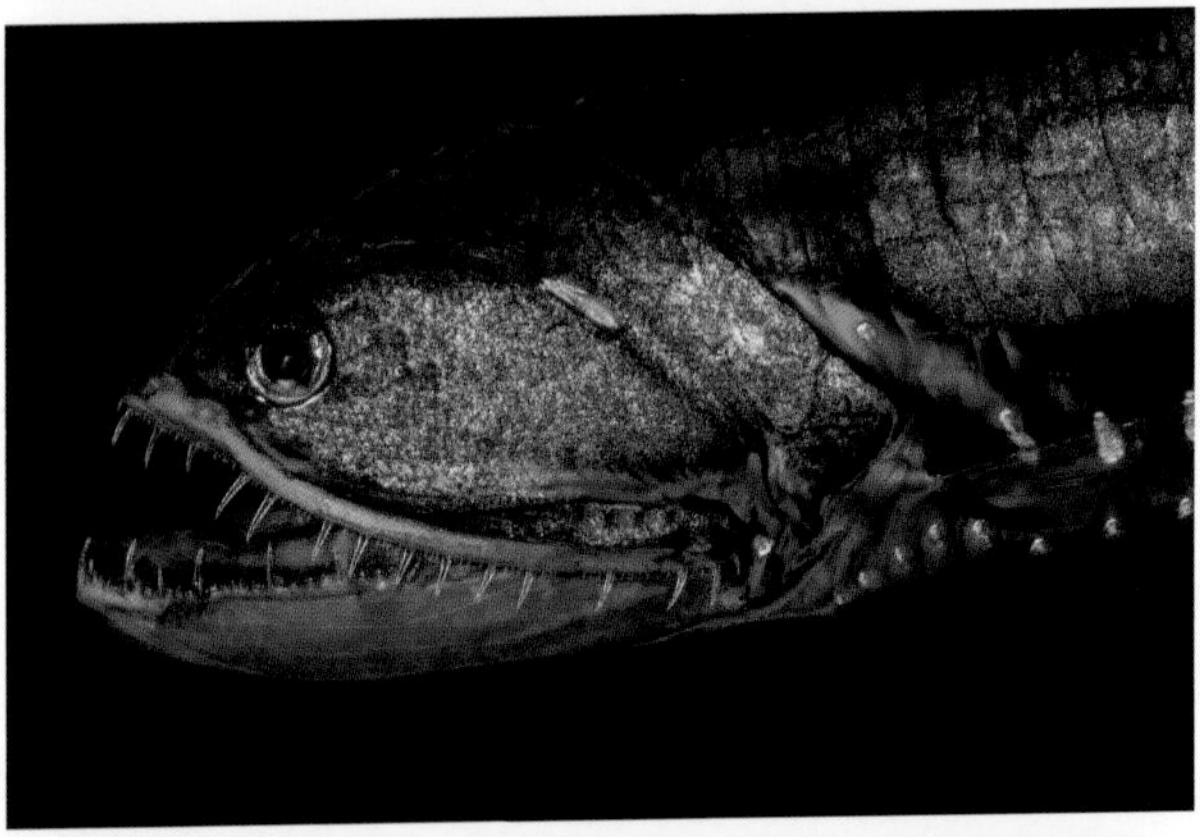

大きな歯をしたきらめく捕食者たち。ホウライエソ（上）、オオヨコエソ（中）、カガミイワシ（下）。恐ろしげな歯とぞっとする顔を持つが、トワイライトゾーンの多くの魚は驚くほど小さい

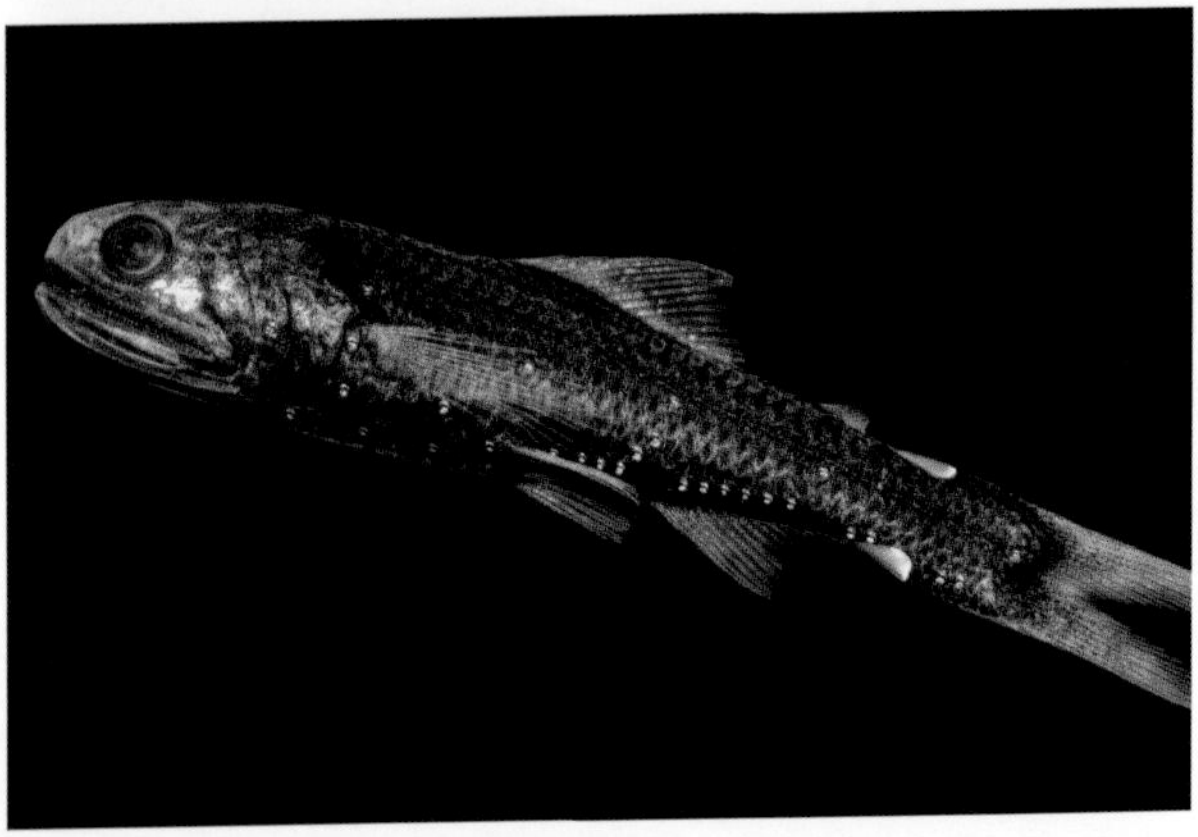

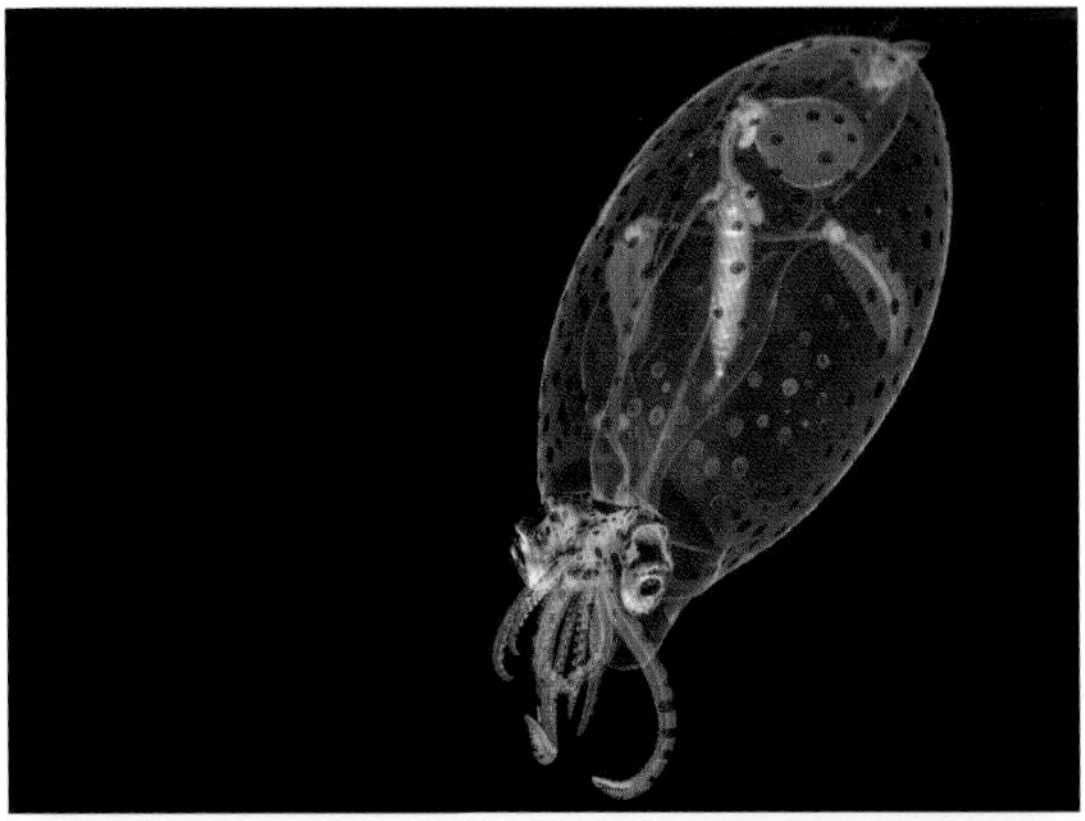

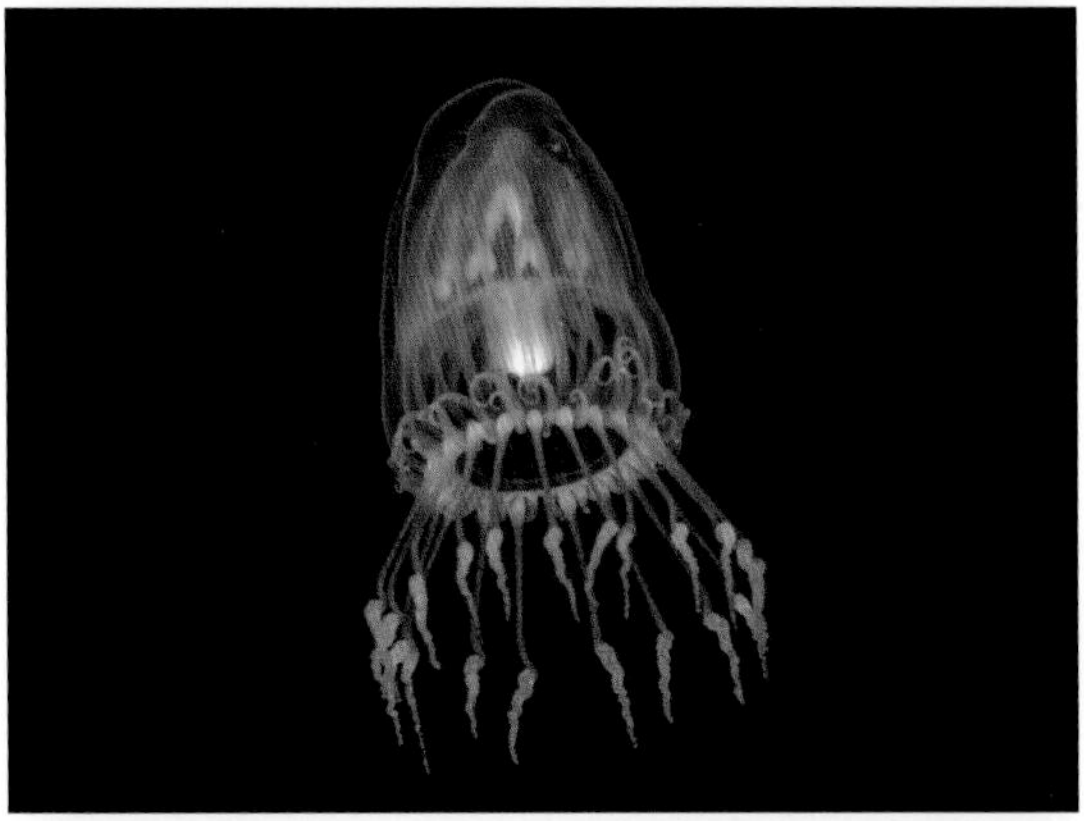

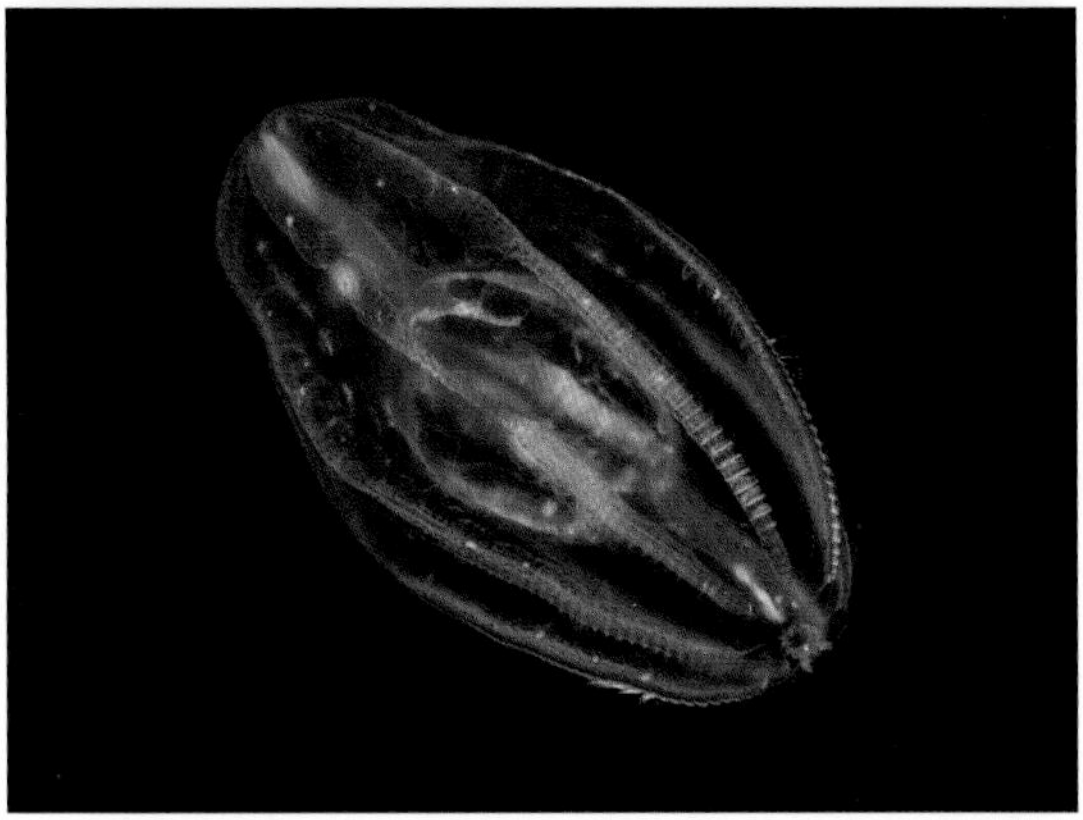

生き物のコスモポリス。サメハダホウズキイカ科の一匹（上）、小さいながら優美なたたずまいを見せるクラゲ（中）、クシクラゲ類の一匹（下）。深海中深層における生物発光は生命の中核を成す生存のカギ

ウィリアム・ビービが「ほかの色を考えられなくなった」と語った青色。バハマ諸島、〈オーシャンX〉のトライトン3300/3（水深3300メートル級3人乗り）潜水艇ナディール（上・左下・右下とも）

潜水艇による潜水経験4000回を誇るベテランパイロット、バック・テイラー

デメニギス科の魚の管状眼は透明な頭部の内側に封印されている

ガラス海綿とバンブーコーラル（竹サンゴ）

英名ロングノーズド・キマイラ（鼻の長いキメラ）、ゴーストシャークとも呼ばれる原始的な軟骨魚綱テングギンザメ科の魚

風変わりで繊細な生命体。マンガンノジュール場にいた深海のイソギンチャク

活力にあふれたナマコ

岩を利用して上方の食べ物の粒子に触手を伸ばすイソギンチャク、海綿《かいめん》、その他の生き物たち

深海の代弁者、海洋科学者のシルビア・アール

トワイライトゾーンのクラゲ

新しい秩序から来た新種。20センチ超の触手を持ち、クラリオン・クリッパートン海域のノジュールに陣取るイソギンチャクに似た刺胞動物

堆積物を食《は》むナマコ

2021年1月31日、リミッティング・ファクター号で深淵に下りたビクター・ベスコボと筆者

「ペレの館」の枕状溶岩

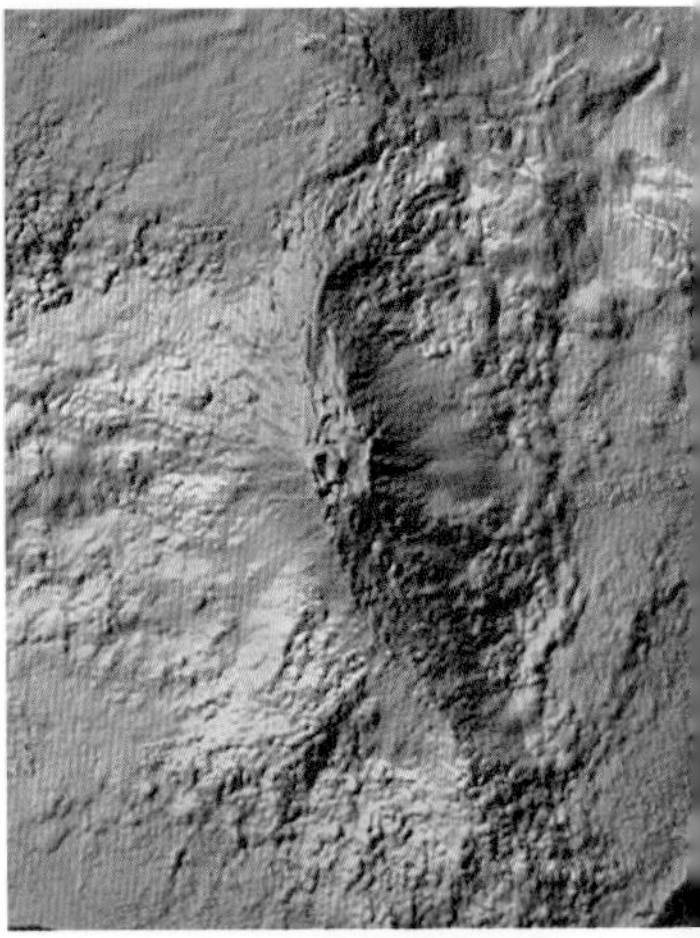

カマエフアカナロアの海底地形図

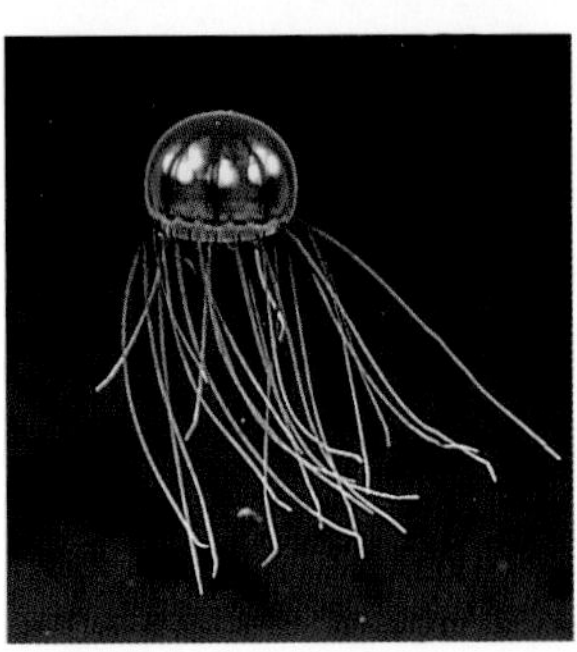

歓迎の光を明滅させるクラゲ

船を降り家に帰って最初にしたのはラーヒィに電話をかけることだった。潜水中に起こったこと、見たこと、感じたこと、それが私にどのような影響を与えたかを、大急ぎで事細かに伝えた。感じた悲しみについても話した。彼ならわかってくれると思ったからだ。

「それはもっともな感情だ」とラーヒィは同意した。「君はいままでなかった方法で海とつながり始めている。地球の生命力の中にいる」情緒的な反応を起こしたのは君だけではない、と彼は付け加えた。有人潜水艇の要諦は理屈抜きのつながりをつくり出すことだ。それがラーヒィの、そしてオーシャンXの中心的命題だった。「私たちは感覚的な存在だ。自分の目で深海を見たら、それへの感じ方が変わる」

私の場合、それは変化というよりむしろ、「海には魔力が煮えたぎっていて、深く潜るほどその魔力は増す」という私自身の命題を確かめることだった。そしていま、もちろん私はもっと深く潜ってみたいと思っている。ラーヒィが言うには、リミッティング・ファクター号とプレッシャー・ドロップ号はいまバルセロナで保守点検中だが、まもなく〈リング・オブ・ファイア〉の探検に出発する。マッカラムが先日、二〇二〇年一月から同年七月までのスケジュールをメールで送ってくれ、そこには、「このプログラムには数多くのダイビングスポットがある」とあった。その日程表に目を通すうち、ある考えが浮かんできた。次に電話をかけた相手はベスコボだった。

彼はダラスの自宅で〈ファイブ・ディープス〉を消化中だったが、海に戻りたくてうずうずしてもいた。黄泉《ハデス》の国、つまり超深海帯には探検すべき場所がたくさん残っている。次の探検では、潜水艇にもっと多くの乗客、特に科学者を乗せるつもりでいると彼は言う。「英雄的な潜水はやり遂げた」と彼は言った。「いまはそれを人と分かち合うときだ」

私は話の途切れを見つけて、そこに飛び込んだ。「可能なことかどうかわかりませんが」私はおずおずと切り出した。「いっしょに潜らせてもらえる可能性はありますか?」

「可能性?」ベスコボはそう返し、少し間を置いた。丁重な断りを私は覚悟した。

しかし返事はこうだった。「あるよ。可能かもしれない」

第九章

深海を売る

選択の時間はまだある。
――シルビア・アール

パプアニューギニア――ラバウル

深海は誰のものか？　空は誰のものかと問うような、突拍子もない質問だ。にもかかわらず、いま深海帯は最上の不動産になっている。地球表面の半分は深度三〇〇〇～六〇〇〇メートルの水面下にあり、欲得ずくの世界でそのような資産が放置されることはない。では、深海の所有者は誰なのか？　いい知らせは、あなたが所有者の一人ということだ。悪い知らせは、ジャマイカのキングストンにいる、あなたが聞いたこともない集団にあなたの利権が支配されていて、その集団が、深海を露天掘りするときを待ちきれない別の複数の集団にそれを手渡そうとしていることだ。何を突飛なことをとお思いになったとしたら、全容を聞くまで待っていただきたい。もっと突拍子もない話になるからだ。

事の始まりは、一八七三年。チャレンジャー号探検隊が、マンガン団塊《ノジュール》の呼び名で知られるようになる奇妙な黒いこぶのような塊を浚渫《しゅんせつ》した。当時、この塊は科学的な謎だった。火山起源のものなのか？　ひょっとして、隕石のように宇宙から降ってきたものなのか？　なぜその多くにサメの歯が含まれているのか？　サメたちはそこで何をしていたのか？

それから一世紀近くが経ったとき、海底で撮影されたあるがままのノジュールをようやく研究者は目にすることができた。ついに私たちは奈落の底の顔を見た。その顔にはニキビがあった。深海平原に広がる堆積物にこの塊が点々を描いていたのだ。ビー玉くらいの小さなものから、ソフトボールくらいの大きなものまであり、特に太平洋沿岸の深海、水深四五〇〇メートルくらいに多く見られた。海底マッピングの草分け的存在であるアメリカの地質学者ブルース・ヘーゼンは、このノジュールを「地球上最大の鉱床」と断言した。これにはマンガンのほか、ニッケル、銅、コバルト、そして微量ながらほかの金属も含まれていた。この何兆個ものノジュールにどれだけの価値があるのか、誰かが計算するのは必然だった。

そして誰かが計算した。一九六五年、アメリカの地質学者ジョン・メロがその著書『海の鉱物資源』の中で数字をはじき出した。この本を読むかぎり、メロの理想の世界では海全体が露天掘り鉱山になっている。「文明に必要な物質が無限、無尽蔵に貯蔵されて」いて、そんな明確な目標対象があるにもかかわらず「深海はその潜在的な力に比してほとんど利用されていない」と、彼は嘆いていた。

メロが取り上げたのはノジュールだけではない。彼は塩水から「ミネラル物質」を吸い出し、深海の軟泥をセメント代わりに使えばいいと考えていた。「使用料いらず《ロイヤルティ・フリー》」で利用できたからだ。海底の採鉱は難しいが不可能ではない。「核爆発を用いれば……海底内の有能なミネラル含有岩を砕けるかもしれない」としている。彼はホヤの粘液にミネラルが含まれていることに注目し、「超濃縮物質を持つものを育成し」、その組織を「活用しよう」と熱弁を振るった（メロをエイリアンと考えれば、彼があなたの体をスキャンし、歯や骨を溶かしたら素晴らしい建築材料になると仲間に話しているところを想像できるだろう）。

無味乾燥なトピックを取り上げた薄い一冊だったにもかかわらず、彼の著書は大きな注目を集めた。彼の計算によれば、深海には「世界人口二百億人分」の金属が数千年にわたって存在する。海水には金《きん》、岩石にはリン、泥にはテルルが含まれているが、ノジュールは格好の出発点だった。メロは、海底を削り取る巨大な「スクレイパー装置」を引っ張る「クローラー〔無限軌道車〕型深海潜水艇《バチスカーフ》」が海底を横切り、「有人の球形制御室を備えた積載トン数の大きな潜水艇」にノジュールを積み込むところを思い描いていた。

その後、ブリティッシュ・ペトロリアム〔現・BP〕、ロイヤル・ダッチ・シェル〔現・シェル〕、三菱、USスチールといった企業が深海への採鉱競争を繰り広げた。どこも水深四五〇〇メートルでの作業を試みたことがなかったため、最初の仕事はそれを可能にする機械を考案することだった。

一九七四年、変わり者の億万長者ハワード・ヒューズが全長一八九メートルの壮大な新しいサルベージ船ヒューーズ・グローマー・エクスプローラー号を、ノジュールが豊富に眠っているとされるハワイ沖まで航行させたとき、彼が深海採鉱の先陣を切ったかに見えた。この船は二十階建てビルに相当する油井《ゆせい》やぐらと、ノジュール採取設備を下ろす船内ムーンプールを備えていた。深海採鉱の始まり――エクスプローラー号はその概念を実証するものだった。というか、そのように思われた。ところがじつは、ヒューズの活動は米ＣＩＡの手の込んだ策略だった。彼の船が探していたのは別のタイプの金属だった。沈没したソ連の核武装潜水艦の上に配備されたのだ。

ソ連は一九六八年にこの潜水艦を失い、アメリカがそれを海底で発見して、ひそかに引き揚げたいと考えていた。掘り出されるのは冷戦時代の情報だけだ。

　マスコミがエクスプローラー号の正体を暴いたあとも、ノジュールの魅力は増すばかりだった。一九八一年にワシントン・ポスト紙は、「トレジャーハンターの夢であり、最も裕福な皇帝をも熱狂させる壮大な獲物」と書き立てた。「世界で最も希少かつ最も人気のある鉱物に覆われた平原が何百キロメートルも続く、広大な場所を思い描いてほしい」

　獲物がそこにあるというのが前提だったが、それとは別に「権利」という厄介な問題があった。深海は誰のものか？　国々はこの問題について争ってきたが、真の決着がつくことはなかった。ノジュールの争奪戦に危機感を抱いた国連は、深海の鉱物資源は企業のバランスシートの一部ではなく「人類の共同の財産」であると宣言し、これを支える国際法の制定に乗り出した。

　この努力の結果、国連海洋法条約が締結された〔一九八二年に採択、九四年発効〕。国家管轄権の及ばない海域において、誰がどこで何をすることができるかを規定した大部の条約だ。世界の海洋の五四パーセントに相当する約二億六〇〇〇万平方キロメートルの広大な深海底が「鉱区《エリア》」と定められた。条約批准国には鉱区の一部を割り当てることができる。非批准国の採鉱は自国海域内に制限される（アメリカはこの条約に署名したが、批准しなかった数少ない国のひとつだ）。

「鉱区」の保安官として〝人類〟のために深海を監督するとは、なんという素晴らしい仕事だろう。海洋法条約はその役割を果たす新しい組織、国際海底機構（ＩＳＡ）を設立した。国連に属さない、強大な権力を持つ自治組織だ。ほかの官僚組織と同様、ＩＳＡにも委員会《コミッティ》、評議会《カウンシル》、〔調査、承認、規制などの〕委員会《コミッション》が設置され、専門用語が飛び交い、頭字語が多用されるあまり、内部関係者以外は何を言っているのかわからないほどだ。法的には、ＩＳＡは深海を環境破壊から守ることと、海底採鉱のための分配を義務づけられていた。あたかも、このふたつが両極的な対立概念ではないかのように。

　しかし、この問題は一九九四年までまとまらず、そのあいだも企業は深海の一角をめぐり争っていた。ノジュールの価値にはばらつきがあることにメロは気がついていた。金属濃度とノジュール有地《フィールド》の密集度は場所によって大きく異なる。ノジュールがぎっしり詰まった場所もあれば、散らばっているだけ、あるいはまったくない場所もあった。最も豊富な地域は太平洋のクラリオン・クリッパートン海域〔ＣＣＺ〕と考えられていた。ハワイからメキシコまで広がる深海平原と深海丘と海山から成り、その面積は四四〇〇万平方キロメートルに及ぶ。ＣＣＺには「Ａ級」ノジュールが二一〇億トン埋蔵されていると推定され、陸性堆積物をはるかにしのぐ金属の大当たり《ジャックポット》だ。

　経済的な観点からチームを組むのが理にかなっていたため、海洋法条約がまだ発効していなかった一九七〇年代から八〇年代の初頭にかけて、関心を持つ複数の企業がＣＣＺでの採鉱方法を調査するコンソーシアムを結成した。目的の単一性と独創性の欠如から、彼らはみずからを「海洋管理有限会社《オーシャン・マネジメント・インコーポレイテッド》」、「海洋鉱物社《オーシャン・ミネラルズ・カンパニー》」、「海洋鉱業有限会社《オーシャン・マイニング・インコーポレイテッド》」、「海洋鉱業協会《オーシャン・マイニング・アソシエイツ》」と命名した。海洋管理有限会社はザンボニー〔スケートリンクの整氷車〕に似た、海底を耕すノジュール収集機を発明した。海洋鉱業協会は圧縮空気を用いてパイプからノジュールを噴出させる方法を考案した。海洋鉱物社は偽サルベージ船グローマー・エクスプローラー号をチャーターしたが、それではノジュールを回収できないことに気がついた。

　そんな中、シルビア・アールという海洋科学者が大洋の現場にやってきた。デューク大学で博士号を修めハーバード大学で業績を積んだ恐れ知らずの人物で、体こそ小柄だが、誰も彼女を止められなかった。「私は海でいちばん深いところへ行きたい。つまり、そこへ行きたいと思わない人がどこにいるのかってこと」一九七〇年、彼女は女性のみの水中飛行士団を率いて海中作業基地で二週間生活し、ウィリアム・ビービとオーティス・バートンが潜水球《バチスフィア》で潜ったときのように人々の心をわしづかみにした。ビービと同様、アールもきわめて雄弁で、海に関する天性の語り手だった。彼女が深海にそそぐ情熱と、深海を最大限利用するための研究をしたいノジュール採鉱業者のニーズはどこまでも平行線をたどった。「彼らは探査に投資をしていたの」アールが先日、私に当時を振り返ってくれた。「いっぽう私は、あそこに何があるのか理解しようとする時代に身を投じていた」

　採鉱を願う企業にとって、ノジュールは不活性な岩石に過ぎなかった。しかしアールは、この奇妙な黒い球体が火山性の玄武岩や石炭の塊とはちがって、海底で育つものであることに気がついた。ノジュールの形成過程は謎に包まれていて、現在の科学者も完全には理解できていない。深海の特定の条件下で、硬いかけらであればどんなものでもかまわないが、核になるものの周りに海水由来の鉱物が原子層状に融合する。この生産には微生物が関与している可能性が高いが、どう関与しているかは誰も正確なところを知り得ていない。ノジュールの上下、そしてその内部にまで、動物をはじめとする有機体が生息している。岩礁のサンゴのように、ノジュールが生息環境や微生物叢になっているのだ。

　ノジュールは迅速に形成されるものとメロは信じ、「採鉱のスピードを上回る速さで成長する鉱床に取り組む、という非常に興味深い状況に、深海鉱山の採鉱者たちは直面するだろう」と考えていた。真相は逆だった。ノジュールは自然界で最もゆっくりとした反応のひとつから生まれる。周囲に複雑な生態系が展開し、百万年後に数ミリしか成長していない可能性もある。

中生代からそこにあって手つかずのままで来た海底の層を取り除くのが良い考えなのかどうか、立ち止まって考える企業はひとつもなかった。メロの本にも、環境への懸念は一文すら登場しない。ＤＤＴ〔有機塩素系殺虫剤〕を散布していた時代、企業の優先事項の上位に「生態系機能の維持」はなかったが、世間一般の受け止め方を考慮する必要はあった。動植物の重要な生息環境を破壊したり、カリスマ的な動物を絶滅させたりするのは広報活動的に見てまずい。さいわい、深海平原には何もいないように見えた。「彼らはサンプルの採取や命の性質の分析にきわめて粗雑な方法を用いていた」と、アールは回想している。「微生物の多様性、生態系、そういった全体像が理解できていなかった。目に見えるもののことしか考えていなかった。当時読んだ報告書には、海底にはたいしたものはないと書かれていた。ナマコや蠕虫《ぜんちゅう》が少しいるだけで、誰がそんなものを気にするのか、と」

いまアールは現代で最も影響力のある海洋科学者と呼ばれ、「潜水艇を駆るジャンヌ・ダルク」と形容されるくらい、断固として海を守ろうとしている。海面下二キロメートルにまで生命がうごめいていることが知られている。目には見えないが、人々はそこを気にかけている。企業が事業を継続するには、そこにも関心を払わなければいけないくらい環境意識が高まっている。だが、この四十年でまったく変わっていないことがある。金もうけに血道を上げる人たちがいまもノジュールを狙っていることだ。

　当初深海採鉱に向けられた熱狂は、金属市場が崩壊した八〇年代にいったん冷めた。しかし現在、コンピュータやスマートフォン、充電式バッテリー、ソーラーパネルなど、私たちが頼りにしている科学技術にはイットリウムやジスプロシウムといった薄気味悪い名前がついた希土類元素をはじめ、大量の金属が必要になっている（レアアースは希少《レア》なわけではなく、採鉱にコストがかかるだけのことだ。深海には高濃度のレアアースがある）。いつものことながら、私たちはあらゆるものを「もっと欲しい」といま以上に求める。地球温暖化が支配力を強めているいま、電池用金属の需要はますます高まるだろう。深海採鉱がふたたび注目を集めているのは、理由の嵐に見舞われてのことだ。そして今回は、採鉱が実施される可能性が高い。

　だが、激しい争いがないわけではない。自国大陸棚での海底採鉱は止められないし、ノルウェーや日本などいくつかの国はやる気でいる。ただし、国際海底機構（ＩＳＡ）の深海採鉱計画は話が別だ。深海の「鉱地」が人類みんなのものだとすれば、金属を手に入れるためにそこを切り刻んだり、そこを売却したりしていいのか、地球の半分の運命を小さな官僚集団に監督させていいのかという問題に、人々が発言権を持つのは当然のことだ。

　一九九四年にＩＳＡが発足して以来、百六十八の加盟国（百六十七カ国＋ＥＵ）は毎年ジャマイカの本部で会合を開き、史上最大の「資源運搬」の動きに備えてきた。ある海洋科学者はこれを「人類が深海生態系にかける史上最大の攻撃」と表現した。

形式張った手続き、不可解な国連用語、分厚い公式文書、非公開の会議――ISAで何が起こっているかを追うのは容易でない。しかし手短に言えば、あなたが採鉱請負業者でないかぎり、そのニュースは人の心を滅入らせるものだ。ISAは「海洋環境の保護・保全」に法的な義務を負っているにもかかわらず、その指導部は鉱業界側に大きく肩入れしている（意思決定権の多くは、法律・技術委員会という四十一人の任命者から成る不透明な集団に委ねられている）。ISAの事務局長を務めるイギリス人弁護士マイケル・ロッジは、科学者や環境保護団体の懸念を「狂信に近い絶対主義や独断主義」として退け、深海採鉱は「持続可能な世界の展望に不可欠な要素」と述べている。

現在までにISAは、アラスカの広さに迫る約一五五万平方キロメートルの海底を対象に三十一件の採鉱探査契約を結んでいる。うち十九の契約はマンガンノジュールの採掘が対象だが、残り十二の契約は海山の頂上を削ったり熱水噴出孔を粉砕したりする調査を可能にするものだ。

探査契約を結ぶのは難しくないらしい。これまでISAはすべての申請を承認しているからだ。加盟国であれば、五〇万ドルの手数料を支払って手続きを踏むだけで自国海底一帯の占有権をすぐ手にできる。その大きさも並でない。CCZの平均契約面積は約七万七〇〇〇平方キロメートルに及ぶ。すでに複数の契約を結んでいる国もあり（中国は五つの契約を結んでいる）、ISAの加盟国がさらに契約を結ぶことを妨げるものはどこにもない。国が民間採鉱企業の契約スポンサーになる、という形が通例だ。

最終的にＩＳＡは、同機関が許諾するすべての契約から利益を得ることになる。採鉱活動が行われるたびロイヤルティが転がり込む。現金の一部は発展途上国に分配されるが、一部はＩＳＡ自身に流れ込む。規制機関でもあるだけに、ここに利益相反が生まれる。あきれたことに、ＩＳＡには「事業体《エンタープライズ》」と呼ばれる独自のノジュール採鉱を進める計画まであるのだ。

いま現在、ＩＳＡとその代表団は「採掘コード」と呼ばれる開発ルールについて交渉を続けている。このルールが整備されなければ、「鉱区」で商業採掘を始めることはできない。しかし、探査段階の活動は何年も前から始まっていて、採掘業者が現地を調査し、機器を試験し、義務づけられている環境についての基礎研究（そこに何があり、何が棲《す》んでいるのか）と影響評価（地域がどれだけの被害を受け、どれだけの数の深海住民が殺されるのか）の準備をしている。

いずれにせよ、この情報を突き止めるのは難しい。誰も見たことのない数千平方キロメートルもの海底域に、これまで存在したことのない産業が及ぼす影響であって、そこに移動性、付着性、穴掘り性、超小型の微小な生き物がどれだけ生息しているかは「神のみぞ知る」だ。献身的な科学機関でも、包括的な報告書の作成には何年もかかるだろう。しかし、採鉱業者はＩＳＡに自己申告していて、そのコンプライアンスやデータの質はさまざまだ。彼らの提出した宿題のチェックは困難をともなうだろう。少なくとも、その影響の一端は容易に予測がつく。「（採掘される）海域の生命体が生き残るという合理的な期待はできないと思う」と、マサチューセッツ工科大学の海洋学者トム・ピーコックは最近の講演で明言した。「それは失われるでしょう」

私のレーダーが深海採鉱を初めてとらえたのは二〇一五年、パプアニューギニアで船に乗っていたときだ。二重の偶然と言うか、世界初の商業用深海鉱山の開坑が予定されていた同国の海域で、たまたま私はシルビア・アールといっしょに旅をしていた。彼女が海洋科学者やアーティスト、自然保護論者を百人招いた会議を主催し、そこに私も招待されていたのだ。この集まりは「ミッション・ブルーⅡ」と呼ばれ、全長一〇四メートルのクルーズ船〈ナショナル・ジオグラフィック・オライオン〉号で開催された。この旅を運営していたのはTED〔講演会を主催する「テクノロジー・エンターテインメント・デザイン」〕という団体で、私たちは夕方デッキに集まり、TED式の「二十分講演」に耳を傾けた。日中は、海洋生物多様性の宝庫として知られるコーラル・トライアングルという海域を航行し、神の芸術作品のようなサンゴ礁でダイビングを楽しんだ。

アールがこの地域に注目を集めようとしたのは、そこが環境汚染から地球温暖化、青酸カリやダイナマイトを使う漁師まで、さまざまな脅威にさらされていたからだ。その脅威のリストにいま「深海採鉱」が名を連ねようとしていた。パプアニューギニアの町ラバウルの港でオライオン号に乗り込んだとき、私たちの五〇キロメートルほど沖には〈ノーティラス・ミネラルズ〉という会社が抹殺を目論む海底用地第一号、「ソルワラ1」という熱水噴出孔フィールドがあった。

ラバウルは太平洋のビスマルク海に面する痩せた三日月形の島、ニューブリテン島の北東端に位置している。ここは町を置くのに最適の場所ではない。ニューブリテン島は水没したクレーターの縁のように見えるが、それはそのとおりだからだ。ラバウルは火砕流《かさいりゅう》堆積物から成る火山のカルデラの中にある。爆発的な火山噴火が起こった際には、火山灰が降る下で建物が倒壊したことも一度や二度ではない。ビスマルク海は不安定な沈み込み帯の一部で、この沈み込み帯には水深九〇〇〇メートルのニューブリテン海溝も含まれている。その海底には海底火山や熱水噴出孔が点在している。

この話について私がさらに多くを知ったのは、航海開始から数日後、深海生物学者のシンディ・バン・ドーバーがTED講演を行ったときだ。バン・ドーバーは〈デューク大学海洋研究所〉の所長を務めるとともに、アルビン号初の女性パイロット（現在に至るまで女性は彼女一人）でもあり、潜水艇を操縦してブラックスモーカーへの先駆的な潜水を敢行した人物だ。伝説的な噴出孔を目の当たりにしてもきた。カナダの「ゴジラ」、ガラパゴス諸島の「ローズガーデン」、大西洋中央海嶺の「ブロークンスパー」などだ。「そこにいると」と、彼女は振り返った。「この環境が地球上の生命の揺りかごだったかもしれないって実感する」

バン・ドーバーはおだやかな話し方をする六十代前半（当時）の女性だった。彼女くらい熱水噴出孔を知り尽くしている人はいないから、彼女の講演の焦点が熱水噴出孔にあったのは当然のことだろう。しかし、思わぬ事実もあった。彼女は過去十年間、ノーティラス・ミネラルズの顧問を務めていたのだ。

げんなりするかもしれないが、よくある取り決めだった。鉱業会社はプロジェクトに情報を提供してくれる科学者が必要で、科学者が現地調査を（特に大金がかかる深海調査を）を行うには資金が必要だ。バン・ドーバーはノーティラス社と契約することで、パプアニューギニアの噴出孔フィールドにアプローチする〝全面許可証〟を手に入れた。基礎研究を実施すると同時に採鉱業界の損害を軽減できそうなガイドラインを策定するチャンスだった。「政策に役立ちそうな科学的知見を提供しようとしないのは、賢明なことでも正しいことでもないと思います」と彼女はインタビューで説明した。「現実から目をそむけて、うまくいかなくなったとき文句を言っているだけではいけません」バン・ドーバーはこの海域に精通していた。私たちがビスマルク海に浮かんでいたときもそうだった。彼女は眼下に広がる海底について語り、そこで何が起ころうとしているかを説明してくれた。

ノジュールと同じく、硫化物噴出孔には銅、金、銀、亜鉛を含む豊かな金属が存在する。ノジュールとちがって、これらの噴出孔は大きな水平空間を占拠することがない。深海で確認されている活発な噴出孔フィールドを合わせてもアイオワシティ（面積約六八平方キロメートル）に収まる程度だ（ソルワラ1はサッカー場十個分ほどの大きさで、そこに四万ほどの噴出孔がある）。しかし噴出孔フィールドは垂直構造で、鉱床が海底のはるか下まで広がっている。熱水流体が噴出すると金属硫化物が煙突《チムニー》を形成し、その下の岩石と溶け合うため、鉱石の抽出は暴力的事件だ。「基本的には露天掘りです」ノーティラス社が作製した海底作業現場のスライドを見せながら、バン・ドーバーは言った。

スライドに見えたのは子どもの絵本に出てくるような断面図で、楽しげな原色で描かれたおもちゃの船が平和そうに水面に浮かんでいた。その下で一本のパイプがストローのように海底に下りて金色に輝いていた（これが何の説明なのか忘れてしまった人のために）。小さな岩のお城に囲まれた海底に沿ってかわいいアリのような機械がこぎれいな小道を耕していて、とても牧歌的な光景だった。

しかし、現実はそうではない。ノーティラス社が予定している二〇一八年にこの鉱山が稼動したら、そこには粉砕された岩石と土砂の大渦が生まれ、騒音と振動と光が荒れ狂うだろう。何百メートルものすさまじい嵐雲が現場を包み込み、周囲のあらゆる生物を襲う。建造中だというかわいい機械の写真をバン・ドーバーが見せてくれた。進路上のあらゆるものを引き裂き粉砕して懸濁液《けんだくえき》に変え、パイプから一五〇〇メートル上空へ噴き上げるように設計された、重さ二五〇トンの機械獣だ。この懸濁液は動物と鉱物の混合物で、魚、貝、ミミズ、甲殻類など、噴出孔のコミュニティ全体が鉱石といっしょに海面へ打ち上げられる（噴出孔のそれぞれにまだ見ぬ種族が棲んでいるのだから、多くの種族は私たちが出会う前に消えてしまう）。金属は船上でふるいにかけられて吐き出される。その後、それ以外のすべて、つまりそのほとんどがポンプで海底へ汲み戻され、吐き出されて途切れのない噴煙と化し、それが何キロメートルも海中を漂ったのちに海底に堆積する。

こうしてノーティラス社は一日二十四時間、一年三百六十五日、三年から五年をかけて二〇〇万トンの鉱石を採掘し、噴出孔フィールドがあった場所に深さ二〇〇メートルのクレーターを残していく。とにかく、そういう構想だ。誰もやったことがない試みだから、すべてがやみくもな実験だった。

バン・ドーバーが次に見せてくれた画像を見たら愕然とするだろう。それはビスマルク海の地図で、そこは将来の海底採鉱場を示す旗に覆われていた。すでにノーティラス社はパプアニューギニア政府から複数の探鉱ライセンスを取得していた。同社はライセンスの取得をさらにトンガ、フィジー、ソロモン諸島、その他の南太平洋諸国の海域へ広げる計画を立てていた。「科学者として、私たちは採鉱に賛成も反対も表明したくありません」と、バン・ドーバーはためらいがちに言った。「しかし、もし行われるのであれば、どうすれば最良の形にできるかを考えなくていけない」

ほかのみんながこの計画に賛成しているのかどうか確かめようと、私は周囲を見まわした。私には、ノーティラスの計画は正気の沙汰とは思えなかった。もっと良くないのは、それを実行する手助けをすることだ。科学にある種の中立性が必要で、被害を最小限に抑えるための発言があるべきなのは確かでも、化学合成の驚異を知り、想像もしなかった動物たちが摂氏三一五度の噴出流体を楽しんでいるところを目の当たりにし、生命には私たちが知っているよりはるかに多くの次元が存在するという事実に直面して謙虚になり、驚きに目をみはったあと、それが鉱業会社に絶滅させられるところを目撃するなんて、そんな感情の鞭打ち刑には耐えられない。

講演が終わると、私はまっすぐバーへ向かった。アールが私のすぐ後ろにいた。青と緑のゆったりとした上着に黒のシックなパンツという服装だったが、齢《よわい》八十を超えても彼女が好んで着るのはウェットスーツだった。採鉱問題についてどう思うか尋ねると、彼女はぎょろりと目を回した。彼女の組織〈ミッション・ブルー〉は二〇三〇年までに海洋の三〇パーセントを商業的開発から締め出すことを目標に、世界的な海洋保護区網づくりに取り組んでいた（現在、保護されているのはわずか八パーセントに過ぎない）。新たな深海鉱業は彼女にとって最も不必要なものだった。

「そんな必要もないのに、なぜ私たちはこんなことをしているの?」とアールは言い、信じられないとばかりに首を振った。アールの声は魅力的で、深く、ハスキーで、よく響く。「それは海底だけでなく水柱にも影響を及ぼす。海洋の化学と生物学は、この大規模な新しい攪拌《かくはん》方法によってまぎれもない危機に瀕《ひん》している」彼女はバーテンダーに渡されたワイングラスを置き、私に顔を向けた。「つまり、いいかげんにしなさいってこと。これらは私たちを生かしているシステムそのものなのよ。深海のおかげで私たちは比較的安全に生きてこられたの。絶対に手をつけてはいけない」

二〇一九年、ノーティラス・ミネラルズは破産した。七億ドル近くを溶かしてしまい、その株式には一ドルの価値もなく、噴出孔ひとつ採掘できなかった。同社には巨大な採鉱機械のための巨大な船が必要だったが、その建造費を捻出できなかったのだ。また、パプアニューギニアの人たちがプロジェクトへの反対運動を組織していた。「我々はこの海底採鉱を認めない」〈ソルワラ戦士同盟〉という団体は宣言した。「我々はノーティラス社とその投資家に対し通告する。我々はこの投機事業に抵抗し、その代償はあなたがたが負担することになると！」ノーティラス社が沿岸の村人に対して、採鉱は海洋生物に「何の影響も与えない」と請け合い、そのいっぽうで株主たちには「採鉱事業が環境に与える実際の影響は未確定」と開示していたと、同団体は指摘した。「なんてでたらめなの！」ある女性はオンラインフォーラムで現地の人たちの気持ちを代弁した。「なぜこの破壊者たちは自分の裏庭で実験しないの？」

独立系のサイエンス・レビューもノーティラス社の計画に辛辣《しんらつ》だった。ソルワラ1は「世界的に希少でほとんど解明がなされていない生物群集に、深刻な、長期にわたる、そしておそらくは地域全体にわたる影響をもたらすだろう」「陸上鉱山が地球規模の森林生息地にもたらす影響よりはるかに大きな害をもたらすだろう」と、批評家たちは書いた。年間一〇〇〇万トンの汚染された廃液が深海に排出され、機械の騒音がビスマルク海の数百キロメートルにとどろき渡り、クジラやイルカなどの海洋生物を餌場や繁殖地から遠ざける。鉱山の堆積物から立ち上る汚染物質《プルーム》は濾過摂食動物を窒息させ、生物発光を妨げ、海洋の食物連鎖を有毒粒子にさらす。危険のリストは何ページにもわたった。

パプアニューギニア政府は借金をしてソルワラ1の株式の一五パーセントを購入し、一億二〇〇〇万ドルを失った。それだけあれば、人口の大部分が電気を持たない土地にどれだけ大きな利益をもたらせただろう。今日に至るまで、ノーティラス社の採鉱機械は首都ポートモレスビーの港近くで錆びていっている。グーグルアースで確認できるほどの大きさだ。

自身の契約締結に突き進もうとしていたISAにとって、この大失敗は赤信号になるはずだった。機構のリーダー、マイケル・ロッジはソルワラ1を「刺激的な機会」と賛美していた。この失敗はノーティラスの心臓を貫く杭《くい》となるはずだったが、それはただの机上の空論だった。ノーティラス社には数多くの子会社があり、そのうちいくつかは生き延びて、その中にはISA加盟国のトンガ王国とナウル共和国が後援するCCZのノジュール採鉱ベンチャーがふたつあった。いっぽう、すべてが瓦解する前に売却を果たしたノーティラス社の元役員と投資家の一団は新たに「ディープグリーン・メタルズ」社を立ち上げ、同社は瞬く間に業界で最も攻撃的なプレーヤーとなった。

誰も驚きはしなかったが、トンガとナウルにあったノーティラス社の子会社はすぐディープグリーン傘下に加わった。ディープグリーンは別のノジュール契約を後援していたISA加盟国のキリバス共和国とも提携した。つまり、発展途上国向けに確保されたCCZのノジュール豊富な海底二二万五〇〇〇平方キロメートルの独占権を、国外の民間採鉱会社が手に入れたということだ。ISAがこの状況を問題視していないのは明らかだった。マイケル・ロッジはディープグリーンのプロモーション映像や写真に、同社のロゴが入ったヘルメットをかぶって登場していた。

深海採鉱が深淵を（少なくとも、人間の時間尺度で）永久に変えようとしているいまでも、一般大衆はそのことをほとんど知らない。それを知ったとき、人々はたいてい憤慨する。ニューヨーク・タイムズ紙がこの問題についての記事を掲載したときは、「まったくとんでもない、恐ろしい、不快なアイデアだ。なぜこんなことが止められずに許されているのかわからない」というのが典型的なコメントだった。「大洋に手を出すな」「まずい結果になるだろう」「吐き気をもよおす」といったコメントもあった。これだけ巨大で、これほど前例がなく、これほど恐ろしい危険をともない、これほど悲痛な産業は、宣伝や売り込みが難しくなるはずだ。そこには何らかのひねりが必要になる。その点、ディープグリーンのCEOジェラード・バロンはうってつけの人物だった。

バロンは五十代半ばの饒舌なオーストラリア人で、鉱山経営者としては異例の才能の持ち主だった。マーケティングの専門家だったのだ。報道によれば、ノーティラス社に二二万六〇〇〇ドルを投資して三一〇〇万ドルを手にする前には、オンライン広告代理店を設立している。彼は自分の深海鉱業会社のブランド再生に着手し、自身のブランド再生も行った。二〇一三年の写真には、髭《ひげ》を剃《そ》って清潔なスーツに身を包んだ彼の姿があった。それから二、三年後、ディープグリーンの顔として登場した彼は、荒れた一夜を過ごしたエアロスミスのギタリストのように髪はボサボサで髭を生やし、タイトなTシャツの上にレザージャケットを羽織り、手首に大きな男性用ブレスレットをはめていた。

いまやマンガン団塊《ノジュール》は「多金属《ポリメタル》ノジュール」となり、スローガンも付いていた。「岩の中にある電気自動車のバッテリーですよ」とバロンはインタビュー中に言い、手品師のように大げさな身ぶりでポケットからノジュールを取り出してみせた。テレビのニュース番組『60ミニッツ』が深海採鉱を取り上げたときは、「私は自分のことを採鉱業者と言いません」と、考えにふけるように言った。むしろ、ディープグリーンは「グリーントランジション〔持続可能な環境への移行〕」のために金属を〝収穫〟するいかした企業でありたい」とバロンは記者たちに語った。

話が大きくなってきた。ディープグリーンがノジュールを追い求めるのは世界を救うためだというのだ。バロンはその話をあちこちで詳細に語った。「熱帯雨林を破壊する陸上採鉱、アフリカの児童労働、有毒な鉱滓、化石燃料、人権侵害」対「文字どおりゴルフ練習場のゴルフボールのように海底に置かれている再生可能なエネルギー、クローズドループ〔資源循環〕、リサイクル可能で、ごみを出さず、持続可能な、大量のノジュール」という図式であると。「私はこの惑星とこの惑星の子どもたちのためにこれをしているのです」とバロンは語った。

それは同時に、まもなくNASDAQ《ナスダック》に上場する会社の株式の八・一パーセントのためでもあった。二〇二一年、ディープグリーンは特別買収目的会社（SPAC）合併で上場し、社名をザ・

メタルズ・カンパニー（証券コードＴＭＣ）に変更した。評価額は二九億ドル。なんの収入もなく、私たちみんなのものであるはずの海底の権利しか資産を持たない会社であることを考えれば、驚きの数字だった。

上場時のＴＭＣ株は一株一一・〇五ドルで、一五・三九ドルまで急騰したが、一カ月で三・四八ドルまで下落した（その後、一ドルを割り込んだ）。会計上の問題が浮上し、訴訟が続いた。株主たちはザ・メタルズ・カンパニーが「重大な虚偽と誤解を招きかねない発言」を行ったとして集団訴訟し、ザ・メタルズ・カンパニーは行方不明になった二億ドルをめぐってプライベート・エクイティ（ＰＥ）投資家たちを訴えた。いかにもノーティラス社的な混乱で、そこには自社版の〈ソルワラ戦士〉まで完備されていた。「深海採鉱は必要とされていない、望まれていない、許可されていない！」と、島嶼《とうしょこく》国の環境活動家連合である〈パシフィック・ブルー・ライン〉は警告した。「ＴＭＣに、私たちは言う。君たちは増大する大衆運動からの激しい反対に直面するだろう」

同時に、国連と提携している強力なネットワーク〈国際自然保護連合〉（ＩＵＣＮ）は、深海採鉱の影響が理解できるまで採鉱を一時停止《モラトリアム》すること、さらなる採鉱契約の停止、ＩＳＡの改革を要求した。海洋科学者数百名が署名した請願書がこれを支持し、「生物多様性、生態系、生態系機能が大規模かつ永続的に失われる危険」に言及した。グーグル、サムスン、ＢＭＷ、ボルボなどの大手企業は自社のサプライチェーンで深海金属を使用しない、と公表した（将来的にノジュールの供給を求める企業が現れるかどうかは疑わしい。リチウムイオン電池の材料はコバルトやニッケルを必要としない新しい電池化学物質に急速に取って代わられつつある）。

資金繰りに行き詰まり、抵抗が強まってきて、ザ・メタルズ・カンパニーはすぐにも採鉱を開始する必要があった。さもないとチャンスを逃がしてしまう。ISAに早く採掘コード（開発ルール）をまとめてもらい、採鉱契約を引き渡してもらう必要があった。しかし、ルールに関する交渉が始まって何年にもなるのに合意は得られていない。そしてこのプロセスは、海洋法で義務づけられているように深海を悪影響から保護しながら、そこを大規模採鉱に開放するのは不可能、という事実によって複雑化していた。

また、そもそも深海に何があるのか、どのような仕組みになっているのかがわかっていないのに、深海に害がないと誰が保証できるのか。CCZの第一人者にして海洋学者のハワイ大学名誉教授クレイグ・スミスは、科学者が採取した標本はその〇・一パーセントにも満たないと推定している。海底だけでなく、その上の海域も影響を受ける。ノジュールとそれが埋まっている堆積物、近くにいるさまざまな生物が海上の船へ押し寄せたあと、ノジュールだけが分離され、（熱水噴出孔の掘削と同様に）残りは深海へ送り返される。深海研究者のスティーブン・ハドックとアネラ・チョイはある論説で、「この漂流する汚染物質《プルーム》が外洋の生態系に与える影響は深刻かつ多様で、地球規模のものであることは、恐ろしいくらい明らかである」と述べた。

思慮深く、賢明で、倫理的な行動は何か？　それは状況を加速させるのではなく、減速させることだ。アールはこう主張している。「まず立ち止まること。まず待つこと。代替案を考える機会を私たちに与えてほしい。あそこにあるのはただの岩や水ではありません。あそこは生きています。あそこのすべてが。いちど失ったら元に戻すことはできないのです」

ザ・メタルズ・カンパニーに待つ余裕はなく、その必要をなくしてくれるパートナーがいた。太平洋の島国ナウルだ。ナウルは加盟国がＩＳＡに締め切り期限を課すことができる海洋法トリガー条項の発動、という厚顔無恥な手に打って出た。深海開発の手順として、二年以内にルールが定められなかった場合、ＩＳＡは暫定的に計画を承認する、という条項だ。ナウルは二年以内に採掘コードを最終決定するよう要求した。今回、その期限は二〇二三年七月九日で、これを過ぎてルールが整備されていなければ、状況に関係なく契約を結ぶことができる。サンフランシスコ空港ほどの大きさの国が商業採鉱会社になり代わって突きつけた最後通告、世界の海の未来を左右する通告だった。

ナウルに深海採鉱の政策を主導させるのは、ハンター・Ｓ・トンプソン〔『ラスベガスをやっつけろ』を書いたゴンゾー・ジャーナリスト〕を車でラスベガスへ向かわせるくらい愚かなことだ。人口一万一〇〇〇、面積二一平方キロメートルのこの島国は、環境に関する誤った判断の申し子なのだ。リン鉱石を情け容赦なく採鉱したため、国土は基本的に抜け殻状態だ。かつてこの島は鬱蒼とした森林に覆われた熱帯の環礁だったが、その八割が消失し、はらわたを引きちぎられて、いまはかじられた骨だけが残っている。『ニューヨーク・タイムズ・マガジン』にナウル訪問記を寄せた作家のジャック・ヒットはそこを、「私が見た中で最も恐ろしい光景のひとつ」と評した。

観光を産業にするという選択肢がないのは明らかだ。表土がほとんどないため、地元で育つ食材はない。鳥もいない。在来の野生動物もいない。樹木の覆いを失った石灰岩は地獄のように熱くなり、上昇する熱が雲を押し流してたえず干ばつを引き起こす。飲料水は輸入に頼るしかない。

これはナウルのせいばかりではない。植民地主義が強欲な役割を果たしたからでもあるが、一九六八年に独立してから半世紀以上ものあいだ、この国は忘却の彼方まで採鉱を続けてきた。しばらくはいい考えに思えたかもしれない。一九七〇年代から八〇年代にかけて、ナウルの国民は一人あたりの豊かさでサウジアラビアに次ぐ世界有数の富裕層だった。しかしこの国は世間知らずで、収賄や無分別な投資によってリン酸ロイヤルティ信託一二億ドルをあっという間に使い果たしてしまった。たとえば、レオナルド・ダ・ヴィンチがモナリザを妊娠させるというロンドンの舞台「レオナルド・ザ・ミュージカル　愛の肖像」を後援したが、同作の上演は五週間で打ち切られた。ナウルを研究したオーストラリアの経済学者ヘレン・ヒューズは、この国には「詐欺師に巻き上げられてすっからかんになってきた長い歴史が存在する」と指摘した。

一九九〇年代に入ると、ナウルはみずから詐欺師になることを決意した。世界最大の資金洗浄国としてだ。九八年にはナウルの偽装銀行を経由して、ロシアマネーだけで七〇〇億ドルもが流出した。アメリカはナウルが「金融犯罪への公然の招待状」を差し出していると非難し、最も重い制裁を科して改革を迫った。ナウルはアルカイダのメンバーを顧客に含むパスポート販売業に手を染め、電話回線を有料ダイヤルのテレフォンセックスに使わせることを検討し、その後もオーストラリアから資金を受け取って、難民や亡命希望者を入れる残忍な収容センターを枯渇したリン鉱石地帯に建設した（人権団体から抗議が寄せられ、難民の中には戦争で荒廃した国へ帰してほしいと懇願する者まで出てくる始末で、ナウルはジャーナリストに対し国境を閉ざした）。そしていま、そのナウルがザ・メタルズ・

カンパニーの後援国として深海鉱業に目を向けていた。

「ナウルは国際海底地域（「鉱区」）で海底ノジュールを管理する国際的な法的枠組みの構築に、堂々と主導的な役割を担ってきた」と、ナウルはプレスリリースで発表した。さらに、「この問題に指導的役割を担っていることに満足している」と付け加えた。

どんな問題が起きる可能性があるのか？　ナウルが課した二年の締め切り期限が来て、クラリオン・クリッパートン海域（CCZ）の採掘が解禁され、ザ・メタルズ・カンパニーのノジュール採鉱機械が深海へ乗り込んで海底を吸い上げ、堆積物とノジュールの残骸を中深層へまき散らし始めたときには、どうなってしまうのか？　彼らがそこから何を得るかは明らか（大枚のドル）だが、私たちは何を失うことになるのか？　深海での商業採鉱は未知の持続的な影響をもたらすだろうから、その疑問は採鉱が始まったあともずっと残るだろう。

深海の自然は急いで物事を行わない。そこは私たちにとって最大かつ最も安定した生態系であり、毛布のように地球をくるんでいる。深海の沈泥は細かく粘り気がある。CCZの海底水は澄みきっている。採鉱機械で跳ね上げられた堆積物プルームはほかの海域より長く浮遊状態を続けるだろう。「海底での（ノジュール）回収時に、ちょっとした嵐は起きるでしょうが」バロンは言った。「塵《ちり》が少々です。大きな問題になるとは思えません」

ザ・メタルズ・カンパニーにとっては大きな問題でないかもしれない。CCZの水深五〇〇〇メートルの海域では自然の堆積作用がきわめて遅く、一千年で一センチにも満たない。ノジュールから上へ向かって海雪《マリンスノー》を食べる海綿動物やイソギンチャク、サンゴ、ウミユリ、クモヒトデ、甲殻類など、環境に絶妙に適応してきた動物たちは、濁った環境では生き残れない。CCZに生息する生物の半分は、ノジュールのおかげでそこにいられるのだ。彼らは共生的に共存している。ノジュールの硬い表面に付着しているものもいれば、ノジュールに食べ物や隠れ処《が》を依存しているものもいるが、彼らは泳いで逃げられるわけでない。採鉱が始まれば窒息したり、埋没したり、砕かれたり、細断されたりする運命にある。そして、彼らが暮らすノジュール同様、彼らもすぐ戻ってくるわけではない——永久に戻らないのではなかったとしても。

バロンと彼のチームに言わせれば、CCZはすでに荒涼とした、誰も恋しいとは思わない負け犬のような場所になっている。「単調」な、「生命のない砂漠」、「地球上で最もありふれた地域」、「生き物が暮らすには非常に困難な場所」であり、「生命の豊かさは活気に満ちた陸上生態系の一五〇〇分の一に満たない」と彼らは言う。ザ・メタルズ・カンパニーが出している、いかにも権威ありげな統計数字と視覚情報《インフォグラフィック》が満載された報告書に目を通していた私は、次の段落に出合った。

生命はおそらく海洋で誕生し、海洋は地球表面の七割を占めているにもかかわらず、地球上のほとんどの生命は陸上で暮らしている。海洋の生物量《バイオマス》はわずか三パーセントで、九七パーセントは陸上にいる。海洋は広大だが、海域のほとんどには植生がないため、その結果、生命が進化する機会は限られている。

　どこから始めたらいいのか途方に暮れるが、まず、生態学的な価値は重さにあるのではないと指摘しておこう。バイオマスがすべてなら、百頭の牛は百羽のハチドリや百万匹のハダカイワシや数十億個の植物プランクトンよりはるかに貴重な存在ということになる。陸上生物圏が重いのは、樹木が太陽光を奪い合うからだ。樹木が背丈を伸ばそうとするのには進化上の理由があるのだ。深海の動物、そしてもちろん、深海の微生物にその必要はない。深海では、蜘蛛《くも》の糸のように細かったり小さかったりするほうが得することも多い（生命という枠組みに大きな影響を与えるのに、大きな体は必要ない。ウイルスに訊いてみるといい）。より重要なのは生物多様性、つまり万華鏡のような数々の種、生態系内の膨大な遺伝子の貯蔵庫だ。バイオマスとちがい、生物多様性はかけがえのないものだ。科学者がＣＣＺを探索するほどに、ザ・メタルズ・カンパニーが言う「生命のない砂漠」が、深海で最も生物多様性に富んだ場所のひとつであることが明らかになってきた。

　皮肉な話だが、もしＩＳＡがなかったら、私たちはこのことを知らなかったかもしれない。採鉱の請負業者は契約区域の調査に資金を提供することが義務づけられていて、どの科学クルーズも驚くべき発見をして帰ってきた。集められた生き物の九〇パーセントは新たに見つかった種だった。真珠の首飾りのようなサンゴ、濡れそぼった花のようなイソギンチャク、パールホワイトのクモヒトデ、鞭《むち》のような巨大な尾を持つアシッドイエローのナマコ、海底を駆けるウニ、ドクター・スースが設計したアパートのようにたくさんの住民を収容するガラス海綿などだ。ＣＣＺは、海底で手に入れた生物片からさまざまな形の精巧な殻を作る単細胞の原生生物クセノフィオフォラのワンダーランドだ。単細胞にしては野心的と思われるかもしれないが、クセノフィオフォラは大志を抱き、殻がグレープフルーツ大になることもある。

CCZの風景は独自の謎を提示し、『深海の怪奇と驚きの書』にはさらに多くの章が存在する。ある研究者グループは金属に覆われたクジラの頭蓋骨がきらめく化石層を発見し、また別の研究者グループは、狩りをしようと果敢に深海へ潜ってきたオウギハクジラがつくり出したと思われる何千ものくぼみを海底堆積物に発見した。生態学的な荒れ地どころか、CCZは好奇心の対象となる珍しい生き物の宝庫だ。均質な平原ではなく、海山や尾根や丘がちりばめられ、平らな場所にもユニークな動物相がモザイクを成している。「陸上環境で、科学の世界に知られていない動物、特に大型動物が見つかったら驚異的な発見になる」ハワイ大学のクレイグ・スミスは私に語った。「特にCCZではそうですが、採取したコアサンプルや堆積物試料からまだ報告されていない種が何百と見つかります」

そしてこれは、微生物の大サーカスを考慮に入れる以前の話だ。深海の堆積物（そしてノジュールそのもの）には類いまれな生命が満ちている。近ごろ研究者は、深海堆積物サンプル四百十八の遺伝子配列を分析して十万個近いDNA変異を明らかにし、その六〇パーセントは既知の分類群に当てはまらない海底生物だった。これらは単なる新種ではなく、生命の樹のまったく新しい枝だった。「私たちがしているのは、大きさが一ミリにも満たない小さな動物たちの話です」研究の共著者で海洋科学者のアンドルー・グッデイは説明した。「たぶん多くの原生動物、多くの単細胞生物がいるでしょう」

深海の沈泥が地球の半分を覆っていると思うと、その住民の生息域の広さに息をのまされる。

何者であるかはともかく、彼らは大きな力仕事をしている。栄養素を循環させ、炭素を隔離し、地球化学のバランスを保ち、さらに驚くべきことに生命のデータベースとして機能している。はるか過去までさかのぼるゲノム革新の、無限に近いアーカイブがここにはある（二〇二〇年、日本の科学者が深海の堆積物を掘り返したところ、数億年前の微生物が冬眠状態で生きていることがわかった）。

「科学者たちがより強力な望遠鏡を使って星が数十億個あることを発見したように」進化生物学者のミッチェル・ソギンはコメントした。「私たちはDNA技術を用いることで、目に見えない海洋生物の数が予想以上に多く、その多様性は想像をはるかに超えることがわかってきた」

この領域でどんな可能性を発見できるのだろう、私たちの最も難解な問題を解決してくれるような遺伝資源があるかもしれないと考えると、めまいがしてくる。微生物など深海の生命体（特に海綿《かいめん》動物）からは、すでに強力な抗ウイルス薬、抗がん剤、抗マラリア薬、抗真菌薬、抗菌薬が発見されている。そしてその研究は始まったばかりだ。

海底を削り取ったら、堆積物内の生物は破壊される。一九八九年、研究者たちは採掘がもたらす影響を概算するため、ノジュール密集域に鋤《すき》を往復させてみた。二〇一五年にそこを再訪したとき、彼らはゴーストタウンのようなものを発見した。微生物の活動は四分の一に減少し、微生物の細胞数は三〇パーセント近く減っていた。二十六年前の耕作の跡は昨日できたかのようだった。そこの現場がいつになったら完全に回復するのか、そもそも回復するのか、科学者にはわかっていない。

堆積物を破壊すれば、海洋古気候学も研究できなくなる。長い年月をかけて化石化した微生物の層は、はるか昔の温度や海流、風のパターン、化学的性質を明らかにしてくれる。地質学的事象のひとつひとつが独特の痕跡を残している。「海底の堆積物は地球の叙事詩のようなものだ」レイチェル・カーソンは著書『われらをめぐる海』の中で述べている。「私たちが充分に賢くなれば、堆積物から過去の歴史のすべてを読み取ることができるかもしれない。すべてがここに書かれているのだから」

充分に愚かな私たちは、表紙を開く前に本を捨ててしまう。もし深海の古代ノジュール密集域が採掘されたら、計量不能の損害を被り、取り返しがつかないことになる。ザ・メタルズ・カンパニーの二〇二一年版年次報告書には、事実を開示する法的義務がある「リスク要因」の項にこう書かれている。「深海の水量が大きく、生物標本の採取や回収が困難なことから、完全な生物目録は作成できないかもしれない。したがってCCZの生物多様性への影響を、完全、もしくは確定的に把握することはできないかもしれない」

深海採鉱による生態系の破壊を相殺する試みとして、ISAは「特別環境関心領域」（APEI）と呼ぶ海底の広い範囲を取り除けた。これら〝保護〟区域はCCZの周囲をとぎれとぎれに取り囲んで、一部深海生物の隠れ処となり、私たちがそこへ到達する前にこの地域がどのような場所だったかを示す見本の役割を果たす。そういう意図らしい。悲しむべきは、CCZ全体が「特別環境関心領域」でないことなのだが。

マイケル・ロッジはよく、深海で生態学的に最もデリケートな地域は避けると主張するが、それを真に受けるのは難しい。二〇一七年、ＩＳＡが大西洋中央海嶺沿いの熱水噴出孔、つまり「ロストシティ」を含む一帯の探査契約をポーランドに認めたとき、科学者たちは不信感をあらわにした。

デボラ・ケリーとその同僚たちがアトランティス号で特異な噴出孔フィールドを発見し、ロストシティの白い尖塔を初めて目にしてから十七年、ユネスコがロストシティを「公海における顕著な普遍的価値を有する世界遺産」にすることを提案し、「深海が秘める真に象徴的な宝物の見本」と称賛してから一年、そして世界トップクラスの微生物学者たちがその別世界のような生命形態と化学を研究して、「これはいまこの瞬間、土星の衛星エンケラドスやエウロパで活動しているかもしれない生態系の一例だ」「ロストシティは生命の起源がいたるところに書かれている場所のひとつ」などと宣言しているさなかに、ＩＳＡはそれを売り払ったのだ。

二〇二〇年、アラン・ジェイミソンは同志の超深海帯生物学者トム・リンリーと『ザ・ディープ・シー・ポッドキャスト』（深海の素晴らしさを余すことなく語る科学ポッドキャスト）を立ち上げ、採鉱についての回でジェイミソンがＩＳＡ事務局長マイケル・ロッジにインタビューした。「本当にうまくいくと思うんですか？」ロストシティをポーランドの採鉱業者に引き渡すというＩＳＡの決定について、彼はロッジに問うた。「あそこが世界遺産に認定されたら、許可の与えようがないでしょう？　これはかなり高いハードルですよ」

ロッジは喉《のど》で笑い声のような音をたてた。「もうその話はうんざりだ」という意味だったにちがいない。「そもそも、ロストシティとは何か？」彼は一流大学の深海科学教授ジェイミソンを前に講釈を垂れた。「ロストシティは世界に数ある熱水噴出孔のひとつだ」と言い、「たしかに、ロストシティには一種のカリスマ性がある」と認めたうえで、時間切れをほのめかした。「科学者は何年も何年もロストシティを研究してきた」ロッジは人を見下したような口調で言った。「彼らは生涯をかけて熱水噴出孔の研究をしてきた。それは素晴らしいし、けっこうなことだ。その過程で彼らはそこに過大な愛着を持つようになった」と彼は言い、世界遺産登録の意義をこう否定した。「ユネスコに深海の管轄権は何ひとつない」

ロストシティが傷つけられるのを心配するなんてばかげている、ポーランドが（さしあたり）するのは「鉱物の研究」だけなのだから、と彼は付け加えた。「だから、これは科学にとっていいことなんだ！」とロッジは吠えた。「誰かがロストシティを採掘することを想定しているんじゃない！」「そもそも、ロストシティに鉱物資源がある可能性は、きわめて低い。なのに、なぜ誰かが採鉱しようとするんだ？」

その後、ジェイミソンとリンリーはこのインタビューについて語り合った。「僕らは心底うんざりしている」と、リンリーが視聴者に言った。「疲れ果てている」とジェイミソンも同意した。「トム、正直、あまり楽しい経験じゃなかったよ」二人は何分かかけてロッジの発言の誤りを訂正した。ロストシティはほかの熱水噴出孔フィールドとは別物であるとジェイミソンは明言した。「原始の地球がどんな状況だったかを示す、希少な類似体のひとつではないかと考えられているから、科学的にずば抜けて興味深い場所なんです。繰り返し申し上げますが」

ロストシティが掘削される将来的な可能性について私が話を持ち出したとき、シルビア・アールは「恥ずべきこと」と一刀両断した。私が彼女に電話をかけたのは、このテーマについての報道に心を痛めていたからであり、この何年かで鉱業界が科学分野の大勢の人や世論、常識、さらには海洋法で定められた規則にまで逆らい、実現へ向けて行進をかけているのが私にはわかったからだ。それは私たちが向かう先について、とんでもなく暗いものを象徴しているような気がした。つまり私たちは、現金に換えられるなら自然界のありとあらゆるもの、深海の最果てにまで手をつけてしまう未来へ足を踏み出そうとしているのだ。

メディア、専門分野の会合、さらにはＩＳＡの内部にまで、深海採鉱をめぐる議論は沸騰し、ますます熱を帯びてきている。フランス領ポリネシアの海洋資源担当大臣は採鉱の禁止に賛成票を投じたあと、報道陣に、「私たちは太平洋のいとこたちに、この狂気を止めるよう説得する必要がある」と語った。コスタリカ、チリ、スペイン、フランス、ドイツ、ニュージーランド、エクアドル、パナマ、フィジー、パラオ、サモア、バヌアツ、ミクロネシア連邦は、ナウルが課した二年間という締め切り期限を無視すべきと主張し、「停止」もしくは「予防的一時停止」を支持すると宣言した。

ニューヨーク・タイムズ紙とロサンゼルス・タイムズ紙はＩＳＡの腐敗と運営姿勢の不適切さを訴える調査特集を組み、ＩＳＡで働いていた内部告発者の言葉を引用して、ＩＳＡの指導部はザ・メタルズ・カンパニーと癒着していると糾弾した。「インタビューと数百ページに及ぶ電子メール、手紙、その他の内部文書から、ザ・メタルズ・カンパニーの幹部たちがＩＳＡから重要

ークを受け取り（中略）それが採掘の野望を大きく後押ししていた」のは明らかだと、ニューヨーク・タイムズ紙のエリック・リプトン記者は書いた。こうした悪事を暴き立てる記事に反駁しようと、ＩＳＡは法律事務所を雇った。

まもなく私たちは大きな転換点に到達する。ザ・メタルズ・カンパニーら採鉱企業はＩＳＡから採鉱契約を得るかもしれないが、深海採鉱を始めるための社会的許諾は得られない。つまり、いま深海を採鉱する必要があり、私たち人類がそのリスクと利益を充分に理解していて、それを実行すべきは彼らであり、適切な規制が行われていて、使われる技術が可能なかぎり最善のもので、それは最小限の害しか及ぼさないという点に、社会からの同意は得られない。いま現在、私たちはそんな結論にはまったく至っていない。そういう結論に近づくまで（近づくとしたらだが）深海採鉱は不正な活動であり、人類の利益のために行われている活動とは対極に位置するものだ。世界でどんなグリーンウォッシング〔環境保全に配慮しているように見せかける欺瞞《ぎまん》〕が行われようと、その事実を変えることはできない。

「気候変動に真剣に取り組む気があるなら、深海を採鉱するという選択肢はない」と、アールは力強い声で私に言った。「これは地球を安定させる最後の絶好のチャンスよ。私たちの最優先事項は、いま残っている自然の炭素捕獲システムを守ること――原生林でも、手つかずの砂漠でも、草原でも。そしてこの惑星上で飛び抜けて大きく、比較的手つかずの状態で残っているのは、深海なの。だから、手をつけるべきではない」

私たちがパプアニューギニアでウェットスーツを着て船の甲板に立っていたある日、アールにお気に入りの潜水スポットはあるかと尋ねてみた。「五十年前の場所なら、どこでも」と、彼女は硬い笑みを浮かべて答えた。アールは海が衰退していく痛みを誰よりも感じていた。それでもなんとか楽観的な考えを手放さず、避けられそうにないことではなく、いまできることが放つかすかな光に心をそそいでいた。

その熱意が電話越しにもレーザーのように伝わってきた。「私たちはいま、選択のときを迎えている」彼女は言った。「大事なのはこういうこと。私たちは以前は知らなかった。五十年前は知らないことだらけだった。でもいまは知識という強大な力で武装して、より良い準備ができている。私は子どもたちに言うの。『二十一世紀に生きていることを喜びなさい。いま何が問題なのか、事実を知らなかったらどうなるか想像してごらんなさい。何の解決法も持っていなかったらどうなるか想像してごらんなさい。でも、あなたたちはその両方を持っているのよ』ってね」

第十章

カマエフアカナロア《深海の赤い子ども》

ハウメア（大地）とカナロア（海）の子が生まれる。
赤い島の子カマエフが海底深くから上がってくる。
——ハーラウ・オ・ケクヒ

中部太平洋
ハワイ島ヒロの南東九二キロメートル
北緯一八・七〇度　西経一五五・一七度

海は黒く、夜は黒く、月は非番で、星は行方不明。ロブ・マッカラムが（これまた）黒いゾディアックボートを操って、沖合に浮かぶ母船プレッシャー・ドロップ号へ向かった。その照明が黒い波間に浮かぶ航路標識だ。ハワイ島周辺へボートで人を運ぶのに最適な時間ではなかったが、マッカラムのゾディアックは難なく着岸したし、ビクター・ベスコボと私とあと数人が道具を手にそこへ乗り込んでいた（じつは、もっとありふれた状況だった。夜間に乗船したのは、私たちが到着したのがその時間だったからだ）。ビッグ・アイランド（ハワイ島の別称）が後方へ遠ざかるなか、ベスコボは自分の深海マシンとの再会が待ちきれないとばかりに身を乗り出した。私を深海へ連れていくことに彼が同意してから一年が過ぎ、ようやくその計画が実現に向かっていた。遅れたのは努力が足りなかったからではない。

当初は二〇二〇年六月、ベスコボの〈リング・オブ・ファイア〉探検隊に同行する予定だった。

それだけでなく、マリアナ海溝の未踏のポイントへ行こうと彼は言ってくれていた。その場所にまだ正式な名称はついていない。しかし、深さはあった。水深九八四五メートル。飛行機に乗りたいと言ったら月行きのチケットをもらったようなものだろうか。そして二〇二〇年一月に正式な招待を受けたとき、半年ほど先のことなのに、私は毎日毎分その潜水のことを考えて浮き浮きし、必要な道具の一覧表を作り、グアム行きの航空券を予約した。ところが、二〇二〇年は独自の予定表を突きつけてこようとしていた。

　年明け、母船プレッシャー・ドロップ号と潜水艇リミッティング・ファクター号は地中海にいて、ベスコボは（モナコ公アルベール二世と）水深五一一〇メートルのカリプソ海淵《かいえん》に潜り、一九六八年に乗組員五十二名とともに失われたフランス軍の潜水艦ミネルブの残骸を発見し、アラン・ジェイミソンやサウジアラビアのアブドラ国王科学技術大学の科学者たちと紅海海底の塩水溜まり《ブラインプール》を偵察してきた。そして三月、プレッシャー・ドロップ号が太平洋への長い航海を開始していたとき、ＣＯＶＩＤ‐19と呼ばれる小さなウイルスがすべてをぶち壊した。

　世界的パンデミックが始まった最初の数週間くらいストレスに満ちた状況はなかっただろう。クルーズ船はウイルス感染の悪夢と化し、港は船舶の停泊に慎重になった。航空便は運航を続けたが、入国者を受け入れない目的地が急速に増えていた。きわめて厳格な検疫を課す国もあり、日本の成田空港では段ボールベッドで寝泊まりする人が出るなど、薄ら寒い雰囲気に包まれた。新型コロナの禍中で深海探検を続けるのは無益の極みと思われたが、ベスコボに手を引く気はなかった。「それでも我々は進み続ける」と、彼は三月下旬に宣言した。「不可能とわかるまではそれが計画だ」私はマッカラムに、「必要ならグアムまで泳いでいきます」とメールした。

最悪の事態も予想していたが、私は六月にグアム島へ飛びアプラ港で船に乗り込むことができた。私が到着する前、ベスコボはチャレンジャー海淵に六度潜り、うち一回はドン・ウォルシュの息子ケリー・ウォルシュを、六十年前にトリエステ号が着地した場所へ連れていった。世界の混沌状況をよそに探検は順調に進んでいるように見えたが、その舞台裏で潜水艇が深刻な誤作動に見舞われていた。トンガで突発した電気系統の問題が潜水のたびに発生した。甲板上で炎上した接続箱もあった。金属が溶けるたび、トライトンの乗組員は黒焦げになった部品を交換するため不眠不休で働いたが、最終的に船上での修理は不可能となった。乾ドックに入って配線をやり直す必要があり、そのプロセスに数カ月かかるかもしれない。私が潜水の延期を知らされたときは、グアム到着から二十四時間も経っていなかった。そのまま飛行機でとんぼ返りの憂き目に遭った。

そして二〇二一年一月、リミッティング・ファクター号の潜水準備が整った。今回潜る先はハワイ島だ。パトリック・ラーヒィが島西岸のコナ周辺で潜水艇の海上試運転を行っていて、ベスコボは世界最高峰マウナケア火山に登る予定だった。ふもとから測った場合、山頂までの高さは一万二〇三メートルあるが、登山家には不都合なことにその下半分は海中にある。完全登頂には、海中のふもとまで約五二〇〇メートル潜水したあと、母船に戻り、アウトリガーカヌーを岸まで四三キロメートル漕ぎ、火山の山腹まで自転車を六〇キロメートル漕いで、雪をいただく山頂までの一〇キロメートルを歩かなければならない。こんなことをした人はこれまで一人もいなかった。自前の全深度《フルデプス》潜水艇を持つ挑戦者がいなかったからだ。

変更になった私の潜水はこうした試みの間に組み込まれていた。予想もしなかった運命のいたずらで、ベスコボと私はロイヒを訪れることになった。マリアナ海溝のような深さではないが、このロイヒは私個人にとって特別な場所だった。この火山の神秘的な雰囲気についてテリー・カービーが語った話が心に残っていて、彼の言葉や数枚の写真、そして私自身の想像力から描き出された火山像は、不気味ながらもあらがいがたい夢のように、私の潜在意識の表層から遠く離れたことがなかった。いろんな気分の海を愛するようになった海域でその深淵を体験することには「完成感」めいたものがあった。ハワイの大きな動物たちといっしょに泳ぎ、大きな波で遊び、ハワイのことを知っているような気になって何年も経っていたが、じつはそうではなかった。ハワイの深海にまだ出会っていなかったからだ。

潜水の現場へたどり着いたからといって、それがかならず実現するわけでないこともいまはわかっていた。風速二〇ノット、うねり三メートルという海象予報に早くも私は気を揉《も》んでいた。プレッシャー・ドロップ号に近づいたとき、暗闇に白波がひらめいた。「熱帯性ってわけじゃないだろう」マッカラムは母船の右舷風下へゾディアックを向かわせながら言った。「いまは冬」と私は返し、それが何を意味するかは全員が知っていた。冬は雨期。つまりスコール、大波、ストレスだ。リミッティング・ファクター号の発進には危険な条件だった。当初の計画ではロイヒとマウナケアへの二潜水だけだったが、この日の早朝に行われた試験潜水でランダーの一台が再浮上に失敗した。このニュースを伝えながらマッカラムは、「いちばん恐れているのは、ランダーが漁業ごみに引っかかっている状況だ」と言った。ベスコボが五〇万ドルのマシンを海底に置いてきてかまわないと言うなら話は別だが、そうでなければ海底に下りて回収してくる必要があった。

朗報ではない。予定から外されるとしたらロイヒのほうだとわかっていた。ベスコボはマウナケアの潜水・登頂に向けた準備と訓練に何カ月も費やしてきたし、特別な許可や文化的承認、護衛船、支援チーム、アウトリガーカヌーの貸し出しなど、周辺の実施準備も複雑だった。ハワイの海洋科学者でプロサーファーのクリフ・カポノも同行する予定だ。行程全体が時間刻みで計画され、それが終わるとベスコボは飛行機で帰国し、母船はチャーターされた科学クルーズのためオーストラリアへ向かう。まずパンデミック、次にグアム。そしていま、私は行方不明のランダーとエベレストより大きな火山の挟み撃ちに遭って、ちょっとした窮地に立たされていた。ハワイの火の女神ペレが慈悲深いことを祈るしかない。

マッカラムがゾディアックの安定を保ち、私たちは梯子《はしご》を上ってプレッシャー・ドロップ号に乗り込んだ。この母船はトンガで見慣れていたが、数カ月の空白を経て生活感が薄れ、これから巡業公演に出るという雰囲気でもなかった。マッカラムのオフィスの壁にはいまも海賊旗が掲げられていたが、前のような威勢のよさは感じられなかった。ジェイミソンの居場所には誰もおらず、実験器具は収納されていた。冷凍庫から巨大な等脚類の生き物を取り出す人も、コーン〔アメリカのメタルバンド」の「ナルシスティック・カンニバル」を大音量で流す人も、マリアナ海溝の底へ行ってきた卵を手に歩きまわっている人もいない。〈ファイブ・ディープス〉の個性的なメンバーがいない船は、引っ越し業者が帰ったあとの家のような寂しさを漂わせていた。

ラーヒィは二週間この船にいたが、彼の出発と私の到着がすれ違いになった。マッカラムが私たちを迎えに来たときラーヒィは陸に降ろされ、ゾディアックのモーターが発動していたため、話をする暇もなかった。「潜水が終わったら電話をくれ！」ラーヒィは風の中で私に叫んだ。彼は家族全員とダイビングをしたいというヨット所有者に六人乗りの潜水艇を届けるため、バルセロナへ向かった。しかしここには、ケルビン・マギー、フランク・ロンバルドら、トライトンチームの面々がいた。トワイライトゾーンへ私を乗せていったティム・マクドナルドもいた。バハマでの潜水以来、マクドナルドのキャリアには大きな進展があった。ラーヒィからリミッティング・ファクター号の操縦訓練を受け、ベスコボが彼を二人目のパイロットに雇ったのだ。一〇〇〇〇メートル級の潜水艇と比べてどうかと訊くと、マクドナルドは「こっちのほうが宇宙船に近いね」と、にこやかに言った。

ドライ・ラボで、私は今回のソナー操作を担当する科学者トーマー・ケッターに会った。ケッターはスーパーサブといった感じだった。海洋学者であり、海底マッピングの専門家であり、潜水活動を監督するダイブマスターであり、イスラエル軍で航法士を務めた指揮官《スキッパー》でもあった。「昔から地図オタクなんだ」と、彼は私に言った。彼はロイヒの海底地形を精査しているところで、コンピュータ画面三つに音響画像が表示されていた。アシッドブライトカラーで描画された抽象画でありながら、火山はとてつもない存在感を放っていた。海底火山ロイヒは海底から四〇〇〇メートル近くそびえ、海底三〇キロメートル以上にわたり広がっている。ヨーロッパで最高峰の活火山、イタリアのエトナ山より大きい。「ソナーで我々独自に掃海したい」とケッターは言い、眉根を寄せた。そして画面を指さした。「もらった頂上の参照ポイントは間違っているんだ」私はよく見ようと彼の肩越しに身を乗り出した。座標がずれていたら、潜水時にあっさり誤った場所へ迷い込んでしまう。絶対避けたほうがいい場所もいくつかあった。

ハワイの海に深い場所が数あるなか、ロイヒが選ばれたのは当然のことだ。しかし、火山のどこへ潜るかを決めるのはもっと難しく、ベスコボはその決定を私に委ねた。頂上で、玄武岩の尖塔《ピナクル》と煙を噴く煙突《チムニー》があってギンザメがいる深い崩壊クレーター「ペレ火口」へ下りるか、亀裂が入った険しい溶岩のフリーウェイ「南リフト」へ下りるか、六千年以上前に火山の東側面から切り離されて海底に落下した巨大な岩板「シンカイ海嶺」を調査するか。さらにロイヒには、水深五二〇〇メートル近い謎めいた裾野があった。

カービーに助言を求めると、「ペレ火口」には行かないほうがいい、と彼は言った。「魅力的な場所だが、不安定だ。通信用の水中聴音機《ハイドロフォン》でよく地すべりの音を聞いた。あそこはいまも岩が崩れている」彼は南リフト帯も薦めなかった。「ものすごく地形が険しい。ボックスキャニオン〔垂直に切り立った断崖状の峡谷〕だらけで、バスくらいの大きさがある巨岩がごろごろしている。あとで潜水艇を塗装し直さなければいけなくなるかもしれない」カービーのパイシーズ潜水艇は水深二〇〇〇メートル以深には潜らなかったが、彼はロシアの六〇〇〇メートル級潜水艇ミールでロイヒの南東の裾野へ潜ったことがあった。「我々は小さな煙突がいくつも突き出ている熱水噴出孔フィールドと、信じられないような枕状溶岩を発見した」と彼は回想した。「ダイナミックな光景を見られるのは確かだ」

私は深いところへ潜りたかったので、裾野が理想的だった。しかし裾野は広大で、潜水計画には具体的な内容が必要だ。ベスコボは潜水艇とランダー三台を投下するそれぞれの「正確な座標」と「進路」と「ベクトル」（どんなものかは知らないが）を要求した。海底にいる三時間で潜水艇は水平方向に三キロメートル以上進むことができる。大切なのは最も刺激的な場所を見極めることだ。いい選択をすれば、深海のサメと遭遇したり、溶岩の彫刻庭園をくねくね通り抜けたり、熱水噴出孔を見つけたりできるかもしれない。選択を誤れば、ランダーがクレバスに落ちたり、潜水艇が壊れたり、瓦礫しかない風景に迎えられたりもする。

深海へのガイドブックはなく、ロイヒの最深部に関するトリップアドバイザーのレビューもない。「このハワイに巨大な海底火山があるというのに、そこについてほとんど何もわかっていないのはもどかしい」と、ハワイ大学の海洋科学者ケン・ルービンは言った。海底火山に関する世界でも指折りの専門家だ。深海の何十もの海底火山を研究していて（特にトンガの海底火山に夢中）、それらについて百科事典のように詳しく説明できるのに、自分の裏庭にあるロイヒには頑なに精査を拒まれてきた。注目を集めた一九九六年の噴火後、ルービンはこの火山の裾野に有線観測所を設置しようとしたが、流砂のような堆積物に観測機器がのみ込まれた。カービーとパイシーズをともない何度となくロイヒへ向かったが、潜水艇を発進させられるほど凪の状態がおだやかだったことは一度もなかった。

ルービンの同僚で海洋学者のブライアン・グレイザーはもっと運がよかった。彼はカービーといっしょに「ペレ火口」へ潜り、ROVジェイソンやウッズホール海洋研究所の「セントリー」という別のロボットでロイヒの裾野周辺の一帯を調査した。「ロイヒは地球上で私がいちばん好きな海底火山のひとつだ」Zoom《ズーム》でつながったとき、彼は熱く語った。「あそこでは本当に面白いことが起こっている」と。しかしそのあと、彼はロイヒ島がなぜこれほど興味をそそるのか、その独特の生物地球化学について説明を始め、私には彼の言っていることがさっぱり理解できなかった。

グレイザーはハワイ大学に自分の研究室を持ち、学生かと思うくらい若く見えるが、NASA宇宙生物学研究所でキャリアをスタートさせたことからも、頭脳のハイスペックぶりがうかがえる。彼のウェブページによれば、「酸化還元非平衡〔酸化的な環境と還元的な環境が混じり合っている状態〕と、急峻な酸化還元勾配と顕著な地球化学的界面に近接して生息する、あるいはそれらを媒介する微生物との関係」を研究していた。どういう意味かと尋ねると、彼は何から始めたものかと言葉を途切らせ、「化学を習ってからしばらく経つんですね?」と言った。

平たく言えば、グレイザーは海がどのように機能し、海の生命と化学が何十億年ものあいだにその地質とともにどう進化してきたかを研究しているのだ。ロイヒ火山が彼にとって〔NASAにとっても〕魅力的なのは、生態系が硫化物に富む中央海嶺軸火山などの火山とちがって、ここの生態系は鉄分に富み、この世の終わりが来たかのようにロイヒの噴出流体をがつがつ貪《むさぼ》り食う奇妙な鉄食微生物が生息しているためだ。鉄は海洋化学に重要な役割を担っているが、科学者も完全には理解できておらず、鉄を噴き出すこの火山はその研究に最適な場所なのだ。惑星地球の錬金術を理解するためだけでなく、地球外生命体の探索にも役立つだろう。もし火星やエウロパで微生物が発見されたとしたら、ロイヒで繁栄している微生物と似ている可能性がある、とグレイザーは説明した。

彼は水中探査ロボット、ジェイソンのパイロットと管制車両に座っていたときのことを振り返ってくれた。ロボットは火山の裾野の大きな黒い塚に覆われている一画を探査していた。それが何か誰にもわからなかったので、グレイザーはジェイソンのマニピュレーターでひとつをつついてみてほしいとパイロットに求めた。「そしたらとつぜん、私たちは巨大なオレンジ色の吹雪の中にいた」薄いマンガンの地殻に覆われた塚はすべてバクテリアでできていた。渦を巻いた生物がふわふわと漂い、それが炎のような色をしていたのは錆を摂取・排泄していたからだ。バクテリアが二メートル以上積もっている場所もあった。「それが何エーカーも〔一エーカーはサッカーグラウンドひとつ分ほど〕広がっていた」グレイザーは熱く語った。「微生物の巨大な運動場です」

バクテリアの砂丘？　響きがいいのは確かだが、三時間それしか見られなかったら、かなり単調な潜水になるだろう。ほかにどんなものがあるのか、私はグレイザーに尋ねた。彼がとりわけ好奇心を抱いている深海の特徴はあるか、と。彼はうなずいて画面を海底地図に切り替えた。「南東に塚がふたつ見えるでしょう？　これは枕状玄武岩が噴出したものです。海底からまっすぐ出てきて、まっすぐ上へ伸びている。ここはジェイソンで訪れる機会を得られなかった」

その構造物は簡単に見分けられた。地図上では突き出た二本の尖塔《ピナクル》のように見えた。上から見ると、火山円錐丘《えんすいきゅう》のようだ。巨大な噴出孔である可能性もあるとグレイザーは言った。「もちろん、保証はできません」と彼は言い添えた。「それでも可能性はある。頂上まで行って、きらきら光る水が見えたら、いわゆる決定的証拠です。巨大だから、見逃すことはない。座標を教えましょう」

ようやく目的地は定まったが、潜水計画の立て方がわかったわけではない。そこで私はジェイミソンに電話した。彼はハワイに来るつもりだったが、パンデミックの影響でイギリスから出れなくなっていた。彼は海底地形図を見て、たしかに二本のピナクルは興味深いと同意した。「ただ、海底の表面まで沸騰している感じだからな。そこにランダーを置くのはどうだろう」

「ランダーをどこに投入すればいいのか、私には皆目見当がつきません」と私は言った。「あなたに判断してもらっていいですか?」

ジェイミソンは笑った。「いいとも。スタート地点にする南に一台を置こう。君たちは北へ向かって丘をまっすぐ登っていく。まず平らな底に沿ってゆっくり進むと素敵だ。いろんな動物の活動が見える。次にゴツゴツしたところへ行ったら、すごい地質が見られる。素晴らしい潜水になるだろう。度肝を抜かれるぞ。私が計画書を書いてビクターに送ろう」

私は彼にお礼を言い、こう尋ねた。「ほかに知っておくべきことは?」

「ある」とジェイミソンは言った。「寒くなる。足とチタン製の船体の間にあるのはネオプレンのマット一枚だ。いつも私は南極用の靴下を三足くらい履いていくんだが、足の指先がかじかまずにすんだことは一度もない」

電話を切ったあと、安堵の思いが押し寄せてきた。しかし、まだやるべきことがひとつあった。ロイヒには科学や、潜水の専門知識、靴下の厚さ以上に大切な、太古からの知見とそれに付随する「敬意の掟」があった。ハワイの火山は神聖な領域であり、許可なくそこへ押しかけてはならない。誰に問い合わせればいいか私は知っていた。

プアラニ・カナカオレ・カナヘレ博士はハワイの女家長だ。女神ペレの直系と言おうか。現在八十代の彼女はクプナ（知恵の守護者）であり、クム・フラ（フラの先生）であり、作家であり、教師であり、特筆すべきはパイロットだ。私の友人でもある。ロイヒのふもとへ潜りたいと説明すると、プアラニは「その火山の名前はロイヒではありません」と言った。ハワイの人たちはカマエフアカナロア（深海の赤い子ども）、略してカマエフと呼んでいる。

一九五四年、ビッグ・アイランドの海底地形が測量されたときに見つかり、その細長い形から「長いもの」を意味するロイヒと名づけられた。当時、この火山を「発見」した科学者たちは、別の火山キラウエアに「寄生する」付属物に過ぎないと思っていた。それがいつの日かハワイの次の島になるとは夢にも思っていなかった。このような誤認があったにもかかわらず、ここはロイヒの名で地図に記載されることとなった。いっぽう、ハワイの人々は伝統的なメレ（詠唱）の中で、何百年もカマエフのことを語り続けていた。波の下にある姿こそ見えなかったが、彼らはカマエフが何をしようとしているのか知っていたし、そこが鉄の赤錆色に染まっていることも知っていた。「生まれた赤い子どもがあの火山」とプアラニは言った。「プカ・カマエフは噴火するという意味よ。名が体を表している。命が宿ったの」

私たちの潜水は連邦政府が関与しているものか、と彼女は尋ねた。「知ることだけが目的なら、深くへ潜ることには何の問題もないと思いますよ」と彼女は言った。

「あなたの祝福をいただけるわけですね？」と私は訊いた。

「そのとおりです」と彼女は請け合った。

翌早朝、ベスコボとマクドナルドは潜水して、座礁したランダー、スカッフの回収に向かった。スカッフに潜水艇ソナーの問いかけに反応できる電源が残っているうちに、急いで救助する必要があった。ベスコボが探信音《ピン》を発し、スカッフからピンが返ってくるのを待って潜水艇の方位を調整しながら、ランダーの点滅するストロボ光が見えるまで近づいていく。

簡単そうと思ったら大間違いだ。深海で失われた物体を見つけるのは、馬の視野を狭くして夜間にグランドキャニオンを探しまわることに近い。海は物を隠すのがじょうずで、目標の位置がわかっている探索者の手をするりと逃れてしまうこともある。スカッフがどんな苦境にあるかは、視界に入ったとき初めて評価できる。沈泥に埋もれているだけなら、潜水艇のマニピュレーターで引っ張って解放できるだろう。しかし、何かに絡まったり、岩の下に挟まっていたり、穴にはまっていたりしたら、救助できないこともある。スカッフが行方不明になったのは水深わずか三〇〇メートルほどの岩場だったため、現実問題として釣り糸や狭いクレバスに捕まっている可能性はあった。

私は天候をモニターできる最上甲板で潜水のときを待った。この日は晴れていたが、ちぎれ雲が少しあり、海には大きなうねりが見え、風もあった。海の状態は潜水に適していたが、私たちはまだビッグ・アイランドの島陰にいた。明日のカマエフは状況がちがう。潜水を開始する場所は五〇キロメートルほど沖にあって、まったくの吹きさらしだし、島の南端あたりでぶつかり合う海流の影響を受ける。私は手すりから身を乗り出し、船を調べにやってきたハシナガイルカの群れを観察していた。そのとき船尾から叫び声があがった。スカッフが現れたのだ。

ベスコボとマクドナルドが潜水艇から降りてきた。「やつはどこにいる?」ベスコボは甲板にスカッフの姿を探し、それが隅に鎮座していて、〝ぼくは悪いランダーでした〟と書かれた札が付いているのを見て笑った。スカッフがトラブルを起こすという評判は本当だった。前にも音響指令に従わなかったことがあった。チャレンジャー海淵での事例は特筆ものだ。スカッフはそこに二日間とどまったあと、ラーヒィが潜水艇を操縦して世界最深のサルベージ作業に向かい、スカッフを海底から引きずり出してきた。ランダーは味気ない箱形のマシンだが、それぞれに明確な個性がある、とベスコボは明言した。「スカッフは扱いにくい。フレーレはいい子だが、ちょっと気が荒い。クロスプは……ちょっと鈍い」

スカッフを水面へ誘導する今日の作業は難しいものではなかった。奇妙な話だが、ランダーは身動きできなかったわけでさえなかった。重りを捨て、なぜか海底の上方で静止していたのだ（バラストがなくなれば自動的に浮上してくるはずなのだが）。それとも、海底の景色が気に入ったのだろうか。

黒と金色のサンゴでできた息をのむような壁や妊娠中のイタチザメを見た、とマクドナルドは話していた。

みんなが甲板で話し合い、スカッフの状況に首をひねり、どんな調整が可能か議論している声に耳を傾けながら、私は自分が緊張していることに気がついた。いよいよ現実になろうとしている。明日のいまごろは水深五・六キロメートルの深海、活火山の上にいるかもしれない――状況が味方してくれたら、だが。さっき見たイルカに、日の出のとき海面に弧を描いた虹とマクドナルドが見たサメを足して、これは三つ組みの吉兆だと自分に言い聞かせた。

プレッシャー・ドロップ号は南に針路を変え、カマエフへの十三時間の航海を開始した。船内の雰囲気から察するに、この航海を心待ちにしていたのは私だけのようだ。マッカラムは酔い止めをトレイに並べ、船が島の風上側へ回ったとき、「こっぴどい目に遭うぞ。風の予報は二〇ノットから二五ノットだ」と警告した。ドライ・ラボではマギー、ロンバルド、トライトンの技術者シェーン・アイグラーがあきらめ顔でテーブルを囲んでいた。

ベスコボは荒波にもめげた様子がなかった。彼が安全説明をすると言うので、いっしょにリミッティング・ファクター号に乗り込んだ。私は格納庫の上にしゃがみ、ハッチに足を入れて、梯子に足をかけ、ハッチのトンネルに体を押し込めて少しずつ球体内へ下りていった。中は狭いが不快なほどではなく、小さくてもあり得ないほどではなかった。ロケット船の中みたいで、表面の隅々まで何らかの計測器が設置され、デザート皿くらいの大きさののぞき窓が三つあった。工学技術の精緻の中に腰かけているのは間違いない。

私は体を包み込む感じの助手席に座った。「では、潜水艇内でどういうまずい事態が起こり得るか説明しよう」とベスコボが始めた。「大きな三つは、もつれ、火災、暴走する酸素だ」

「暴走する酸素というのは？」

ベスコボがうなずく。「これから説明する。アポロ一号の息の根を止めた要因だ」（彼が言う悲劇は一九六七年一月、月着陸船内で発生したフラッシュ火災のことで、可燃性マジックテープで密閉されたカプセル内で酸素が発火し、発射予行演習中だったガス・グリソム、エド・ホワイト、ロジャー・チャフィーの宇宙飛行士三名が犠牲になった。彼らはナイロン製宇宙服を着用していた。これは素材選択上の重大な誤りで、私たちが着用するノーメックスのような、より丈夫な防火服が採用されるきっかけとなった）

「では、もつれから」ベスコボが話を続けた。「これは対策のしようがない」さいわい、潜水艇にはフーディーニ（脱出王の異名を取った奇術師）のように脱出を果たせる設計がほどこされていた。スラスタやバッテリー、マニピュレーターなど、突き出ている部分のどれかが引っかかった場合、ボルトを燃やしてそれらを排出し、（うまくいけば）船体を自由にできる。「君の仕事はパニックに陥らないことだ」

それは約束できた。深海でパニックに陥ることはない。恐怖に免疫があるからではなく、むしろその逆なのだが、私の人生で今回の潜水以上にやりたいと思ったことはなかったからだ。万が一、これが私の最後の仕事になろうと運命を受け入れるつもりでいた。ベスコボも同じ気持ちだと知っていた。「こういう話はあまりしないんだが、潜水艇が致命的な故障を起こして自分が一秒足らずでプラズマと化しても、それはそれで仕方がない」と彼はトンガで言っていた。「何十年か山登りをしてきたときも、そうなったら仕方がないと思っていた。最悪の事態が起こった場合はどうしようもない。やりたいことをやっているんだから、運命を受け入れるしかない」こういう言い方は無神経に思われるかもしれないが、それは無謀な人間が言った場合だ。ベスコボは危険に取り憑《つ》かれた人間ではなく、危険を分析する人間だった。私は彼と乗組員と潜水艇、今回の試みのあらゆる部分を信頼していた。深海は極端な環境ゆえ、リミッティング・ファクター号は過剰なくらいの安全設計をほどこされている。

「よし」ベスコボが言った。「次は煙、もしくは火災」彼はレギュレーターの付いた円筒形容器を私に渡した。空気の補助が必要になった場合、座席の後ろに収納されている、より強力な呼吸装置を組み立てるあいだ、このスキューバ・キットを使用する。「差し迫った緊急事態、つまり球体内で火災が起きた場合は、私がハロン混合ガスを噴射して消火する」と彼は説明した。「そのあと火災につながる酸素を遮断する。リチウムが使われているものは火災用の袋に入れている。ここに引火しやすいものはないはずだ。いいか？」

「わかりました」と私は言い、話は先へ進んだ。「次は暴走する酸素だ。これがいちばん怖い」彼は大砲のように頭上に並んでいる酸素ボンベを指さした。「これらの容器は非常に高い圧力下にあり、ＮＡＳＡで試験を受けたきわめて信頼性の高い装置に入っている」と彼は前置きした。「しかし、その可能性がどれほど低くても、何かが漏れ始める可能性はゼロではないし、何をしてもその漏れは止められない」

「酸素の洪水に見舞われる、ということですか？」

ベスコボはうなずいた。「酸素自体は問題ない。医療用酸素だから。しかし、酸素濃度が一定レベルに達すると、発火する可能性はある。ここは電子機器のかたまりだし」彼は手を振って、私たちの前方、後方の、球体に並ぶ計器パネルを示した。「酸素漏れが止まらない場合、すべてをシャットダウンする。電話の電源、あらゆるものの電源を切る。地上と話すことはできなくなる。暗い中を浮上する。酸素濃度は上がり続ける。でも私たちは大丈夫、純粋な酸素を吸うだけだから」彼は陰気な含み笑いを漏らした。「問題は、爆弾の中に座っているような状況にあることだ」

私はこの話を消化し、そのあと頭から追い出した。それが起こる可能性はゼロに近くても、彼の言うとおりだ。おっかない。

「それを除けば、このミッション中、君の仕事は可能なかぎり観察することだ」と、ベスコボは明るい口調で言い添えた。「大事なのは、私が高速で何かにぶつからないこと。基本的にはそれだけだ。何か質問は？」


真夜中過ぎに島の南端を回り込むと、予想どおり海がけんか腰になってきた。寝台の上でうねるような揺れを感じ、これは無理か、と思った。しかし、私たちは進水地点まで突っ走り、午前四時ごろ、ランダーが舷側からクレーンで吊り出される音が聞こえた。潜水作業開始だ。

日の出を迎えるころ、私は長い下着と防火服を着て甲板上にいた。進水準備は進んでいたが、あまりうれしそうな人はいなかった。ロンバルドは手すりに立って腕組みをし、頬髭《ほおひげ》の顔に険しい表情を浮かべていた。いつも笑顔のアイグラーが笑っていない。マギーは口を真一文字に結び、奥歯を噛みしめているように見えた。三人は水平線から迫ってくる波と、風を受けてパタパタ音をたてている船旗を見つめていた。

「僕らは海を手なずけようとしているんだ」アイグラーが私にそう言って、にっと歯を見せた。「いま海は荒れている」とマギーは言い、首を横に振った。「あの潜水艇を持ち上げたとたん大きな波が来て、船が大きく揺れたら、たちまちAフレームの側面に激突する」彼はそっけない感じで肩をすくめた。「でも、ビクターが海に沈めろと言うなら沈めるよ」

私は気疲れし、動き続ける必要を感じてドライ・ラボへ向かった。ケッターとベスコボが海底地図に丹念に目を通して、別の潜水スポットを検討していたが、ここはどこも同じ風にさらされている。マクドナルドとマッカラムがそばに立って、ノートパソコンで状況を評価し、予報を確かめていた。「北うねりと南うねり、東からの貿易風が吹いています」と、マクドナルドが要約した。

「問題はうねりの高さじゃない」とマッカラムがコメントした。「大事なのは波の周期だ」（私はすでにチェックを済ませていた。波周期九秒で波高三メートル。すさまじい）

決断を迫られていたが、私が下す決断ではないし、ベスコボが決断を下しているあいだ、潜水艇に乗り込みたいという熱望を彼の背後から電子レンジのマイクロ波のように放射させていたくはない。ドライ・ラボを出て自分の部屋に入り、中を歩きまわった。ここで潜らなければ、こんなに深く潜るチャンスをいつ得られるかわからない。二度と得られない可能性もある。ベスコボはこの潜水艇の売却を積極的に進めようとしているし、いつそうなってもおかしくない。新型コロナはまだ猛威を振るっていた。日程を含めてあらゆることの先が見えなかった。

私は三十分ほど時間をおいて戻ってきた。マッカラムのオフィスの外にベスコボが立っていて、彼の表情から潜れないのだとわかった。「延期することになった」彼は私の肩に手を置いて言った。「すまない、スーザン」彼とマッカラムは私のために別の枠（たぶん、シレナ海淵の枠）を見つけようとしてくれていたが、もちろんそれは、不安と待機がまた何カ月か続いたあとまたグアムへ向かうということだ。私はベスコボに「かならず行く」と言い、自分は大丈夫と請け合った。実際、大丈夫だった――まあ、どうにか。アドレナリンが吹き飛んで、魂を車に轢《ひ》かれたような気分だったが、こうすべきだったと頭の中ではわかっていた。中止は賢明な判断だった。

送り込まれたランダー二台が船底から呼び戻され、彼らが船上に戻ったら、私たちは一〇〇キロメートルほど北、つまりもっと状況がおだやかなマウナケアへ向けて出発する。何枚も重ね着した可燃性の服を脱ぐ前にミッション・デッキに立ち寄ってみんなにお礼を言ったとき、風がいっそう強くなって波しぶきが立っていることに気がついた。ロンバルドは格納庫の外で煙草を吸いながら気の毒そうに私を見た。「海はときに無慈悲な女王になる」

一人になる必要があったが、船室でふてくされていたくなかったので、着替えてスカイ・バーへ行った。誰もいない。キャプテンズチェアに腰かけ、手すりに足をかけ、果てしなく広がる太平洋をぼんやりと見つめた。船はメトロノームのようなリズムで上下し、アラスカから四八〇〇キロメートル続くうねりに揺れていた。今日の海はいっそうくすんだ顔をしていた。あざがついたような雲が形作る低い天井から、銀色の太陽が弱々しく顔をのぞかせている。誰かがティの葉で編んだレイを手すりにかけていた。ハワイの航海士のお守りだ。

一時間が過ぎた。二時間だったかもしれない。どっちでもいい。階段に足音が聞こえ、振り向くとベスコボがいた。彼は歩いてきて、私の隣の椅子に腰かけた。「クロスプは戻ってきたんだが、フレーレが上がってこない」と彼は報告した。フレーレは私たちの目印になるランダーだった。今回の潜水の最深部、ピナクル群の南に配置されていた。「えっ、それって?」その意味に気がついて私は言った。

「そう」ベスコボが答えた。「君と私で明日潜る」

「すべてチェック、クリア。計器類問題なし。生命維持装置作動」

マギーの声が無線から響く。「右へ推進」

「右へ推進。了解」

マギーの声がいつもより緊張している。「推力全停止」潜水艇は波間で揺れ動いていて、波が母船のほうへ押し戻そうとする。ベスコボは計器に集中していた。私は嘔吐しないことに神経を集中した。マクドナルドともう一人のスイマー（身長二〇〇センチを超えるスウェイン・マレイというオーストラリア人）がロープを外そうと奮闘していた。海は昨日の潜水を中止させたのと同じ条件だった。

わがままなランダーのおかげで、私たちの次の目的地は水深五〇〇〇メートルにあった。「以前もこんな状況になったことがある」マッカラムが昨夜、潜水前の激励トークでみんなに言っていた。「トンガのときもそうだった。タイタニック号のときも。チャレンジャー海淵の決行日もこんな感じだった。誰にも英雄的な行為は求めない。粛々と仕事に取り組むことが大切だ」

私ののぞき窓の外で何かが羽ばたき始めた。「あれは何?」とベスコボに尋ねた。

「おっと、深度計だ」と彼は答え、無線で連絡した。「マニピュレーターの横のRBRセンサーが外れている。スイマーに言って、固定してくれないか?」ゴーグルを装着したマクドナルドがすぐやってきてケーブルと格闘した。「あれは本当に危険な作業なんだ、彼のやっていることは」とベスコボは指摘した。じつはこのときスウェインは退場を余儀なくされていた。腰を痛めたのだが、私たちはそれを知らなかった。水面上にいるときの潜水艇は重量一一トンのあばれ馬だ。

ラーヒィがシートベルトを設置する必要を感じた理由がよくわかった。

マッカラムがゾディアックから無線で連絡してきた。「よし、L・Fクリア。ポンプ注入、許可」

「了解。ケーブル固定。ポンプ注入します」とベスコボが応答する。

マギーが潜水艇の出発を承認した。「了解、ビクター。いい潜水を」

「ありがとう、諸君」とベスコボが締めくくり、いくつかスイッチを入れた。無線による交信はここでおしまいだ。このあとは音響モデムによる通信となり、十五分ごとに管制室と連絡を取る。大きな音とともに潜水艇のバラストタンクが海水で満たされた。その重みに引っ張られるように、私たちは波の下に沈んでいく。「出発」とベスコボが告げた。「あの美しい青を見てくれ。さあ、すぐに暗くなってくるからな」

私たちは一秒に一メートルの割合でトワイライトゾーンを急降下していった。私ののぞき窓の前を生き物がビュッと通り過ぎ、回転草のように転がっていった。「のたくった曲線、塵《ちり》、炎」と私はノートに殴り書きしていった。見た生き物にいちばん近い形容を。これから二時間半、私たちは自由落下を続けていく。底に近づくにつれて水圧で降下速度が遅くなる。

私はシートベルトを外して体を楽にした。中深層で火花が散った。ベスコボは潜水艇が送ってくるデータを記録していた。定期的に顔を上げて計器をチェックし、ときおり手を伸ばしてタッチスクリーンに触れる。「パチパチいう雑音は気にするな」彼は私に助言をくれた。「水圧を受けたグラスファイバーがたてる音だ」私はうなずいたが、その音にも気づいていなかった。なんて素晴らしいの、と胸の中でつぶやいていた。私を至福のときから揺り起こすには、もっと大きな音が必要だった。

「L・Fより水上へ、深度二二二九メートル、機首方位一八〇度、生命維持装置良好」ベスコボが漸進層《ミッドナイトゾーン》から伝達し、通信が弱かったため叫んでいた。「もしもーし？　水上、聞こえますか？」彼は制御パネルにかがみ込み、ランダーにピンを打って反応を待った。「しっかりしろ、フレーレ、どこにいるんだ？」フレーレは無言のまま、何の反応も返してこない。

潜水艇の外からうめき声のようなかん高い音が聞こえた。「いまのはクジラ？」

「スラスタの音だ」

私は水深計を確認して宣言した。「正式に深海層へ突入」

「そのとおり！」とベスコボが返した。「水深三〇〇〇メートル。水圧は一平方センチあたり〇・三トン」

私はのぞき窓に顔を押し当て、球体から伝わってくる冷たさがかすかに感じられた。深海が私を見返してくる。静かで、平和に満ちている。ベスコボは深海に潜る感覚を「抱擁を受けているようだ」と表現したが、その意味がわかった。潜水艇の外には実体と重みを持つ脈動があり、深く潜るほどそれが顕著になってきた。とても大きく静かなものの長い鼓動だ。ビロードのような暗闇の中から何かが実体化してくるような明暗法的質感に感銘を受けた。何であれ、人の予想の範囲にはないものだ。

「水深三五五〇メートル」とベスコボが言った。「三分の二まで来た」

降下中、カシオペアのようにきらめくS字形のクダクラゲのそばを通り過ぎた。「チャレンジャー海淵では、ランダーが二重螺旋《らせん》状のものを捕まえた」とベスコボは語った。「興奮したよ」人の心を圧倒するのがクダクラゲの十八番《おはこ》だ。科学者たちは西オーストラリア州沖で行われた調査クルーズ中に、クローン細胞を連ねて螺旋を描いている光り輝く四五メートルの生き物に遭遇した。異次元への入口かと見まがうような光景だった。

モデムから掃除用ワイパーのような音がした。「もういちど言ってくれないか？」ベスコボが返す。「もっと大きな声で、もういちど言ってくれ。はっきり聞こえるように。了解。水深三八八二メートル、機首方位一〇五度、生命維持装置良好」彼は私に向き直った。「彼らの声は聞こえるんだが、マーーワーーみたいに聞こえるんだ。声がひとまとまりになったような感じで」

かなり大きな魚が一匹、藍色と金色の光を放って飛ぶように通り過ぎていった。そのあとに、恐怖のかつら《フライト・ウィッグ》〔アンディ・ウォーホルのセルフポートレート作品〕をかぶったドーナツのような見た目のクラゲが続いた。前かがみでノートに数字を書き留めていたベスコボがぱっと上体を起こし、ヘッドセットに触れた。「フレーーレだ！　あいつがついにしゃべった！　ついにしゃべったぞ！　一二〇〇メートル離れたところにいる。フレーーレ！　見つけられる確率がぐんと上がった」

二時間がまるで十分のように過ぎ去った。潜水艇内の時間は水銀のようにつかみどころがない。水深四〇〇〇メートルで私はカマエフに向けて、録音したハワイの詠唱を流した。叫びやドラムの音を用いた美しく激しい調べで、脳の根源的な部分に穴を開けられる心地がした。

「ワーオ」とベスコボが言った。

「ええ、力強いでしょう。でも、この火山たちも同じ」

私たちは降下を続けた。球体内がおそろしく寒くなってきて、息が壁に結露した。私はお菓子をひとつ口に放り込んだ。マクドナルドから糖分を摂り続けて体温を保つよう勧められていた。私はトリエステ号でドン・ウォルシュが昼食代わりに食べたハーシーのチョコレートバーに敬意を表し、潜水中はチョコレート以外口にしないと決めていた。

「あと三〇〇メートル」とベスコボが宣言した。「さあ、私は海底を航行できるよう中性浮力の準備を始める。重りを十個くらい捨てる必要があると思う」潜水艇の腹部から鉄の棒が放出されるチャチャンという音がし、降下速度が目に見えて遅くなった。「スラスタ作動準備。両浮量調整装置《VBT》、作動可能。よし、高度計の数値は安定している」とベスコボは言い、彼のチェックリストを急いで調べた。「ソナー電源オン」

私ののぞき窓の外で闇がかすかに減衰し、私たちのビームが真っ黒ではない地形を反射していた。「海底だ」ベスコボが指摘した。「もう見える、四メートル先だ」

私が身を乗り出して見つめるうちに、光線の反射がはっきり焦点を結んできた。淡い金色のでこぼこした砂原に白いイソギンチャクと黒曜石が点在し、オレンジ色の飛沫が散っていた。その超自然的な色は同時に、大地の夢のような色合いでもあった。私たちの光線に照らされた水面は水晶のような翡翠《ひすい》色に輝いていた。潜水艇は堆積物をひと吹きさせて静かに着地した。降り立ったのはピナクル群の南の平地だった。

「海底へようこそ」とベスコボが告げた。「水深五〇一七メートルだ」

「すごい」と私はささやいた。これが深海だ。なんてこと、たちまち魅了された。すべてが物憂げな美しさ、尋常でないおだやかさ、羊膜の中を思わせる静けさにきらめいていた。しかし同時に、包み込んでくるような重厚なオーラもあった。深海は文字どおり深遠だった。深さそのものがその魅惑を深めていた。そこへ溶け込んで身をゆだねるかのような感覚だ。ふるさとに帰ってようやく休息を取れるかのような。「この現世で、とてつもなく興味を惹かれる瞬間や場所に遭遇したときは、そのすべてが終わったときに初めてその意味がわかることもある」と、ウィリアム・ビービが深海の潜水について語っている。しかし彼はすぐにこう付け加えた。「今回は逆だった」私はいまいる場所の現実に浸り、その記憶と感情の重みをいつでも呼び起こせるよう細胞に染み込ませた。

ベスコボが私の夢想に割って入ってきた。「では、ここから仕事にかかる」彼は身ぶりでソナーを示し、それは車のワイパーのように黒いスクリーンを掃いていた。岩やランダーのような硬い物体は赤色で表示され、主要な地形は黄色のハイライトで示される。私たちの一〇〇メートルほど前方で、ソナーの画面いっぱいに赤色と黄色が炸裂した。

「いったい何だ、あれは?」とベスコボが言った。

「UFOかも」

「だといいな。UFOならここまで来た甲斐がある」

「いや、あれは溶岩みたい。大量の溶岩じゃないかしら」

「まあ、すぐわかる。あそこへ向かおう」

私たちは出発し、海底を滑空していった。海底には何かの跡が交差し、巣穴らしき跡が散らばっていた。堆積物の中まで迷宮が続いている。頭でっかちの魚があわただしげに通り過ぎ、そのあとを蜘蛛《くも》のような白い生き物が追っていた。「この方向で合っているのかしら?」と私は言った。

ベスコボがため息をついた。「わからない。いまは推測の域を出ない。距離が縮まってきたらわかる。目標までの距離は嘘をつかない」彼はランダーから返ってくるピンに耳を澄ました。「おお、フレーレだ。くそっ。距離が広がっている」

私は下を見た。いたるところに動物がいた。矢のように飛んでいくものもいれば、ふわふわ漂っているもの、脈を打つように動いているものもいる。紫がかった半透明の小さな牛といった風情で堆積物を食《は》んでいるナマコがいた。バイクでいうウィリーのような動きをしているエビ。歓迎するかのように光を点滅させているクラゲ。岩を網の目のように覆っているネオンオレンジ色の微生物マットがカマエフの特徴だ。

「機首方向一八〇度で試してみよう」ベスコボが独り言のようにつぶやいた。「うん、近づいている！　でもそれほどじゃない。一六五度で試してみるか」

「ねえ、下に何か奇妙なものがいる」と、私は指摘した。「羽ばたいている！　それに、大きい」

ベスコボは私の言葉に取り合わない。「くっそう、わけがわからん。何をしても遠ざかってしまう」彼はいらだって顔をしかめたが、次の瞬間活気づいた。「よし、四七五メートルだ！　近づいてきている。これでおおよそ見当がついた。フレーレまで十五分」

「素晴らしい！」ランダーの救出を手早く処理して先へ進みたいと私は願っていた。「十五分。そんなに長くない」

「まあ、たぶんだが」

海底にギザギザが増えてきて、うねるように起伏する堆積物の丘をナイフの刃のように鋭利な玄武岩のかけらが突き破っていた。「チャレンジャー海淵もこんな感じだ」とベスコボが言った。「うねっている。大事なことを言っておくと、何かにぶつかりそうだったら教えてくれ」

「前方に暗いもの」と私は言い、その輪郭に目を凝らした。とつぜん光が弱くなり、影が濃くなった。

「うわっ！」とベスコボが叫び、ソナー上の黄色い輝点を指し示した。「見ろ、こいつを！　こんなのは初めてだ。一度も見たことがない。いったい何だ？」

「ええと、大きな黒い領域がある」と私は言った。「山の背なのか……」

「あれは巨大な岩だ」とベスコボは訂正し、目を細めて自分ののぞき窓の外を見た。「うーん。フレーレのやつ、まずいところに入ったな」

「いま、生物発光めいたものがパッと光った」と私は言った。「信じられないくらい明るかった」

「点滅しているか？」

のぞき窓に目を凝らす。「ええ、ストロボ光よ！　左一〇度」

暗闇の中にフレーレが浮かび上がった。黒い溶岩の戦場に置かれた白い箱といった風情で。周囲に短剣のようなギザギザの黒い岩が突き出ている。ランダーは斜めに傾いていた。上昇しようとしたが浮力が働くほどの勢いを得られなかったらしい。「重りは捨てたようだ」ベスコボが指摘した。「浮いている。やつの周りをピルエットしてみよう。ああ、くそっ！　推力を使いすぎた。沈泥をかき混ぜてしまった」

のぞき窓の外で水がとつぜん、炎のようにうねるオレンジ色に変わった。「あれは沈泥じゃない」と私は言った。「バクテリアよ」潜水艇の周囲に大小の塊や糸状のものが、生きている燃えさしのように渦を巻いていた。息をのむような光景で、木星の雲の中をサーフィンしている心地がした。しかし、この渦中で私たちは方向転換を余儀なくされ、フレーレを見失った。

「くそっ」と、ベスコボが悪態をついた。

「待って。すぐ前に彼が」と私は指さした。「目と鼻の先よ」

「マニピュレーターアームを台座から外せ」ベスコボが私に指示した。「外せるか？――」ドスンと音がして潜水艇が横へ揺れた。何も見えない。のぞき窓はキャンプファイアのオレンジ色に覆われていた。

ベスコボが驚きの表情を浮かべた。「あ！　あそこにいる！　あいつ、上へ向かった」

「ええっ？」

「やつにぶつかってみたのさ」ベスコボはそう言って笑った。「みんなには内緒だぞ」彼はランダーとの距離を確かめた。「うん、浮上している。よし！　さあ探検に出よう」

私たちは「ペレの館」に入っていた。不法侵入をしているような感覚、巨大な女主人が眠っているうちにその隠れ処《が》へこっそり忍び込んでいるような気分だった。「全部が枕状溶岩なのね」と私は言い、周囲を取り囲んでいるねじれた地層や歪《ゆが》んだ地層に目をみはった。巨大な歯磨きチューブから溶岩が練り出され、それを上から巨大な溶岩ランプが照らしているかのようだ。巨大な獣の腸といった趣で、溶岩が曲がりくねったり輪になったりS字を描いたりしていた。巨大なロウソクの蠟《ろう》のように溶岩が滴り落ちている。これはピナクルのひとつにちがいない。

「かなりの急坂よ」と私は助言した。「前方に壁が……あ、だめ！　止めて！　止まって！」時すでに遅し。潜水艇は壁にぶつかって前のめりになり、その瞬間、頭上から五〇〇気圧の重さがのしかかっていることを痛感した。

「すまん」ベスコボが言った。「これじゃ乗客の不安をあおってしまうな」

丘のてっぺんで地形がつかのま平らになった。溶岩の中には、日焼けをしたかのようにひび割れたりふくれ上がったりしているものもあった。怒りにまかせて引き裂かれた感じの場所もあれば、オレンジ色のペンキを塗りたくられたような場所もあった。枕状溶岩の山は黄土色の堆積物に覆われ、ポンペイの灰に覆われた死体の山を想起させた。数々の頭、伸ばした腕、絡まった脚、胎児のように丸まった背中。私たちは台地をゆっくり横切り、ピナクルの側面をなぞるように飛行した。糸状の体を持つ幽霊のような生き物が水中に静止し、通り過ぎる私たちをじっと見ていた。私たちはチタン製の球体内で金属的な冷たさを感じ、金属的な空気を呼吸していた。

ウィリアム・ビービは深海で「感覚が混じり合う」心地がしたと書き、自分の潜水を、時間とともにどんどん幻想的になっていく鏡の中を真っ逆さまに転落していく感じ、と喩《たと》えている。「上の世界とますます完全に切り離され、新たな不思議へ突入し、予測不可能な光景がたえず展開し、やがて私たちの語彙《ごい》が尽きてきて、薬物を摂取したみたいに頭がボーっとしてくる」どんな薬物であれ、それは私が渇望してきたものだ。ずっとこれを願い求めていた。私は畏敬の念に浸り、畏敬の経験は真実を静脈注射されたような感覚だった。地上の人生は回転しながらばらばらに離れて、ピクセルへと分裂し、日に日に塵となって散っていくような気がする。しかし、ここにはどっしりとした永遠性があった。想像を絶する大きな現実が。

「人は深淵に本質的な恐怖を抱いている」ベスコボは自分ののぞき窓に釘づけになったまま、思いにふけるように言った。「しかし、それは大きな間違いだ。深くて、暗くて、自動的に死刑を宣告されるような場所ではない」

「美しい」一匹の有櫛動物がきらめきながら通り過ぎたとき、私は魅入られたようにつぶやいた。一千年生きてもこれを見られず、自分が何を知らずにきたのかわからないまま終わることだってある。この大自然の野性があなたの精神のパイロットランプを燃え上がらせていることを知らずに終わるかもしれない。私たちはいつも現状に飽き足らず、もっと欲しいと考えるが、深いところへ下りていくのは引き算のプロセスだ。空気と光と天候と地平線が引かれる。エゴが引かれる。覇権や支配といった人間の幻想が引かれる。それらが消えてなくなったとき、ほかのものを足すことができる。真の謙虚さや、新しい美の展望、知覚の変化、見慣れない図式を含めた命の表現の形（心臓が三つの生き物もいるのに、なぜ私たちはひとつなのか？　血が青いわけないなんて誰が言った？）。深淵では、あなたは謎を垣間見るのでなく、謎に入り込み、あなたの意識が唯一の定点となる。時間を差し引いたとき、残るのは存在だけ。深淵は方向感覚を失い、自分自身を見つける場所なのだ。

エピローグ

深い未来

海は私の聖地……人生の冬にあってなお、
私はそこへ行く。神聖なものに有効期限はないからだ。
——ドン・ウォルシュ大尉（米海軍深海潜水最高パイロット）

二〇二二年四月二十三日
ニューヨーク市マンハッタン――〈グラスハウス〉

マダガスカルゴキブリは木串に刺してカリカリに焼かれていた。コスタリカの洞窟ゴキブリやアルゼンチンモリゴキブリより大きく、光沢があり、長い触角と恐ろしい角《つの》を備えている。多種多様なゴキブリを試食できるセミフォーマルな場をあなたがお望みなら、ここが唯一の選択肢だ。〈エクスプローラーズ・クラブ〉の第百十八回年次晩餐会。考古学者、人類学者、地質学者、野外生物学者、極地探検家、海洋科学者、持久力アスリート、宇宙旅行者、野生生物写真家、海洋保護活動家、エクストリームクライマー、単独ヨット乗り、などなど。これはそんな人たち、世界の冒険家が集まるパーティだった。

新型コロナウイルスの流行で過去二年は恒例の晩餐会が中止の憂き目に遭ったため、この夜は再会と祝賀両方の場であり、会場は会員とゲストであふれ返っていた。ドレスコードはワイルドな夜会服。ティアラやレイ、部族のビーズ付きヘッドバンドを着けた女性たちがいた。登山服や宇宙服、虎の爪のネックレスやヒマラヤのローブを着用した男性たちがいた。来場者はゴキブリだけでなくチャイロコメノゴミムシダマシ〔鳥類や爬虫類の生き餌《え》として使われる〕やアジアンカープ〔アジア原産のコイ科魚の総称〕も口にし、それを高級なカベルネワインやシングルモルトのスコッチウイスキーで流し込んでいる。壁一面の窓からマンハッタンのダウンタウンのスカイラインがきらめいていた。

パトリック・ラーヒィ、アラン・ジェイミソンはともにタキシード姿で、私は二人といっしょに「前菜」テーブルの前に立っていた。〈注意！　これらの食べ物は個人の裁量においてリスクを承知のうえでお召し上がりください〉との注意書きが付いていた。私はクラッカーに載せたイグアナの肉を食べて後悔したばかりだった。生臭い金属的な味がまだ喉《のど》に残っていた。「水銀のせいじゃないか」と、ジェイミソンが指摘した。たとえ天ぷらで揚げたものでも、大きな昆虫を食べるつもりはなかったが、ジェイミソンとラーヒィは考えているようだ。ここには同調圧力が働いていた。虫の一匹や二匹食べないようじゃ探検家とは言えないだろう、という無言の圧力が。

「どうしようかな……」とラーヒィは言い、やれやれと首を振った。

「このゴキブリたち、どうして輸入したの？」と私は疑問を口にした。「ニューヨークのここにだって嫌というほどいるのに」

私たちがその話をしているあいだにジェイミソンがレゴブロックくらい大きなマダガスカルゴキブリを口に入れ、猛然と噛み砕いて、一瞬うっと吐き気をもよおし、そのあとナプキンで口をぬぐった。

「どんな味だ？」とラーヒィが尋ねた。

ジェイミソンは顔をしかめた。「ゴキブリみたいな味だ」

プレッシャー・ドロップ号のウェット・ラボで、ジェイミソンがピンセットを使って端脚類をばらばらにしているところを何度も見たのを思い出してか、ラーヒィがこう指摘した。「こいつらが何を食べるか、君は知ってるだろうに」

振り返ると、同じくタキシード姿のケルビン・マギーとティム・マクドナルドがいた。マギーはバルセロナ、マクドナルドはパースから空路駆けつけていた。彼らの後ろでビクター・ベスコボが彼を支持する人たちの一団に語りかけていた。ベスコボは今夜、〈エクスプローラーズ・クラブ〉勲章を授与される予定だった。探検分野への〝並外れた貢献〟に贈られる、このクラブ最高の栄誉だ。過去の受賞者には深海探査の先達シルビア・アール、ジェームズ・キャメロン、そしてもちろん、ドン・ウォルシュがいた。

ウォルシュその人もこの場にいるはずだったが、彼は〈シーワールド〉のイベントに出席中、足をすべらせて腰骨を折り、入院の憂き目に遭っていた。「この世に皮肉は健在らしい」私が電話をかけたとき、彼は自嘲気味に言った。「四日間の出張でサンディエゴに行ったら一カ月入院するはめになった。私は部屋に閉じ込められて壁を見つめるのに慣れていないんだ」ウォルシュはパンデミック中に九十歳を迎えたという。「この歳だし、こんなことをしている暇はない。やりたいことがどっさりあるんだ」快方に向かっているいま、ウォルシュの今後の計画には中国とスペインへの旅や、フォートローダーデール〔フロリダ州〕国際ボートショーへの旅が盛り込まれていた。ホーン岬〔高波と荒天が多いチリ南端部の難所〕を乗り切る航海までも。

ベスコボに勲章が授与されるところをウォルシュが見たがっていたこと、ベスコボの〈ファイブ・ディープス〉とそれがその後にもたらした影響を、人類と深海との関係が迎えた一大転換点とウォルシュが見ていることも、私は知っていた。初めて言葉を交わしたときからウォルシュはベスコボを〝英雄的潜水《ヒーロー・ダイブ》〟から遠ざけて、より永続的な貢献へ向かわせようとしてきた。「彼には遠慮なく言った」とウォルシュは回想している。「『いいか、君は水深何千メートルもの海底でビニール袋を見つけた。いかにも夜十一時のニュース向きの話だ。しかし、三十年後にはみんな忘れているだろう。メディアというのはそういうもので、その手のネタをただ貪《むさぼ》り食うだけだから。でも、君がいま結集している科学を総動員すれば、そして君が地図化《マッピング》した海底は驚異的な量だから、それが君の遺産になる。チャレンジャー号探検隊をはじめとする偉大な探検者の一人として歴史に名を残すだろう』と私は言ったんだ。そして、彼はその道を選んだ。私たちのコミュニティに彼が入ってくれたことが、うれしくて仕方がない。彼はいま、その道を邁進している」

それはむしろ控えめな表現だった。〈ファイブ・ディープス〉以来、ベスコボは自分でも追いきれないくらい多くの〝初〟を積み重ねてきた。現時点で彼は超深海帯の十七の海溝に潜っている。チャレンジャー海淵《かいえん》には十五回潜り、合計三十六時間を費やしてその隅々までを調査し、科学者と、さらにはお金を払ってくれる顧客も引き連れていった（世界の最深部へ行ったと自慢するための費用は七五万ドルで、これは船の運用と科学プログラムの継続に使われる）。「マリアナ海溝の海底に下りた人より月へ行った人のほうが多いというのがマスコミの古い常識だった」と、ベスコボは指摘した。「しかし、もはやそうではない」

数字がそれを物語っている。深海三一〇万平方キロメートルの海底が高解像度でマッピングされた。何百ものランダーが配置された。何十万もの生物サンプルが採取された。何十もの新種が発見された。プレッシャー・ドロップ号とその潜水艇やソナーやランダーからデータを受け取ったジェイミソン、ヘザー・スチュアートら海洋研究者が著した科学出版物が川の流れのように着々と世に出てきている。（現時点で）世界最深の沈没船二隻が水深六四五六メートルと六八九五メートルで発見された。

こうした成果が宇宙で起きていたら速報されただろうが、速報されたものはひとつもなかった（「NASAとスペースXが宇宙ステーションへ別の乗組員を送る準備をしているあいだに、エンジニアたちは宇宙船トイレの漏れを修理している」と、ワシントン・ポスト紙は最近の見出しで大々的に報じた）。深海はまだほとんど人の視界に入っておらず、意識されてもいなかった。しかし、素晴らしい発見があるたび、より多くの人々が好奇心をそそられ、怪物が跋扈《ばっこ》する地獄絵図といった古くさい認識は減ってきた。私たちとは何の関係もない不毛の荒れ地、という受け止め方も同様だ。ひとつ潜水が行われ、科学論文が書かれ、目撃証言が伝えられ、映像が披露されるたび、そしてひとつ発見が重ねられるたび、深海の謎めいた知られざる姿は恐れるべきものでなく、生命の本質そのものであることを理解する人が増えてきた。彼らは深海の崇高な美しさと、そこから提供される知識と知恵に気がついたのだ。私が出会った科学者や潜水艇考案者、探検家たちはみな、深海の広報担当者さながらで、星くずを撒《ま》くかのように自分の体験した深海の魅力を語ってくれた。

この日の夕方、晩餐会の会場〈グラスハウス〉へ私を乗せてきたウーバーの運転手は、LED

照明が点滅するドレスを着た女性たち、レダーホーゼン〔ドイツ・バイエルン地方伝統の革製半ズボン〕やサロンをまとった男性たちが歩道を行き交うところを見て、こんな色彩豊かな人たちが集まるのはどういう催しなのかと訊いてきた。〈エクスプローラーズ・クラブ〉だと答えると、彼はさらに知りたがった。「何を探検する人たちですか？」

「海よ」

運転手はなるほどとうなずいた。「海の底に何があるかより宇宙について知っていることのほうが多いなんて、驚きですよね」と彼は言い、そのあとひとつ間を置いた。「ところで、海底には何があるんです？」

この質問に対する答えは無限にある。私たちが海底にあるもののリストをたえず更新しているからだ。しかし、私が学んだように、いまほど深海に興味を持つのに絶好のときはない。科学技術が深海の金庫を開けてくれた。ウッズホール海洋研究所は、ステルス性能を備えて赤い光を放つ「メソボット」のような新世代の高知能自律型ロボットを製造中だった。トワイライトゾーンをこっそり偵察し、水中のＤＮＡ断片をスキャンし、動物を怖がらせずに追跡・捕獲するよう設計されたものだ。それ以外にも、氷の下を四〇キロメートル横断できるハイブリッド遠隔操作車「ネレイド・アンダーアイス」や、超深海帯の海溝の底まで探検可能な自由遊泳ロボットペア「オルフェウス」「エウリディーチェ」もある。

いまでは小さな群知能ロボットや、カタツムリのような形をした軟体ロボット、立体視機能の目とタッチセンサー式の手を持つヒューマノイド型マーボット〔人魚《マーメイド》＋ロボット〕も存在する。近い将来、ドローン艦隊が協力して深海を監視し、情報を共有して、状況に対応し、データを水上へ送信してくるようになるだろう。ジョン・ディレイニーがRCAを創造したときの展望が実現することになる。私たちが深海を保護し、理解し、気候変動の激しい時代を生き抜くため、そこに目や耳、カメラ、スマート機器、DNA分析装置、センサー、ロボットを設置する必要性は高まるばかりだ。この惑星を支配する水生領域を無視するという選択肢はもはやない。

科学技術で深海のベールを透かし見られるようになれば、なかなか見つからないMH370便の残骸を含めた「失われたもの」を見つけるのも容易になるだろう。二〇二二年三月、ロボットたちはアーネスト・シャクルトンが率いた南極探検隊の船エンデュアランス号の撮影に成功した。南極沖の水深三〇〇〇メートルに沈んでいたこの船は不気味なくらい保存状態がよく、イソギンチャクの活気に満ちた庭ができていた。そしてもちろんロボットたちはスペインのガレオン船サンホセ号が眠っている場所を記録した。ロジャー・ドゥーリーの発見から七年後、船はまだ海底に沈んだままだったが、コロンビアの新大統領グスタボ・ペトロはこの状況を変える決意を固めたようで、「ガレオン船を博物館という形でカルタヘナ市に返還する」と公言した。ドゥーリーはペトロに会ったことがある。二人はサンホセ号を正当に評価したいという共通の願望で意気投合した。すべてが計画どおり進めば、コロンビアが船の発掘、保存、展示の費用を負担できるようにする革新的な経済モデルでプロジェクトが進められるだろう。「これで眠れるようになる」ドゥーリーは慎重ながら楽観的な口調で私に言った。「この四年間、ほとんど眠らずに過ごしてきたからね」

　このロボットの時代、民間資金のおかげで有人深海探査も増えていて、もはや費用とリスクが高すぎ、時間がかかりすぎるという理由で敬遠されることもなくなった。オーシャンXとその物語づくりの技能、トライトンとその魅力的な潜水艇、ベスコボと彼の野心的な探検。これらが人々の想像力に火を灯《とも》し直したのだ。「奥さんがあなたの子を出産しようとしているところを想像してみてください」ラーヒィはあるインタビュアーを挑発し、違いを明らかにした。「あなたはその部屋にいて実際に立ち会うこともできるし、ビデオカメラマンを雇ってその様子を録画してもらい、あとからテレビで見ることもできる。後々まで影響をもたらすのはどちらでしょう?」

「有人潜水艇は過去の遺物だと言う人が大勢いた」テリー・カービーも同意見だ。「科学の世界はそれが真実でないことを学んだのだと思う。人間の頭脳を海底へ送り込むことに勝るものはない」それに、有索式遠隔無人潜水機（ROV）にとって深海の地形は複雑すぎ、機敏に動くことができない、と彼は付け加えた。狭い峡谷や曲がりくねった峡谷、垂直の張り出し部分がある岩壁、でこぼこした火山地帯、廃棄された漁網や釣り糸の近くといった三次元障害物コースの舵を取れるのは、現場にいるパイロットだけだ。

　しかし悲しいかな、調査潜水艇の数はまだ足りない。アルビン号は一年半のオーバーホールで航続距離を六五〇〇メートルに延ばし、まもなく海へ戻ってくる。この由緒ある潜水艇は六十年近く科学者を深海へ連れていったが、昔の性能のままだった。だから、これは進歩だ。しかし、そのいっぽうでハワイ大学がパイシーズ計画を終了し、無数の研究者を落胆させた。例によって、資金の問題だ。パイシーズ号の母船カ・イミカイ・オ・カナロア号が航海に適した状態を維持するには三〇〇万ドルの投資が必要だった。

当然ながら、カービーくらいこの決定を重く受け止めた人はいなかった。「パイシーズはまだ何十年も科学と探査に貢献できたはずだ」彼は落胆の面持ちで私に言った。「それがもう、倉庫で朽ち果てていこうとしている」私は一時解雇されてからあの深海探査艇を目にしていない」カ・イミカイ・オ・カナロア号が最後にオアフ島を出発し、タグボートに曳《ひ》かれてメキシコの船舶解体場へ向かったとき、カービーはココヘッドのクレーターの頂上に登り、水平線の彼方に消えていく船を見ていた。それから間もなく、彼の気持ちを太平洋が増幅させたかのように、すさまじい暴風が巻き起こり、空っぽになったハワイ海底研究所の格納庫から屋根を吹き飛ばした。

こうした利益と損失が相次ぐ中で、二〇一八年まで全深度旅客潜水艇が一隻もなかったことは忘れられがちだ。二〇二二年には二隻が潜水を繰り返している。二〇二〇年十一月、中国の新しい三人乗り潜水艇「奮闘者」号がリミッティング・ファクター号の一万一〇〇〇メートルクラブに加わり、チャレンジャー海淵デビューを飾った。両号はまったく似たところがない。リミッティング・ファクター号がランボルギーニだとすれば、奮闘者号はウィネベーゴ〔キャンピングカーブランド〕だ。ある写真では中国の水中飛行士三人が、学生寮の部屋と見まがう大きな耐圧殻で温かい食事を取っていた。「親愛なる友たちよ、海の底は言葉に尽くしがたいほど素晴らしい」と、乗組員は音響モデムで放送した。

この言葉の真実は、深海が絶え間ない驚嘆を炸裂させるにつれてどんどん明らかになってきた。二〇二一年、南極のウェッデル海で調査クルーズをしていた科学者たちは浅い深海部に曳航式カメラを送り込み、まったくの偶然ながらコオリウオ科の魚の巣六千万個を発見した。この魚は大きな捕食者で、ヘッドライトのような目、平らな三角形の頭、半透明の青い皮膚を持ち、白い心臓がジンのように透明な不凍血液を送り出す。巣はお椀のような形で、完璧なくらい均一、それぞれの巣に卵を守る雄のコオリウオが一匹ずついる。営巣地は二六〇平方キロメートルに及んでいた。いっぽう北極の近くでは深海研究者が、海底死火山の上に巨大な海綿《かいめん》など無数の動物が生息する広大な庭を発見した。この海域は生命に満ちあふれていた。海綿動物は、この場所が活発な熱水噴出孔を有していた大昔に生きて滅びた動物の化石を食べていた。どちらの生態系もこれまで見られたことがないものだった。

同年、分類学者はウィリアム・ビービがつけそうな名前の深海新種を発表した。「ジュラシック・ピッグノーズ・ブリットル・スター」（以下すべて英名）（ジュラ紀の豚鼻クモヒトデ）」「バルーン・バックパック・アイソポッド（風船体形のリュック型等脚類）」「ヒドゥン・ホーニマン・マイシド・シュリンプ（ホーニマン博物館&庭園に隠れていたアミエビ）」「ヨコヅナ・スリックヘッド（横綱ハゲイワシ、和名ヨコヅナイワシ）」などだ。これらは二〇二〇年の「ETスポンジ（ETカイメン）」「ファイスティ・エルビス・ワーム（喧嘩っ早いエルビス蠕虫《ぜんちゅう》）」そして、最もマスコミ受けしそうな深海生物「エウリセネス・プラスティクス（プラスチック・オキソコエビ）」と呼ばれる端脚類に続いて発表された。

このプラスティクスはアラン・ジェイミソンと彼の博士課程の学生ジョアンナ・ウェストンら

がマリアナ海溝で発見した。この名前は、すべての標本の内臓にプラスチックの超極細繊維《マイクロファイバー》が見つかった事実を反映している。この種にはベースラインがなく、体内にプラスチックを含まないものも見つかっていない。汚染物質と一体化したこの種は、私たちが海をプラスチックで飽和させ、その最深部やその最小の生物にまで行き渡らせた明白な証しでもあった。これだけでも充分悲劇的だが、悲劇はそこにとどまらない。

マイクロプラスチックや合成繊維のみならず、近年、科学者たちは超深海帯の海溝にPCB（工業用毒物）、PBDE（難燃剤）、DDT（殺虫剤）、フタル酸エステル類（可塑化化学物質）などの残留性科学物質、鉛、水銀、医薬品廃棄物、核兵器から放出された放射性炭素など、私たちがこれまで解き放ってきたありとあらゆる有害物質が堆積していることを発見した。海洋の表層から最深層の堆積物、そして海洋の食物連鎖に至るまで、私たちは痕跡を残してきた。

この負担は海洋生物が簡単に担えるものではない。その結果として海洋生物がすぐ死滅することはなかったとしても、免疫システムや、繁殖能力、食物消化能力、つまり寿命や生存確率に影響を受けるのだ。「考えれば考えるほど憂鬱になる」とジェイミソンは言った。深海にはプラスティクスのようなハイブリッドプラスチック生物がまだほかにいると思うかと問うと、彼はこう答えた。「全部がそうだよ」

この微視的な腐敗は目立たないゆえにいっそう悪質で、リミッティング・ファクター号で潜水を行ったベスコボやラーヒィ、ジェイミソン、マクドナルドは、テリー・カービーやバック・テイラーらあらゆる潜水艇パイロットと同じく、人為的環境破壊の明らかな兆候に愕然とした。フイリピン海溝は最悪だった。プラスチックの破片が多すぎて、潜水艇のソナーがほとんど役に立たなかった。探針音《ピン》を返してくる標的はすべて寿命の長い廃品だったからだ。「テディベアも見たよ」と、ベスコボは回想した。「私のお気に入りは、水深一万メートルで潜水艇のそばを漂っていた〝環境に優しい〟と書かれたポリ袋だ」ジェイミソンは私に言った。「正気とは思えなかった。ぞっとしたな」

ジェイミソンの潜水は二十回に近づきつつあるが、この汚染は彼が見てきたさまざまな素晴らしい光景に影を落とすものだった。黄色いウミユリの草原があった（「ふつう見られるウミユリは一体か二体なのに、何千もいた」）。手つかずのマンガンノジュール有地（「どこにあるかは誰にも教えていない」）には、ノジュールそれぞれに精妙な動物がくっついていた（「イソギンチャクを見れば同じものはふたつとなく、どの種の海綿も最後に見たものと異なる」）。そして日本海溝には藍色のクサウオが現れた（「青い。完璧なまでに青いんだ。誰かがクサウオを捕まえてきて青いスプレーをかけたみたいに。あれには年老いたバセットハウンドみたいな長老的雰囲気があった」）。

驚くべき光景だけでなく、ジェイミソンの潜水艇による潜水と配置されたランダーが驚くべき洞察と事実をもたらしてきた。映像が分析され、ＤＮＡサンプルの塩基配列が決定され、新種の説明がなされ、彼やほかの科学者たちにテラバイト単位のデータを整理する時間ができるにつれ、絶え間ない進化を続ける深海のジグソーパズルにいっそう多くのピースがはめ込まれていくだろう。

バグパイプを鳴らす男性の呼び出しでテーブルに着いて、コンベンション定番のゴムのように硬くて味気ないチキン三品の夕食が出され、そのほとんどが無視されたあと、表彰式が始まった。三年分の栄誉が分配されるため、火星探査機の設計者、チーター救助隊員、洞窟潜水士《ケイブダイバー》、宇宙アーティスト、ライオンの撮影監督らのにぎやかなパレードが繰り広げられ、受賞者が大勢だったため受賞スピーチの時間はなかった。メダルを手に持ったベスコボが壇上で写真を撮られ、〈ファイブ・ディープス〉チームに功労賞が贈られたところで式は終了した。

私の席にはマッカラムとマクドナルドがいた。私がハワイで最後に会ってから、この二人はいっしょにチャレンジャー海淵に潜っていた。そこでマクドナルドは初の超深海パイロットを務めた。「どうだった?」と私は尋ねた。

「最高だったよ」とマクドナルドは言った。

マッカラムがにやりとした。「ビクターより深いところまで潜ったけど、彼には内緒だよ」

「そんなことしてないよ」と、マクドナルドが言った。

「そう、嘘だ」マッカラムは笑って認めた。「そんなことはしていない」

「上昇中、ベジマイトサンドとビールの食事を取った」と、マクドナルドは付け加えた。

「ヴィクトリアビターだ」とマッカラムがビールの銘柄を教えてくれた。「地球のいちばん深いところへ潜ったビールだよ」

マクドナルドが椅子にどっかり背中をあずけてマティーニを口にした。彼のタキシードの襟にはピンバッジが光っていて、それが何か、私にはわかった。同じものを持っていたからだ。ドン・

ウォルシュが私たちにそれぞれ金のイルカを贈呈してくれたのだ。私のはカマエファアカナロア（ハワイの人たちにとってうれしいことに、これが火山の正式名称になった）に潜ったこと、マクドナルドのはリミッティング・ファクター号のパイロットになったことを称えるものだ。私がビッグ・アイランドから戻って間もなく、バッジと手紙の入った分厚い封筒がわが家に届いた。

「深海ダイバーになった君にこの飾り物を持っていてほしいと思ってね」とウォルシュは書いていた。「有人潜水艇のパイロットや乗組員の資格を得た人に贈られる、アメリカ海軍の正式な制服バッジだ。君にはこのバッジを所持し、身につける充分な資格があると、私は思っている」別のページにはバッジの正しい着用法が書かれていた。「ピンは制服の左胸、勲章や従軍記章のすぐ下に付けること」

皿が片づけられて、会場内でオークションが始まった。グリーンランドでの氷河トレッキングは三万ドルから、ナイル川クルーズが二万ドルから、ブータンでのグランピング一週間が二万五〇〇〇ドルから。どれも熾烈な争いになった。椅子から突進して入札に向かう女性を見ながら、私は、冒険と探検には（冒険家や探検家のほかに）後援者という要素があることに気づかされた。冒険家や探検家自身が後援者であることも多い。ベスコボはあらゆる深海スポットへ潜ろうとするうち、深海テクノロジーの主要なスポンサーになっていた。彼がいなければ潜水艇はなかった。マリアナ海溝でのベジマイトサンドも、藍色のクサウオも、切実に必要とされていた三一〇万平方キロメートルの海底地図もなく、フィリピン海溝がごみ捨て場になっていることを報告する人もいなかった。このすべてがなかったのだ。

アメリカ政府が深海科学に投じる財政支援は、本来あるべき金額にまったく届いていない。深海探査用の資金は基本的に存在しないと言っていい。民間資金による取り組みがなかったら深海探査はほとんど行われていないだろう。ロストシティという驚くべき発見をし、同じような場所が存在するという仮説の検証を願っていたデボラ・ケリーが私に言った。「ジェフ・カーソンと私は別のロストシティを見つけようと何度も探検の資金集めを試みた」簡単に集まると、あなたは思うだろう。全米科学財団に彼らが提出した企画書には注釈付きの地図が添付され、「新たなロストシティを求めて」という端的なタイトルが付いていた。しかし、誰も行ったことのない場所だから、探索が成功する保証はないとなったとき、企画は却下されたばかりか、そのうち誰かが第二のロストシティに出くわすだろうと言われた。「私たちは唖然とした」とケリーは言った。

アメリカ海軍に海の全深度で活動できる乗り物が一隻もないくらいだから、テキサスの勇敢な探検家から一隻の発注があったのは幸運と思われる。ベスコボはこの試みに自分の純資産の限界を試され、そしていまはこれを売却する必要がある、と率直に語ってくれた。「財政的に、いつまでも続けられないのはわかっていた」と彼は説明した。「深海調査船と潜水艇を所有し運用するには途方もない資金が必要だ。四年間フル稼働というのは相当過大な投資だった。それを私は乗り切った。しかし、私は億万長者ではない。レイ・ダリオと同じことはできない。何年もこれに資金を注ぎ込みながらそれに気づきもしない、なんてことはね。私はそれに気づいている」

なぜ海軍はリミッティング・ファクター号を買うチャンスに飛びつかなかったのか、私は理解に苦しんだ（ドン・ウォルシュに言わせると、「軍事の世界ではビクターのシステムはばか安なんだ。あそこは最初のコーヒーブレイク前に五〇〇〇万ドルを費やすんだから」）。深海のどこでも徘徊でき、小さく目立たない船から発進できる潜水艇は、国にとって便利なアイテムのような気がするのだが。それでも、軍の代わりに民間から買い手が現れた。

二〇二二年十一月の時点で、ベスコボの潜水艇、母船、ソナー、ランダーの新しい所有者はソフトウェア起業家でビデオゲーム開発者のゲイブ・ニューウェル。ウィンドウズ1・0の初期にマイクロソフトでキャリアをスタートさせた人物だ。ニューウェルはボートと潜水艇とテクノロジーを愛し、もちろん海を愛していた。リミッティング・ファクター号は彼の三隻目の潜水艇で、プレッシャー・ドロップ号は四隻目の母船になる。これらの乗り物を有効活用するため、ニューウェルは深海専門の部門を持つ〈インクフィッシュ〉という海洋探査組織を結成した。その目的は？　未知の深海を探検・研究すること。主任科学者は？　アラン・ジェイミソン。主任地質学者は？　ヘザー・スチュアート。潜水艇チームのリーダーは？　ティム・マクドナルド。船長は引き続きスチュアート・バックルが務め、彼の選りすぐった乗組員もいっしょに残る。この楽団の演奏は続いていく。

「それは素晴らしい」〈インクフィッシュ〉の話を聞いた私がラーヒィにそう言うと、彼はうなずいた。「これは可能なかぎり最高の結果だ。ゲイブはビクターが始めた探検の遺産を引き継ぎつつ、それを発展させ、科学的な側面により多くの力をそそぐだろう。そのシナリオの一翼をジェイミソンが担うとなれば、いっそうわくわくする」

そして二〇二二年十二月、レイ・ダリオとジェームズ・キャメロンがトライトン社に資本参加すると、ラーヒィが発表した。この二人がラーヒィとともに共同オーナーを務めて同社にさまざまな資源を注入し、ラーヒィのチームがいっそう未来的な潜水艇を設計することを可能にする。つまり、ジェームズ・キャメロンの映画にぴったりな次世代水中マシンを。

リミッティング・ファクター号の売却が公表されたとき、私はベスコボに尋ねた。「また潜水艇を持つおつもりですか？」

「ああ、もちろんさ」

「全深度《フルデプス》のを？」

「ああ。もうあと戻りはできない。まだ潜ったことのない海溝が七つか八つあるし、彼らが私を呼ぶ声が聞こえるようだ」

当然ながら、ベスコボの次の一章の選択肢に不足はなかった。また、ゲイブ・ニューウェル率いる〈インクフィッシュ〉グループがリミッティング・ファクター号にとって「夢の館」なのも明らかだった。しかし、それでもベスコボにとって、この引き継ぎはほろ苦いものだっただろう。「マシンといっしょに仕事をして、そのマシンをよく知るようになったとき、マシンはひとつの生命体のようになる」売却が成立した日のことを彼はそう振り返った。「L・Fが発する小さな音のひとつひとつから、彼女の振る舞いを予測できた。ひとつだけ確かなことがあった。彼女はかならず私を家へ送り届けてくれる。緊迫した状況はあったたし、トンガでの火災やタイタニック号でのケーブルなど、『いや、困ったな』という状況もあったが、彼女が素晴らしい船であることを私は知っていた。彼女は一度も私を失望させなかった。本当に大事なときには。周囲の人間と同じように、彼女にも腹が立つことはときどきあったけど……」彼はそこで言葉を途切れさせた。

エクスプローラーズ・クラブでの一夜、ジェフ・ベゾスが設立した航空宇宙企業「ブルーオリジン」のクルーカプセル〔宇宙船〕が展示された部屋で食後のダンスパーティとカクテルパーティが催された。ちなみにこのカプセルはベゾスの有人宇宙船「ニュー・シェパード」の先端に取り付けられる六人乗りモジュールだ。私はカプセルのそばにベスコボが立っているのを見つけ、歩み寄って受賞へのお祝いの言葉をかけた。「ありがとう」とベスコボは言い、そのあと「秘密を守れるかい？」とささやき声で言った。私がうなずくと、彼はカプセルを指さした。「五月二十日にこれに乗る予定だ。私は海底とヒマラヤの頂上と宇宙へ行った最初の人間になる」

「かっこいい！」としか答えようがないところだが、私がそう口にする間もなくベスコボは、タキシードにジャック・クストー風の赤いトーク帽〔つばなしニット帽〕を合わせた若者の一団に囲まれていた。私は近くに立っているラーヒィに目を向けた。いっしょにワインを飲みながら、宇宙船のカプセルを見つめた。「宇宙へ行くか、海の底へ行くかと誰かに問われたら、私は毎回海を選ぶ」とラーヒィは言った。

「でしょうね」と私は言った。

「彼らが何十億もの惑星や銀河の話をしているのは知っているし、地球のような場所は何十個もあるのだろう」と彼は続けた。「しかし、どうだい？　私の知るかぎり、地球はここだけだ。ここをもっと大切にしなくちゃいけない。だから、人々を海に誘うことが大切なんだ。潜水艇で人を海底に送り込むと、彼らは別人になって戻ってくる」

私はうなずいた。「潜水艇を持てるのに、なぜみんな飛行機を買うんでしょう？」

「まあ、君の考えが私と同じなのは言うまでもないね」

それは事実だ。ラーヒィと私はとても考え方が似ていた。いっしょに航海した科学者や探検家もそうだったし、私が尊敬する先駆的な水中飛行士《アクアノート》たちもそうだった。波の下の謎に魅かれ、水そのものに魅かれ、陸上より海中にいるほうが楽しい。「水に浮くものがあったら、私はそれに乗りたい」とウォルシュは言い切った。本書をお読みになっているとすれば、あなたもその一人にちがいない。

だとしたら、朗報がある。未来は水中にあるということだ。深海に身を投じたければ、かつてない機会を得られる。「めまぐるしいスピードで物事が進んでいる」とラーヒィは言った。「何を取ってもそうだ。バッテリー、照明、ソナー・システム。携帯電話のテクノロジーと同じくらい、あらゆるものが急速な進歩を遂げている。そして、私たちは既成概念の枠を超えてたえず限界に挑んでいる。ほかにどんなことができるかと、たえず考えている」

私はそのこととラーヒィとトライトンに杯を掲げ、私たちの横でバーカウンターにもたれていたベスコボと三人で別の会話に突入した。

「ねえ、そのうちエウロパ（木星の第二衛星。氷の外殻の下に塩水が存在することが判明）の海へ行けるようになるでしょう」私はラーヒィをからかった。「そしたら、潜水艇が必要になるわ」

ベスコボが急に興味をそそられ、振り向いた。

「エウロパ？　絶対やる！　絶対エウロパへ行くぞ！」

謝辞

深海にいるとき、自分一人では何もできません。本の出版も然《しか》りで、数多くの方に恩義を感じていますが、とりわけドン・ウォルシュ、パトリック・ラーヒィ、ビクター・ベスコボのお三方にはお世話になりました。ドンは私を自宅へ招いて、彼の時間と信じられないくらい豊かな体験、人脈、物語、見識を与えてくださいました。彼と交わした会話を大切に胸にしまい、この先もまた会話を交わせるよう心から願っています（願わくは、ドンお気に入りの赤ワイン、マルベックを傾けながら）。

〈トライトン・サブマリンズ〉のチームと初めて会ったとき、技術者の一人が「私たちの血管にはトライトン・ブルーの血が流れている」と言い、その理由を理解するのに長い時間はかかりませんでした。パトリック・ラーヒィの神がかり的な指導力の賜物なのです。初めて電話で話したときから、彼の海洋に対する展望、高潔さ、献身は明らかでした。彼への感謝の思いはきわめて深く、その深さに匹敵するのは彼の人となりと彼が成し遂げてきた業績への称賛くらいのものでしょう。海に対する意識を高めるため、私にひとつだけ願いがあるとすれば、それは、誰もがトライトンの画期的な潜水艇で深海の驚異を体験するチャンスを得られることなのです。

この四年間で深海探検の様相を一変させたビクター・ベスコボを、ドンとパトリックから紹介していただきました。彼の歴史的潜水の場に立ち会えたことは書き手としてこれ以上ない幸運でしたが、ビクターからはそれをはるかに超える貴重なものをいただきました。寛大で親切な素晴らしい心の持ち主であり、冒険家魂にかけて彼の右に出る者はいません。彼とともに潜水した経験はかけがえのない贈り物で、それを本書でみなさんと分かち合えたことを光栄に思っています。本当にありがとう《マハロ・ヌイ・ロア》、ビクター。津波のように感謝の言葉を寄せても足りません。

ビクターの母船プレッシャー・ドロップ号は本書に欠かせない偉大な方たちの拠点でした。私はトンガで乗船した数分後から、アラン・ジェイミソンに深海科学に関する質問をひっきりなしに投げかけ、彼はトレードマークである聡明さとユーモアを組み合わせてそのすべてに答えてくださいました。彼が英ニューカッスルから豪パースへ居を移しウェスタン・オーストラリア大学（ＵＷＡ）教授と「メルボルン・ＵＷＡ深海研究センター」の創立所長を兼任することになったときは、ぎっしり詰まったスケジュールの合間を縫ってＺｏｏｍ《ズーム》でやり取りをしていただきました。アランに心から感謝しています。最高の深海ガイドです。

ロブ・マッカラムには絶え間ない温かな支援と、海洋探査や船上の心理学、潜水計画、危機管理、そして人生全般についての知識を分け与えていただきました。ロブの手にかかると地球規模の探検がいとも簡単に見えるけれど、本当はまったく逆なのです。カレン・ホーリック、ケルビン・マレイをはじめＥＹＯＳエクスペディションズ社のチームにもお礼を述べたい。

ジョー・マキニスと航海できたのはまったくの僥倖《ぎょうこう》でした。ありがとう、ジョー。あなたの見識と温かさと励まし、賢明な助言とみんなを元気づけるお手本、あなたと言葉を交わし写真を見せていただいたこと、ごいっしょできた時間、そして何より、水中への愛を分かち合えたことに感謝しています。

ケルビン・マギー、フランク・ロンバルド、シェーン・アイグラー、スティーブ・チャペル、ヘクター・サルバドール、タイサー・ファイファー、ジャール・ストローマーをはじめトライトンのみなさんに心から感謝しています。ジョン・ラムジーとトム・ブレイズ、お二方の素晴らしい創作品に感謝しています。泳者《スイマー》で、エンジニアで、パイロットで友人のティム・マクドナルドに、特別な感謝を。深海で楽しい時間をともに過ごすことができました。

スチュアート・バックル船長、アラム・ダンクール船長、P・H・ナルジョレ、ヘザー・スチュアート、キャシー・ボンジョバンニ、ジョナサン・ストルーウィー、トーマー・ケッター、スウェイン・マレイ、エンリケ・アルバレス、ヘンシュル・オルシノ、キャス・ダービル、ティツィアーナ・ラーヒィ、レイチェル・ジェイミソン、そして私の船室メイトで〈ファイブ・ディープス〉の公式画家アレクサンドラ・グールドにはいろいろとお世話になりました（アレックスが探検を元に描いた作品は以下のサイトでどうぞ。https://www.behance.net/alexandragould）。乗組員のみなさん、本当にありがとう。チャーリー・ファーガソン、フレーザー・レトソン、ピーター・クープ、アーレン・カリー、アンドルー・ウェルシュ、ノリ・ガルシア、レオ・シノロ、メルビン・ルシド、マルコス・ベナビデス、マンフレッド・ウムファーラー、ピーター・バーロウ、スコット・チェリー、ブレンダン・トンプソン、ナルシソ・サギタリオス、パンフィロ・ランチネブレ、ロランド・ベルモンテ、ランドルフ・キトン、ジェシー・エウセビオ、ロジャー・ディビナグラシア、アリ・ベナラビ、ベセリン・ボテフ、ファーン・カーバハル、ダリル・マジャロコン、カイル・マクダウエル、サニー・レゴリス、そしてジョン・ウォレス。海での取材が楽しくなる方ばかりでした。

シルビア・アールに心の底から感謝を伝えたい。海洋世界に対する彼女の献身は伝説的で、私たちみんながその恩恵を受けています。シルビアからいただいた寛大な心にどう感謝したらいいか思いつかないくらい。でも、私たちみんながシルビアに感謝できる確かな方法がひとつだけあり、それは私たちが海の美しさを堪能し、海を守るために全力を尽くすことです。

この原稿を書いているあいだにも深海での商業的採掘が間近に迫っています。それを阻止できるかどうかは市民の憤慨にかかっている。読者のみなさんには、ぜひともこの問題を追って、声を上げていただきたい。〈深海保全連合〉は優れた情報源としてニュースや行動を起こすための知識を提供しています。この壊滅的な脅威への意識を高めるために活動しているすべての人に感謝を伝えたい。

テリー・カービーの深海物語を正しく伝えるのに一冊の本で足りるものではないけれど、挑戦の機会を得られたことに感謝しています。パイシーズでの潜水について語るテリーの晴れやかな表情からは、深海のスリルとパワー、深海が投げかける魔法、深海が与えてくれる贈り物を垣間見ることができる。彼の体験が私の目に深海を照らしてくれたのです。テリーとハワイ海底研究所（ＨＵＲＬ）を紹介してくれた友人のポール・アトキンスとグレース・アトキンスにも感謝したい。

デボラ・ケリーに大きな恩義を感じています。彼女の真心と聡明さが点火してくれた会話は今日まで続いています。彼女との船旅は私の取材のハイライトであり、海洋地質学の特別上級クラスでもありました。マイク・バーダロ、ケイティ・ゴンザレス、ジュリー・ネルソン、ジャネル・ハーシー、ミッチ・エレンド、トリナ・リッチェンドルフ、オレスト・カウカ、ジェイムズ・ティリー、エリック・オルソン、レイチェル・スコット、イブ・ハドソン、そしてアトランティス号のすべての人に感謝しています。ウッズホール海洋研究所のジェイソンチームにも感謝しています。スコット・マキュー、ウェブ・ピンナー、ドルー・ビューリー、クリス・ジャッジ、クリス・レイザン、コーリー・バーハイン、サマー・ファレル、ジェイムズ・コンバリー、マシュー・ハインズ、ナイル・アケル・ケビス・スターリング。

デボラから紹介していただいたジョン・ディレイニーは文字どおり深海の科学・教育分野の先見者《ビジョナリー》です。ジョンからいただいた時間と励まし、海洋をより深く理解するために彼がこれまでしてきたこと、いまも続けていることすべてに感謝しています。

〈オーシャンX〉での潜水は途方もない経験で、とてつもなく素晴らしい方々と出会うことができました。このような素晴らしい組織を作り、その体験を分け与えてくださったレイ・ダリオ、マーク・ダリオ、そしてジェームズ・キャメロンに深く感謝しています。また、マーク・カービーとアルシア号の乗組員、潜水艇パイロットのデイブ・ポルロック、リー・フライ、アラン・スコット、トビー・ミッチェル、コリン・ウォラーマン、クリス・メイ、マット・アウティ、アレックス・ガットショール、そしてとりわけバック・テイラーに感謝申し上げます。

ロジャー・ドゥーリーとギャリー・コザックは深海探査と考古学の世界へ私の目を開かせてくださった。そのことに感謝すると同時に、ガレオン船サンホセ号の捜索を成功させたロジャーが私を信頼し、その詳細をゆだねてくださったことに感謝しています。カルタヘナのサンホセ号博物館を訪れ、彼が数十年の情熱を傾けた成果を目にできる日を心待ちにしています。

　数多くの深海科学者・深海専門家が私からの問い合わせを歓迎し、力になってくださいました。本書の礎《いしずえ》となってくれたみなさんの大きな貢献に感謝しています。トム・リンリー、ヨハンナ・ウェストン、キム・ピカード、サマンサ・ジョーイ、アンディ・ボーウェン、ケン・ルービン、ブライアン・グレイザー、クレイグ・スミス、ジェフ・ドレイズン、パトリシア・フライヤー、アンドルー・グッデイ、ダンカン・カリー、ブルース・ロビソン、スティーブ・ハドック、アンティエ・ベティウス、マサイアス・ヘッケル、リサ・レビン、マイク・ベッキオーネ、ネリダ・ウィルソン、ダグ・マッコーリー、グレン・ムーア、サリー・レイ、ウィル・コーネン、アンディ・シェレル、ジェイムズ・デルガド。

　ナオミ・バーの綿密な事実確認と調査と洞察に感謝しています。フィリップ・カイファーとマーサ・コーコランからもお二人ならではの専門知識で本書の調査にお力添えをいただきました。誤りがあった場合、すべての責任は私にあることを明記しておきます。

　長年にわたり『アウトサイド』誌に記事を書かせていただいたことを光栄に思っています。本書で私が〈ファイブ・ディープス〉探検隊に参加したときの話を紹介させていただく以前、クリス・キーズ、メアリー・ターナー、マイケル・ロバーツの編集者お三方が采配を振るった二〇一九年の特集でそのことを書かせていただきました。その機会を与えてくださった彼らに感謝申し上げます。

　ダブルデイ社は私の出版活動の拠点で、これ以上の幸運はないと思っています。私の編集担当ビル・

トーマスは、すべての著者が願い求めるようなパートナーでありガイドです。彼の知性と忍耐力と技術は私にとってかけがえのない財産です（グアムから深夜三時に送ったパニック状態のメールにも快く回答していただいた）。ビル、この旅に付き合ってくれてありがとう。あなたは最高です。

ダブルデイの卓越したチームの方々に、いろいろとお世話になりました。カリ・ドーキンス、ノラ・ライチャード、ジョン・フォンタナ、マリア・カレラ、ダニエル・ノバック、マイケル・ゴールドスミス、ミレーナ・ブラウン、アン・ジャコネット、ビミ・サントキ、アンディ・ヒューズ、キャシー・アワリガン、そしてダブルデイ・カナダのクリスティン・コクランとエイミー・ブラック。

例によって私の代理人エリック・シモノフの貴重な助言と支援と友情、そしてクリス・ムーン、エリザベス・ワクテルをはじめウィリアム・モリス・エンデバー（WME）のみなさんに感謝しています。

友人のみなさんにありがとうを伝えたい。シャロン・ラトケ、マーサ・ベック、アンディ・アストラチャン、マリア・モイヤー、ブルック・ウォール、ケリー・マイヤー、クリスティーナ・カルリノ、サラ・コーベット、レアード・ハミルトン、ギャビー・リース、ダナ・シアラー、エリザベス・リンジー、プアラニ・カナカオレ・カナヘレ、ジョージ・クラウリー、ジェイ・シャピロ、ヒナコ・シャピロ、テリー・マクドネル、ステイシー・ハダシュ、ジェニファー・バフェット、ピーター・バフェット、アンバー・ルバース、ハイラ・カッツ、ボブ・ダンドルー、そしてわが癒しの場所フィンカ・ミア、ハトゥンソンコ族（どなたのことかはわかりますよね）。また、アンジェラ・ケイシー、シェレ・レトウィン、シャーレーン・レトウィン、ローナ・ウォークリング、ボブ・ケイシー、マイク・ケイシーにも感謝したい。

　私とももども本書が大変お世話になったデボラ・コーフィールド・ライバックとマイケル・ライバックに、海のように深い感謝を伝えたい――オハナ［家族］よ、永遠に。そして、言葉で言い表せない愛と感謝を私の家族レンニオ、レオ、ミア・マイフレーディに。

Caladan Oceanic Five Deeps Expedition. Photo by Joe MacInnis. 右(上から) 1: © Atlantic Productions / Discovery, from the Caladan Oceanic Five Deeps Expedition. Photo by Joe MacInnis. 右(同) 2 © Atlantic Productions / Discovery, from the Caladan Oceanic Five Deeps Expedition. Photo by Joe MacInnis. 右(同) 3: © Atlantic Productions / Discovery, from the Caladan Oceanic Five Deeps Expedition. Photo by Joe MacInnis. 右(同) 4: © Atlantic Productions / Discovery, from the Caladan Oceanic Five Deeps Expedition. Photo by Joe MacInnis. P.7 上: Reeve Jolliffe / Five Deeps Expedition. 左下: Reeve Jolliffe / Five Deeps Expedition. 右中: Susan Casey. 右下: © Alan Jamieson. P.8 左: © Alan Jamieson / Caladan Oceanic / Minderoo Foundation. 右上: Victor Vescovo / Caladan Oceanic. 右下: © Alan Jamieson / Caladan Oceanic.

[口絵Ⅲ]
P.1 左上 : Courtesy of Roger Dooley. 右上: Courtesy of Roger Dooley. 左中: Courtesy of Roger Dooley. 左下: Courtesy of Roger Dooley. 右下: Courtesy of Roger Dooley. P.2 上: Paul Caiger / Woods Hole Oceanographic Institution. 中: Paul Caiger / Woods Hole Oceanographic Institution. 下: Paul Caiger / Woods Hole Oceanographic Institution. P.3 上: Paul Caiger. 中: Paul Caiger / Woods Hole Oceanographic Institution. 下 : Paul Caiger. P.4 上 : Susan Casey. 左下 : Courtesy of Buck Taylor. 右下: Susan Casey. P.5 上: © 2004 MBARI. 中: Courtesy of the NOAA Office of Ocean Exploration and Research. Bottom: Courtesy of NOAA Office of Ocean Exploration and Research. P.6 上 : © Alan Jamieson / Caladan Oceanic / Minderoo Foundation.左下: © Alan Jamieson / Caladan Oceanic / Minderoo Foundation. 右下 : © Alan Jamieson / Caladan Oceanic / Minderoo Foundation. P.7 左上: © Todd Brown. 右上: Courtesy of NOAA Office of Ocean Exploration and Research. 中 : Courtesy of Craig Smith and Diva Amon, ABYSSLINE Project. 下: © Alan Jamieson / Caladan Oceanic / Minderoo Foundation. P.8 上: Susan Casey. 左下: Susan Casey. 右中: Courtesy of the U.S. Geological Survey. 右下 : Courtesy of NOAA Office of Ocean Exploration and Research.

図版出典

［口絵Ｉ］

P.1 Uppsala University Library collections. P.2 上：Ralph White / CORBIS/ via Getty Images. 下：U.S. Naval History and Heritage Command. P.3 上：Steve Nicklas / NOS / NGS. 下：Five Deeps Expedition. P.4 上：Courtesy of Terry Kerby. 下：Courtesy of Terry Kerby / HURL. P.5 上：Courtesy of Terry Kerby / HURL. 下：Courtesy of Terry Kerby / HURL. P.6 上：Courtesy of Deborah Kelley, University of Washington. 中：Deborah Kelley / University of Washington, NSF-OOI-WHOI; V19. 下：NSFOOI / UW / CSSF: ROPOS Dive R1757. P.7 左上：Susan Casey. 左下：Courtesy of Deborah Kelley / University of Washington. Top right: University of Washington. 右中：NSF / OOI / UW / ISS; R1838; V15. 右下：UW / NSF / OOI / WHOI; V19. P.8 上：Deborah Kelley and Mitchell Elend, University of Washington; URI-ROV Hercules, and NOAA Ocean Exploration. 下：Deborah Kelley, University of Washington; URI-ROV Hercules, IFE, URI-IAO, Lost City Science Party, and NOAA Ocean Exploration.

［口絵Ⅱ］

P.1 上：Reeve Jolliffe / Five Deeps Expedition. 右下：Nick Verola / Caladan Oceanic. 左下：Nick Verola / Caladan Oceanic. P.2 上：Reeve Jolliffe / Five Deeps Expedition. 下：© Atlantic Productions / Discovery, from the Caladan Oceanic Five Deeps Expedition. Photo by Tamara Stubbs. P.3 上：© Atlantic Productions / Discovery, from the Caladan Oceanic Five Deeps Expedition. 左中：© Atlantic Productions / Discovery, from the Caladan Oceanic Five Deeps Expedition. Photo by Joe MacInnis. 右中：© Atlantic Productions / Discovery, from the Caladan Oceanic Five Deeps Expedition. Photo by Joe MacInnis. Bottom: © Alan Jamieson and Thomas Linley. P.4 上：© Alan Jamieson and Thomas Linley. 中：© Alan Jamieson and Thomas Linley. 下：© Atlantic Productions / Discovery, from the Caladan Oceanic Five Deeps Expedition. P.5 上：© Alan Jamieson / Caladan Oceanic. 中：© Alan Jamieson / Caladan Oceanic. 下：Alan Jamieson. P.6 左上：EYOS Expeditions. 左中：© Atlantic Productions / Discovery, from the Caladan Oceanic Five Deeps Expedition. Photo by Susan Casey. 左下：© Atlantic Productions / Discovery, from the

訳者あとがき

スーザン・ケイシー著『深海世界　海底1万メートルの帝国』（原題『*The Underworld: Journeys to the Depths of the Ocean*』、二〇二三年、ダブルデイ社刊）の翻訳をお届けする。

本書の著者スーザン・ケイシーは一九六二年カナダ生まれの作家、編集者。水中世界の魅力や驚異を紹介するジャーナリズムの第一人者として知られる。編集者としては、かのオプラ・ウィンフリーが手がけて一千五百万人の女性読者を持つ世界最大級の雑誌「O《オー》 ジ・オプラ・マガジン」や「スポーツイラストレイテッド・ウィメン」などで編集長を歴任した。作家としては、ホホジロザメの魅力に迫る『デビルズ・ティース（悪魔の歯）』［二〇〇六年］、超巨大波とそれに挑むエクストリームサーファーを描いた『ザ・ウェーブ（波）』［二〇一〇年］、イルカの驚異的な世界を紹介する『ヴォイシズ・オブ・ジ・オーシャン（海洋の声）』［二〇一五年］、そして深海がテーマの本書と、刊行した四冊すべてがニューヨーク・タイムズ紙のベストセラーリスト入りを果たしている。体験型の作家であると同時に圧倒的な取材力で重厚な世界観を紡《つむ》ぎ出し、平易な言葉でその魅力を熱く語る。海洋ファンの読書好きが次の一冊を待ち焦がれる作家なのだ。

子どものころから伝説のテレビドキュメンタリー『ジャック・クストーの海底世界』に夢中に

なり、水や海との運命的な出会いを重ねてその世界の虜《とりこ》になったという著者が、今回は「深海」という地球の広大な領域で最新の知識や技術を追求している人々に取材し、彼らとともにみずからも潜水に挑むことで、かつて「冥界《めいかい》」になぞらえられた場所の真の姿をつまびらかにし、魅惑の旅へと私たちをいざなってくれる。

海の怪物たちの姿を描き人々の海への恐怖心を活写した十六世紀の北欧海図『カルタ・マリナ』、大航海時代の試行錯誤、潜水艇の発明史、深海探検の歴史、特異な環境に絶妙に適応・進化してきた魅惑的な深海生物たち、伝説的沈没船の発見に挑む鬼才たち、海底で連綿と続く地球の地下活動……。深海を取り巻く魅力や障害、課題が多面的に刻々と描かれていく。探検家で特筆すべきは、七大陸最高峰と五大洋最深部の両方に到達した人類史上唯一の人物、ビクター・ベスコボだろう。北極点・南極点と七大陸最高峰山頂のすべてに到達する「探検家グランドスラム」の達成者でもある彼が、特注の潜水艇をつくり五大洋の海底最深部を目指すプロジェクト〈ファイブ・ディープス〉のエピソードには心をわしづかみにされる。また第三章で描かれる「ロストシティ熱水噴出孔」の熱水イベントはSF映画を見るように鮮烈で、深く心に刻み込まれた。

本書で描かれる調査と取材と探検の旅を通じ、深海が地球人類の未来にとっていかに重要であるかを痛感した著者は、環境問題にも焦点を当てて強く警鐘を鳴らす。大規模漁業、海洋ごみによる汚染、海底からの資源採掘を目論む鉱業企業とその後援国……。取り返しのつかない結果を招きそうな地球規模の危機が目前に迫っている。第九章「深海を売る」は衝撃的だ。私たち「普通の人々」がまったく知らないところで、地球の未来を激変させかねない欲得ずくの開発が進められようとしている——深海は私たちの前にようやく姿を見せ始めたところで、そこが世界の気候に果たしている役割、そこで暮らす生物や微視的な世界をも含めた全体像は、この先の研究と調査を待っている段階であるというのに。そんないまだからこそ深海を理解すること、そこへの畏敬の念を築くことが急務であると著者は訴える。

　人類史において、かつて深海は驚きと恐怖の源だったが、同時にこの未知の領域は根源的な好奇心を刺激して抑えがたい問いも投げかけてきた。「そこにはいったい何があるのか？」人類は長きにわたりこの疑問に答えられず、そこを邪悪な生物と致命的な危険に満ちた不吉な場所と信じていた時代もあった。人々の関心は「上」なる宇宙へ向かいがちで、私たちの土台である「下」には目を背けがちというのがこれまでだった。

　しかし現在、科学者や探検家は最先端のテクノロジーに支えられて海面から何キロメートルも下まで安全に潜れるようになり、深海ロボットの進歩も日進月歩だ。このエキゾチックな地下世界の何物にも換えがたい価値と神々しさを私たちは理解し始めている。光が届かなくなる寸前の海の鮮烈な青色、エベレストの標高より深い海淵《かいえん》、驚異的な生命体が陸上とは異なるルールで活動する場所。そんなめくるめく光景との出会いを著者とともに重ねていくうち、この世界に対する畏敬の思いが募ってくるはずだ。

　著者が深海への愛を結集して描き尽くした「過去・現在・未来」の物語をどうかご堪能いただきたい。一読していただければ明白だが、地殻プレート由来の大地震関連も含めて、本書の全編に日本への言及が見られるのは、この国の海との地理的、歴史的関わりの深さゆえだ。本書との出会いで陸上世界を支える母体《マトリックス》への認識を新たにしていただけたら幸いだ。この読書体験から世界の海洋の未来を支える人材が生まれてくるところを想像して胸躍らせてもいる。

棚橋志行

二〇二四年四月

［著者］

スーザン・ケイシー

Susan Casey

1962年カナダ生まれ。作家、編集者。オプラ・ウィンフリー率いる腕利きの編集者たちが発信する女性総合誌「オー：ジ・オプラ・マガジン」や「スポーツイラストレイテッド・ウーマン」で編集長を務める。優れた雑誌ジャーナリズムに与えられるNational Magazine Award受賞。水中世界ジャーナリストの第一人者として、米カリフォルニア州の国立海洋保護区に生息するサメに関する『*The Devil's Teeth*（悪魔の歯）』や「ニューヨーク・タイムズ」ベストセラーの『*Voices in the Ocean: The Journey into the Wild and Haunting World of Dolphins*（海の声）』などの著書を持つ。「エスクァイア」「フォーチュン」「ナショナル ジオグラフィック」他多数メディアにて執筆をおこなう。

［訳者］

棚橋志行

Shiko Tanahashi

1960年三重県生まれ。東京外国語大学英米語学科卒。出版社勤務を経て英米語翻訳家に。アンドルー・ホーガン＆ダグラス・センチュリー『標的：麻薬王エル・チャポ』、マシュー・ポリー『ブルース・リー伝』、ウィル・ハント『地下世界をめぐる冒険　闇に隠された人類史』、シャノン・リー『友よ、水になれ　父ブルース・リーの哲学』、アムリヤ・マラディ『デンマークに死す』、トリップ・ミックル『アフター・スティーブ　3兆ドル企業を支えた不揃いの林檎たち』他、訳書多数。

深《しん》海《かい》世《せ》界《かい》

海底《かいてい》1万《いちまん》メートルの帝国《ていこく》

2024年6月2日　第1版第1刷　発行

著　者　スーザン・ケイシー
訳　者　棚橋志行
発行者　株式会社亜紀書房
〒101-0051
東京都千代田区神田神保町1-32
TEL 03-5280-0261（代表）
TEL 03-5280-0269（編集）
https://www.akishobo.com

装　丁　金井久幸［TwoThree］
DTP　山口良二
印刷・製本　株式会社トライ https://www.try-sky.com

Printed in Japan　ISBN978-4-7505-1841-1